도쿄 역세권
재개발 프로젝트

이정형 지음

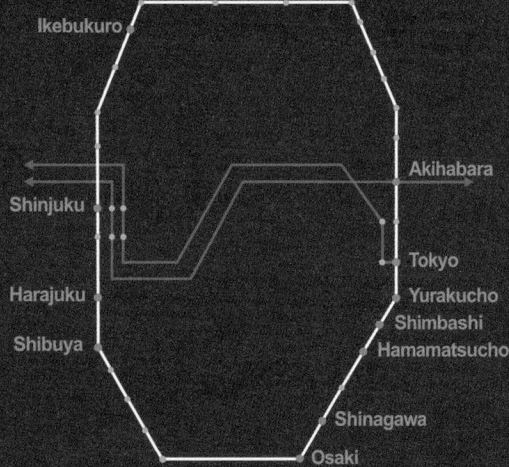

도쿄 역세권 재개발 프로젝트

초판 1쇄 인쇄일 2024년12월15일
초판 1쇄 발행일 2024년12월20일

지은이: 이정형
펴낸곳: 서래책방
펴낸이: 성주현
편집담당: 디자인SNR

발행처: 서울시 서초구 동광로 49길 88
전화: 010-4910-5160
e-mail: ssamosuh@naver.com

ISBN 979-11-990431-0-7
정가: 22,000원

* 잘못 만들어진 책은 바꿔드립니다

도쿄 역세권
재개발 프로젝트

이정형 지음

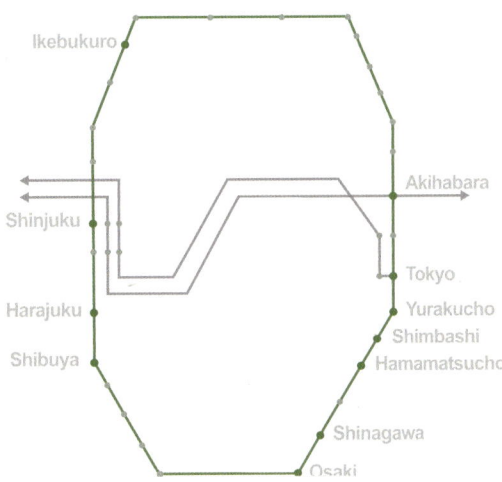

목차

책머리에
이 책의 활용방법
도쿄 JR 야마노테선(山手線) 개요

21 **1. 도쿄(東京)역**
23   1-1 도쿄역 스테이션 지구
      01. 도쿄역 복원 프로젝트
      02. 도쿄역 전면광장 정비 프로젝트
28   1-2 마루노우치 지구
      03. 나카도오리 가로정비 프로젝트
      04. 신마루노우치 빌딩 프로젝트
      05. 마루노우치 파크빌딩 (미츠비시 1호관) 프로젝트
      06. 도쿄 중앙우체국(JP타워-KITTE빌딩) 프로젝트
41   1-3 오테마치 지구
      07. 제1차 재개발(니케이+JA+케이단렌) 프로젝트
      08. 제2차 및 제3차 재개발(오테마치 파이낸셜 시티) 프로젝트
      09. 호시노야 도쿄 호텔
      10. 제4차 재개발(도쿄 토치, 토치 테라스)프로젝트
52   1-4 도쿄역 야에스 지구
      11. 야에스 그랑 루프 프로젝트
      12. 야에스 미드타운 프로젝트
      13. 얀마 도쿄 빌딩 프로젝트
      14. 뮤지엄 타워 쿄바시 빌딩+신 토다 빌딩 프로젝트
      15. 쿄바시(京橋) 에도그랑 프로젝트
68   1-5 니혼바시 지구
      16. 니혼바시 다카시마야 백화점 프로젝트
      17. 무로마치 코레도(COREDO) 프로젝트
      18. 무로마치 코레도 테라스 프로젝트
      19. 니혼바시 미츠이(三井)타워 프로젝트

83 **2. 유라쿠초(有樂町)역**
      20. 도쿄 미드타운 히비야 프로젝트
      21. 긴자 식스(GINZA SIX) 프로젝트
      22. 긴자 가부키좌(歌舞伎座) 재생 프로젝트

도쿄 역세권 재개발 프로젝트

101	3. 신바시(新橋)역	
103	3-1	시오토메(塩留) 지구
		23. 시오토메 프로젝트
109	3-2	토라노몽 힐스 지구
		24. 신토라 거리 프로젝트
		25. 모리 타워 빌딩 및 비즈니스 타워 프로젝트
		26. 스테이션 타워 프로젝트
126	3-3	아타고 그린 힐스 지구
		27. 아타고 그린 힐스 프로젝트
133	4. 하마마츠초(兵松町)역	
		28. 도쿄 포트시티 다케시바 프로젝트
		29. 히-노데(Hi-NODE) 부두터미널 프로젝트
143	5. 시나가와(品川)역	
		30. 시나가와 역세권 복합개발 프로젝트
		31. 시나가와 시즌 테라스 프로젝트
157	6. 오사키(大崎)역	
		32. 오사키 씽크 타워(THINK TOWER) 프로젝트
		33. 오사키 웨스트 시티 타워즈 프로젝트
		34. 오사키 소니 사옥 프로젝트
167	7. 시부야(渋谷)역	
		35. 시부야 히카리에 프로젝트
		36. 시부야역 가구블록_ 스크램블 스퀘어 프로젝트
		37. 시부야역 남측 가구블록_ 시부야 스트림 프로젝트
		38. 도겐자카(道玄板) 가구블록_시부야 후쿠라스 프로젝트
		39. 사쿠라오카 가구블록 프로젝트
		40. 미야시타(宮下)공원 프로젝트
		41. 키타야(北谷)공원 프로젝트
189	8. 하라주쿠(原宿)역	
		42. 위드 하라주쿠 프로젝트
		43. 오모테산도(表参道) 힐즈 프로젝트
		44. 도큐플라자 하라카도 프로젝트
		45. 도큐플라자 오모하라 프로젝트
205	9. 신주쿠(新宿)역	
208	9-1.	신주쿠 서측지구
		46. 공개공지 활성화 프로젝트
		47. 신주쿠 중앙공원 활성화 프로젝트
		48. 신주쿠 그랜드타워 프로젝트
215	9-2.	신주쿠 남측지구
		49. 바스타 신주쿠 프로젝트
		50. 미나미 테라스 프로젝트
218	9-3.	신주쿠 동측지구
		51. 신주쿠 토호(東宝)빌딩 프로젝트
		52. 도큐 가부키초 타워 프로젝트
		53. 신주쿠 이스트 사이드 프로젝트
233	10. 이케부쿠로(池袋)역	
		54. 공원 활성화 프로젝트
		55. 도시마구(豊島區) 신청사 프로젝트
		56. 하레자(Hareza) 이케부쿠로 프로젝트
		57. 다이야게이트 이케부쿠로 프로젝트
253	11. 아키하바라(秋葉原)역	
		58. 크로스필드(Crossfield) 복합개발 프로젝트
		59. 만세이바시(万世橋) 프로젝트
264	12. 그 외 역세권	
266	12-1.	록본기 잇초메역
		60. 이즈미 가든 프로젝트
		61. 아크힐즈 센고쿠야마 모리타워 프로젝트
		62. 아자부다이 힐즈 프로젝트
279	12-2.	요츠야역
		63. 요츠야(四ツ谷)역 CO-MO-RE 복합개발프로젝트
285	저자 후기	

도쿄 역세권
재개발 프로젝트

책머리에

도쿄(東京)는 아시아를 대표하는 세계적인 대도시로 역사성과 정체성 그리고 다양성 측면에서 선진도시 가운데 하나이다. 세계의 다양한 문화와 패션, 음식 등이 산재해 있으며 퀄리티 있는 건축으로 '건축강국' 일본을 대표하는 도시이다. 도쿄만(東京灣)에 접해 바다를 끼고 있으며, 근교에는 다카오산(高尾山) 등이 입지해 있어 자연환경도 우수하다.

2000년대 들어 도쿄는 '대개조' 시대를 맞이하고 있다. 2004년 도시재생특별법 제정을 시작으로 도쿄, 오사카 등 대도시 역세권의 복합개발이 본격화되었다. 도시는 진화하고 성장하고 또 쇠퇴한다. 생명체와 마찬가지로 도시도 시간의 흐름을 역행할 수 없다. 새롭게 만들어진 신도시도 시간의 흐름과 함께 쇠퇴하고 늙어간다. 도쿄도 예외가 아니다. 건축물뿐만 아니라 도시의 기반시설(도로, 철도, 공원 등)도 시간이 흐르면서 노후화해 가고 있다.

도시는 정비하고 개조하면서 시대적 변화와 함께 변신을 거듭한다. 도시기반시설인 토목구조물은 도시건축물에 비해 상대적으로 노후화가 빨리 진행한다. 현재 도쿄의 도시공간은 이러한 도시공간 변화의 중심에 놓여있다.

도쿄는 전후(1945년 이후) 고도성장기를 거치면서 도시개발 시대를 맞이했다. 개발 시대에는 대규모 도시인프라 시설(도로, 철도, 상하수도 등)과 건축물 등을 대량으로 공급하던 시대였다. 하지만 약 60년 이상이 경과한 현재, 도시공간의 노후화는 급격하게 진행되고 있다. 도시 개조(정비)가 필요해진 것이다. 개발시대에 대량으로 동시에 공급한 도시인프라와 건축물은 노후화도 동시에 발생하게 된다. 도시경쟁력 차원에서 '도시대개조'가 필요한 상황이 도래한 것이다.

한편, 도시를 개조하는 데에는 많은 재원이 필요하다. 문제는 도시개발 시대를 마감하고 도시개조 시대를 맞이할 시기가 도래하면, 도시인프라 등을 정비하고 개조할 공공재원이 부족하게 된다. 이는 대부분의 선진도시에서도 겪었던 유사한 상황으로, 사회가 성숙화되면서 고령화, 인구감소 등으로 복지비용이 급격하게 증가하게 된다. 즉 도시인프라 개조(정비)에 투입할 재원이 부족하게 되는 것이다.

미국은 1980년대, 일본은 2000년대 이러한 상황이 도래했다. 일본에서는 2000년대 초 도시개조를 위한 공공재원의 한계를 인식하고 대안 마련을 고심했다. 결국, 2004년 '도시재생특별법'을 제정했다. 특별법의 골자는 '민간재원'을 활용하는 것이다. 도시개조가 필요한 구역을 '도시재생 선도지구', '도시재생 긴급정비구역' 등으로 지정하고 대폭적인 인센티브를 부여해 민간주도의 도시개조를 지원했다. 아울러 개발이익 환수 차원에서 도시기반시설(토목시설) 정비를 민간사업자들이 부담하도록 했다.

민간개발사업과 도시인프라 정비가 통합적으로 추진된 것이다. 민간개발과 도시기반시설의 통합을 통한 도시개조, 민간재원을 활용한 도시개조를 위한 법제도적 시스템을 갖추게 된 것이다. 이 책에서 소개하고 있는 65개의 역세권 복합개발 프로젝트 대부분은 이런 상황 속에서 추진했던 프로젝트들이다.

2020년대 접어들면서 우리나라의 도시적 상황은 일본의 2000년대 초반과 크게 다르지 않다. 1970-80년대 고도성장기 개발시대에 공급한 많은 도시인프라, 아파트단지 등이 개조해야 할 시기를 맞이하고 있다. 항상 선거철이 되면 철도를 지하화한다, 고속도로를 지하화한다, 재건축, 재개발을 조속히 추진한다 등, 도시공간 개조(정비)사업이 단골 메뉴로 등장하는 이유이다. 2000년대 초 전국적으로 뉴타운사업, 도심재개발사업 등을 추진했지만, 도시개조에 대한 충분한 준비 없이 추진하다, 도시개조사업(재건축, 재개발 등)의 문제점만 부각되었다.

2010년대 들어 준비 부족의 도시개조, 정비사업의 여파로 도시개조를 폄하하는 분위기가 조성되면서 잃어버린 10년의 세월을 보냈다. 특히 2013년 제정된 한국의 '도시재생특별법'은 도시개조보다는 도시'재생'에 역점을 두면서, 기존 노후시가지를 보전재생하는데 치중했다. 이는 '공공'주도의 도시재생사업의 한계를 여실히 보여주는 결과를 초래하게 되었다. 2020년대 들어 서울시 등 대도시를 중심으로 '도시개조'에 대한 논의가 활발하게 이루어지고 있지만, 실제로 도시개조를 위한 법제도 정비까지를 포함하는 혁신적인 방안 제시를 못 하고 있다.

이 책에서는 일본 도쿄에서 2000년대 이후 도시개조 시대를 맞이하면서 야심 차게 도시개조를 추진한 사례를 소개하고 있다. 전술한 바와 같이 일본에서는 2000년대 들어 대도시 역세권을 중심으로 대대적인 도시개조 프로젝트가 추진되었다. 일본은 중앙정부 차원에서 주도적으로 도시개조사업을 지원하면서, '민간주도'로 도시개조사업을 추진해오고 있다.

민간주도의 도시개조사업의 추진 배경은 크게 다음의 2가지로 정리할 수 있다.

첫째, 잃어버린 20년 혹은 30년으로 대표되는 일본의 장기불황으로 일본경제 특히 부동산 경기는 오랫동안 매우 힘든 시기를 보냈다. 무엇보다 부동산을 담보로 한 불량부채는 일본경제 발전의 가장 큰 걸림돌이었다. 이러한 문제의 해결 대안으로 부동산 개발의 과감한 인

도쿄 역세권 재개발 프로젝트

센티브 지원정책을 추진했다. 이를 통해 불량부채 문제도 해결하고 경제 활성화도 이루어내고자 한 것이다.

두 번째는 도시의 노후화 문제이다. 고도성장기에 대량으로 공급한 각종 도시인프라 시설이 노후화하면서 도시인프라의 정비가 시급한 상황이었다. 공공재원의 한계 속에서 도시개조를 위해 '민간재원' 활용이 절실했다. 공공과 민간이 협력해 추진하는 '민관협력' 사업방식을 중앙정부 차원에서 적극 주도하게 되었고, 이를 뒷받침할 법제도(도시재생특별법 등) 마련이 이루어졌다.

이 책에서는 2000년대 이후 도쿄에서 추진된 대표적인 도시개조 프로젝트 63개를 소개한다. 도쿄의 많은 도심복합개발 프로젝트 가운데, 우선 도쿄 도심을 순환하는 JR 야마노테선(山手線) 역세권 복합개발 사례를 따로 모아 정리했다. 가장 핵심거점 지역을 순환하는 JR 야마노테선의 역세권을 대상으로 대표적인 복합개발 프로젝트를 역세권 별로 정리해 소개하고자 한다.

도쿄 역세권의 경우 개별적인 도시개발 프로젝트도 중요하지만, 역세권별로 '지역'을 브랜딩하고 특성화하면서 지역을 차별화해 만들어가고 있다. 특히 지역별로 그 지역을 대표하는 핵심개발사업자(디벨로퍼)가 그 지역의 도시개조를 브랜딩하고 공간개조를 주도하고 있다. 예를 들면 도쿄역 마루노우치 지역은 미츠비시 지쇼(부동산), 니혼바시 지역은 미츠이부동산, 시부야 지역은 도큐부동산 등이다. 이는 매우 일본적인 현상으로 이해할 수 있다.

이 책에서는 2024년 현재 야마노테선 주요 역세권의 핵심거점 프로젝트들을 소개하고 있지만, 도쿄 대개조 사업은 도쿄의 다양한 지역(역세권)에서 추진되고 있다. 이미 2030년, 2040년을 목표로 한 수많은 프로젝트들이 제안되고 있다. 향후 2030년, 2040년이 되면 도쿄가 어떤 모습으로 변화할지 궁금하기도 하고 매우 기대된다.

한편, 이 책에서 소개하는 역세권 복합개발 사례의 대부분은 '민관협력'방식으로 추진한 사업들이다. 또 대부분의 사례 프로젝트들은 철도나 지하철 역사 정비, 지하연결 통로 연계, 하천복원, 도로 입체화, 물재생센터 입체개발 등 도시인프라 정비와 상부개발이 일체화된 프로젝트이다.

이 책은 프로젝트 사례를 소개하는 답사 리포트 형식으로 기술하고 있다. 건축과 도시계획, 도시개발에 관심이 있는 학생, 공무원, 건축가, 도시계획가, 도시개발 전문가 혹은 도쿄 역세권개발에 관심 있는 일반 시민들, 도쿄 역세권이라는 지역을 이해하고 최근의 개발 동향을 궁금해하는 분들에게 참고가 될만한 답사 리포트이다.

가급적 필자가 프로젝트 사례들을 직접 안내한다는 마음으로 기술하고 설명하고자 했다. 도쿄라는 도시에 익숙하지 않은 전문가나 일반 시민들에게 어떻게 역세권별 도시개발 사례를 설명할 것인가를 고민하며, 최대한 많은 도면과 사진을 활용해 쉽게 설명하려고 했다.

끝으로 이 책이 향후 서울을 비롯한 우리나라 대도시의 주요 역세권 도시공간을 어떻게 개조하고 브랜딩해 만들어갈 것인가를 고민하는 데에 조금이나마 참고가 되길 기대해 본다. 아울러 역세권 복합개발을 위한 제도적 시스템, 예를 들면 입체도시계획제도, 유연한 용도규제, 주차장 규제 완화, 공공공간 민간활용 방안, 지역(타운) 메니지먼트 등의 혁신적인 방안 마련, 법제도 정비를 위한 기초적인 사례 자료로 활용되기를 기대해본다.

끝으로, 이 책의 집필을 위해 수고해 주신 도서출판 서래책방 관계자 여러분께 감사의 말씀을 드립니다. 편집과 도면정리 등에 많은 도움을 준 중앙대 도시건축연구실 최재호, 김보미, 홍신영 연구원에게도 특별한 고마움을 전합니다.

2024.12

흑석골 연구실에서

저자 **이 정 형**

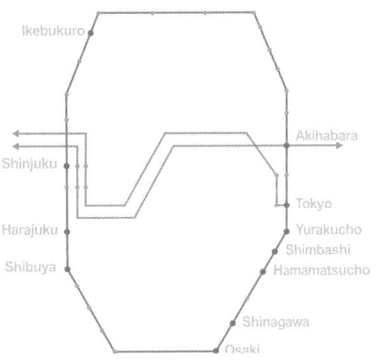

도쿄 역세권
재개발 프로젝트

이 책의 활용방법

이 책은 JR 야마노테선 주요 전철역의 역세권 도시복합개발 사례를 정리해 소개하고 있는 답사 리포트이다. 야마노테선 30개의 역 가운데, 이 책에서 다루는 역세권은 11개 역이다. 도쿄역을 시작으로, 시계방향으로 도쿄역, 유라쿠초역, 신바시역, 하마마츠역, 시나가와역, 오사키역, 시부야역, 하라주쿠역, 신주쿠역, 이케부쿠로역, 아키하바라역이다. 그 이외에 꼭 참고로 할 만한 역세권복합개발 사례로, 롯본기 1초메역, 요츠야역을 포함해 소개하고 있다.

도쿄의 전철 및 지하철역의 연계는 워낙 복잡하게 형성되어 있다. JR 야마노테선에서 다소 떨어진 위치의 도시개발 프로젝트의 경우, 인접해 전철역이 입지해 있는 경우가 대부분이다. 단순히 근접한 전철역만을 생각하면 JR 야마노테선에서 환승해 가까운 전철역을 찾아갈 수도 있을 것이다. 하지만 이 책에서는 JR 야마노테선 거점역에서 도보로 답사하는 것을 전제로 개발프로젝트를 정리했다.

이는 야마노테 지구와 인접 지구(시타마치 지구)에 걸쳐있는 복합개발 프로젝트의 경우, 야마노테 역세권을 중심으로 지역을 이해하는 것이 훨씬 도움이 되기 때문이다. 이 책에서 소개하는 야마노테선 주요 거점역은 그러한 거점지역을 대표

10. 이케부쿠로(池袋)역
- 54 공원 활성화 프로젝트
- 55 도시마구(豊島區) 신청사 프로젝트
- 56 하레자(Hareza) 이케부쿠로 프로젝트
- 57 다이야게이트 이케부쿠로 프로젝트

9. 신주쿠(新宿)역
- 46 공개공지 활성화 프로젝트
- 47 신주쿠 중앙공원 활성화 프로젝트
- 48 신주쿠 그랜드타워 프로젝트
- 49 바스타 신주쿠 프로젝트
- 50 미나미 테라스 프로젝트
- 51 신주쿠 토호(東宝)빌딩 프로젝트
- 52 도큐 가부키초 타워 프로젝트
- 53 신주쿠 이스트 사이드 프로젝트

8. 하라주쿠(原宿)역
- 42 위드 하라주쿠 프로젝트
- 43 오모테산도(表参道) 힐즈 프로젝트
- 44 도큐플라자 하라카도 프로젝트
- 45 도큐플라자 오모하라 프로젝트

7. 시부야(渋谷)역
- 35 시부야 히카리에 프로젝트
- 36 시부야역 가구블록_ 스크램블 스퀘어 프로젝트
- 37 시부야역 남측 가구블록_ 시부야 스트림 프로젝트
- 38 도겐자카(道玄坂) 가구블록_시부야 후쿠라스 프로젝트
- 39 사쿠라오카 가구블록 프로젝트
- 40 미야시타(宮下)공원 프로젝트
- 41 키타야(北谷)공원 프로젝트

6. 오사키(大崎)역
- 32 오사키 씽크 타워(THINK TOWER) 프로젝트
- 33 오사키 웨스트 시티 타워즈 프로젝트
- 34 오사키 소니 사옥 프로젝트

5. 시나가와(品川)역
- 30 시나가와 역세권 복합개발 프로젝트
- 31 시나가와 시즌 테라스 프로젝트

JR 야마노테선 역세권별 프로젝트 현황

11. 아키하바라(秋葉原)역
- ⑤⑧ 크로스필드(Crossfield) 복합개발 프로젝트
- ⑤⑨ 만세이바시(万世橋) 프로젝트

1. 도쿄(東京)역
- ① 도쿄역 복원 프로젝트
- ② 도쿄역 전면광장 정비 프로젝트
- ③ 나카도오리 가로정비 프로젝트
- ④ 신마루노우치 빌딩 프로젝트
- ⑤ 마루노우치 파크빌딩 (미츠비시 1호관) 프로젝트
- ⑥ 도쿄 중앙우체국(JP타워-KITTE빌딩) 프로젝트
- ⑦ 제1차 재개발(니케이+JA+케이단렌) 프로젝트
- ⑧ 제2차 및 제3차 재개발(오테마치 파이넨셜 시티) 프로젝트
- ⑨ 호시노야 도쿄 호텔
- ⑩ 제4차 재개발(도쿄 토치, 토치 테라스)프로젝트
- ⑪ 야에스 그랑 루프 프로젝트
- ⑫ 야에스 미드타운 프로젝트
- ⑬ 얀마 도쿄 빌딩 프로젝트
- ⑭ 뮤지엄 타워 쿄바시 빌딩+신 토다 빌딩 프로젝트
- ⑮ 쿄바시(京橋) 에도그랑 프로젝트
- ⑯ 니혼바시 다카시마야 백화점 프로젝트
- ⑰ 무로마치 코레도(COREDO) 프로젝트
- ⑱ 무로마치 코레도 테라스 프로젝트
- ⑲ 니혼바시 미츠이(三井)타워 프로젝트

2. 유라쿠초(有樂町)역
- ⑳ 도쿄 미드타운 히비야 프로젝트
- ㉑ 긴자 식스(GINZA SIX) 프로젝트
- ㉒ 긴자 가부키좌(歌舞伎座) 재생 프로젝트

3. 신바시(新橋)역
- ㉓ 시오토메 프로젝트
- ㉔ 신토라 거리 프로젝트
- ㉕ 모리 타워 빌딩 및 비즈니스 타워 프로젝트
- ㉖ 스테이션 타워 프로젝트
- ㉗ 아타고 그린 힐스 프로젝트

4. 하마마츠초(兵松町)역
- ㉘ 도쿄 포트시티 다케시바 프로젝트
- ㉙ 히-노데(Hi-NODE) 부두터미널 프로젝트

하는 역세권이다. 특히 단순히 도시개발 프로젝트만을 답사하기보다는 주요 거점역을 시작으로 그 지역을 이해하면서 개별 프로젝트를 살펴보는 것이 훨씬 도움이 될 것이다.

이 책에서 소개하는 JR 야마노테선 11개의 거점역은 역마다 지역적 특성을 가지고 있다. 각 역세권 별로 간략하게 거점역을 소개하고 있지만 충분하지는 않을 것이다. 필자는 오랫동안 도쿄에서 유학 생활을 하면서 각 역별로 나름대로 역세권의 특성을 알고 있지만, 도쿄라는 대도시에 익숙하지 않은 독자분들도 많이 계실 것이다. 가능하다면 별도의 참고자료를 통해 JR 야마노테선 주요역의 특성을 파악한다면, 역세권 복합개발 프로젝트를 이해하는데 좀 더 도움이 될 것이다.

JR 야마노테선 '도쿄역'을 시작으로 시계방형으로 11개 역의 역세권별 도시개발 프로젝트 사례를 정리하고 있다. 하지만 굳이 순서대로 답사할 필요는 없다. 관심가는 역세권 별로 선택적으로 답사하면 된다. 워낙 많은 역세권 프로젝트가 있어 한꺼번에 답사하기에는 무리가 따른다. 따라서 도쿄를 방문할 기회가 있을 때 관심 가는 역세권 한두 곳을 답사하는데, 이 책이 길라잡이가 될 수 있을 것이다.

도쿄 JR 야마노테선(山手線) 개요

도쿄 JR 야마노테선은 도쿄역을 기, 종점으로 30개의 전철 역사(驛舍)를 가지고 도심부를 순환하는 전철이다. 외선 순환(外回)과 내선 순환(內回)으로 주행하고 있다. 노선의 총연장은 20.6km이며, 순환선 전체의 운행 거리는 34.5km에 이른다. 서울 성곽 둘레가 약 18km인 것을 감안하면 서울과 비슷한 크기로 도심부를 형성하고 있다. 서울의 지하철 2호선과도 유사하다고 하겠다. 참고로 서울시 2호선의 경우 총 역사 수는 51개이다. 본선이 43개이며, 성수지선과 신정지선이 각각 4개씩이다.

'야마노테(山手)'란 높은 고지대를 의미하는데, JR 야마노테선 안쪽이 약간 지대가 높은 곳으로 예전부터 귀족(사무라이)들이 거주하던 곳이다. 에도시대부터 전통적으로 야마노테선 바깥 지역보다 상대적으로 필지 규모도 크고 계획적인 시가지를 형성하고 있었다. 반대로 바깥 지역은 서민들이 살아가는 동네(시타마치, 下町)를 형성하고 있다.

일본은 전통적으로 성(城)을 중심으로 도시가 형성되었는데, 주로 고지대에 위치한 곳에 다이묘(大名, 봉건영주)의 성곽이 자리잡고 있다. 상대적으로 높은 지대인 야마노테 지역은 방어가 유리한 지대로 귀족(무사)들의 거주지였다. 반면 강을 끼고 있거나 해안에 면한 저지대의 시타마치(下町)는 상인이나 서민거주지로 발달하였다. 따라서 도쿄 이외에도 고베, 삿포로, 나고야, 요코하마 등 주요 도시에는 '야마노테' 혹은 '야마테'라는 지명이 다수 존재한다.

에도 막부의 중심이었던 도쿄(에도)는 시타마치와 야마노테가 공존하며 도시공간을 형성하고 있다. 특히 에도 성문의 바로 앞에 자리 잡은 치요다(千代田) 지구는 지리, 교통적인 측면에서 가장 유리했기 때문에 에도의 중심으로 성장했다. 오늘날의 도쿄역이 자리하고 있는 곳이다. 일반적으로 무사(귀족)들의 거주지였던 야마노테 지역은 막부(幕府)의 고위관료 계층과 상경해 거주하던 다이묘들 위주의 고급주택가로 발전했다. 치요다보다 동쪽은 시타마치 지역(서민지역)이었다.

철도 노선으로서의 JR 야마노테선은 이처럼 야마노테 지역을 순환하기 때문에 붙여진 이름이다. 또 도쿄 수도권의 많은 사철(私鐵)들이 JR 야마노테선과 연계하면서 건설되어 있다. 따라서 야마노테선은 도쿄 수도권 전철 교통의 핵심 전철이라고 할 수 있다.

JR 야마노테 전철은 전 구간이 지상으로 달리고 있다. 도쿄역, 시나가와역, 시부야역, 신주쿠역, 이케부쿠로역, 우에노역 등 거점역세권을 관통하기 때문에 지상에서 고층건축물과 대도시 도쿄의 도시풍경을 감상할 수 있는 노선이다. 자연스럽게 역세권 별로 이러한 도시풍경의 특성과 지역적 정체성이 잘 나타나고 있다고 하겠다.

역세권 복합개발 또한 역세권 별 지역 특성을 살려 재개발사업이 추진되고 있다. 특히 역세권별로 지역재개발과 지역마케팅을 주도하는 기업(부동산 및 건설 관련)이 지역의 개발 및 브랜딩을 주도하고 있다.

도쿄 역세권 재개발 프로젝트

도쿄 역세권 재개발 프로젝트

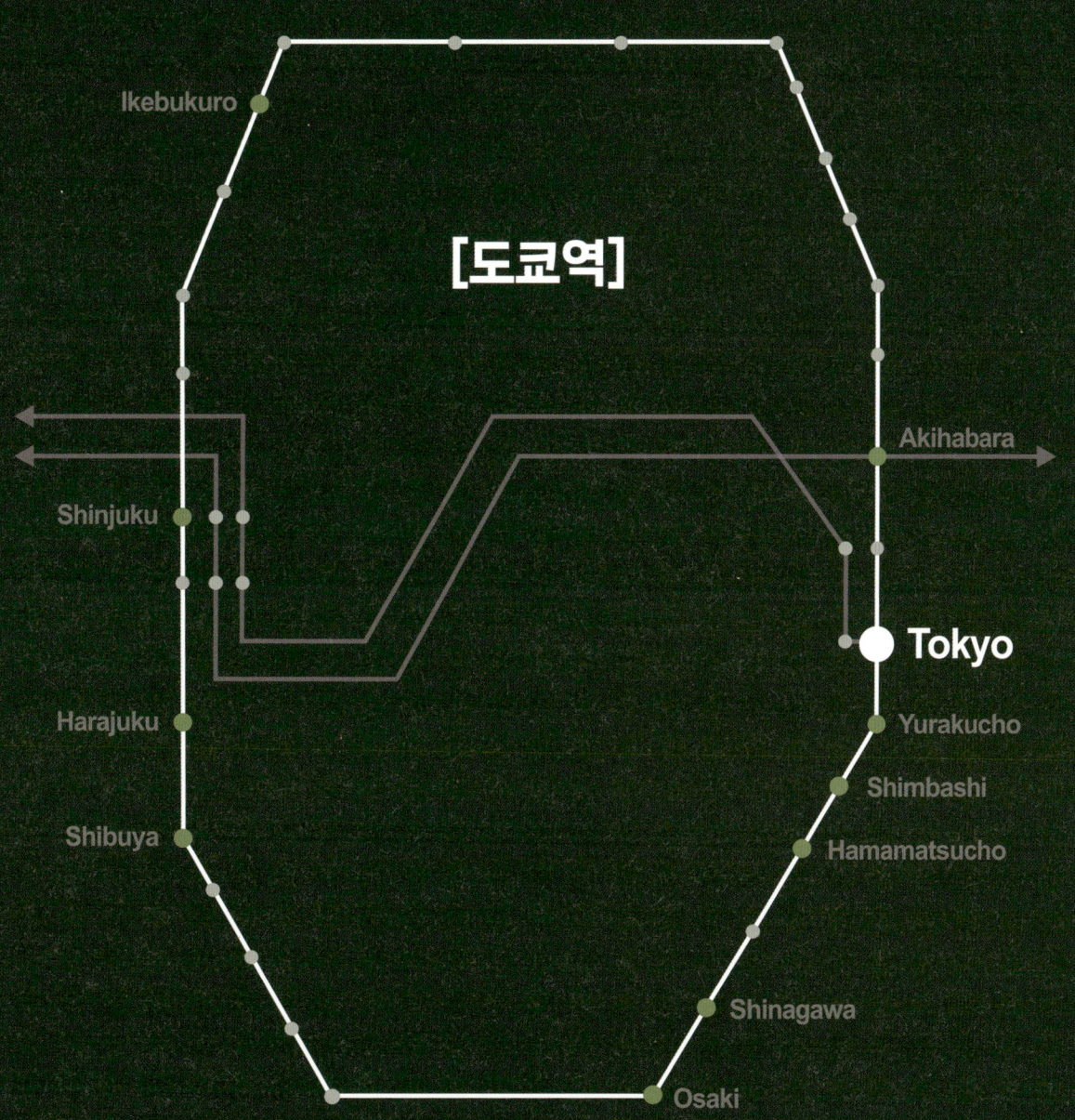

1 도쿄역

JR 야마노테선 30개의 역 가운데 시, 종점역은 도쿄역이다. 도쿄의 수많은 전철, 철도역 중, 도쿄의 관문역이자 가장 상징적인 역이기도 하다. 도쿄역 근처에는 일왕이 거주하는 황거(皇居)가 위치하고 있으며, 중앙정부청사가 입지한 행정중심지 가스미가세키 지역도 멀리 않게 위치하고 있다. 명실공히 도쿄 도심의 중심부에 해당한다.

1990년대 이후, 도쿄역 역세권은 도시재개발사업을 통해 혁신적인 도시개조가 이루어져, 현재는 일본을 대표하는 글로벌 비지니스의 중심지가 되었다. 2000년대부터는 도쿄역과 황거 사이에 위치한 마루노우치, 오오테마치 지구의 업무지구 재개발을 둘러싼 논의가 본격화했다. 여러 가지 논쟁 중에서도 '도시경관보전 문제', 그 가운데에서도 높이규제가 가장 뜨거운 이슈였다. 천황이 거주하는 황거 전면에 도시개발에 따른 높이규제를 어디까지 허용할 것인가의 문제였다. 나아가, 메이지유신 이후 일본의 근대화 과정에 만들어진 많은 역사적 근대건축물을 어디까지 어떻게 보전해갈 것인가 또한 중요한 논쟁 대상이었다.

그 결과, 지구 전체를 '전면재개발'하기보다는 '가구블록 단위'의 단계적인 재개발에 합의점이 모아졌다. 이를 위한 경관가이드라인을 만들어 지구 전체의 통합적 경관을 보전, 창출해가기로 한 것이다. 기존 근대건축물의 높이 31m는 저층부 포디움 계획에 반영해 가로경관의 연속성을 확보하고, 상층부 고층타워 빌딩의 높이는 상당부분 허용하는 것을 주요 내용으로 했다. 또 역사적 건축물의 경우 보전수복 및 재생을 통해 새로운 도시개발 프로젝트와 공존해 가는 방안을 제안했다. 이처럼 경관 가이드라인에 따른 가구블록별 도시재개발 프로젝트는 지난 30년에 걸쳐 지속적으로 추진되었으며 현재에도 진행 중이다.

도쿄역 역세권은 도쿄역을 중심으로 동측과 서측으로 나누어진다. 동측은 도쿄 스테이션 지구(도쿄역) 및 다이마루유(오오테마치+마루노우치+유라쿠초 지구를 하나로 묶어 '다이마루유' 지구라고 한다) 지구가 위치하고 있다. 여기서는 다이마루유 지구 가운데 유라쿠초 지구는 유라구초(有樂町) 역세권으로 별도로 분리해 정리하고, 마루노우치 지구와 오오테마치 지구를 중심으로 정리해 소개한다.

도쿄역 마루노우치 지구 반대편 서측 지역은 야에스(八重洲) 지구이다. 행정구역 상으로도 동측지역은 치요다구(千代田區), 서측지역은 추오구(中央區)에 해당해 자치구가 구분된다. 먼저 2000년대 초, 치요다구가 선도적으로 마루노우치, 오오테마치 지구 재개발을 시작했다. 2010년대 이후 추오구에서도 야에스 지구 재개발을 적극적으로 추진해가고 있다. 야에스지구는 일본의 전통적인 상업중심지인 쿄바시(京橋), 긴자(金座), 니혼바시(日本橋)지구 등과 인접해있다. 따라서, 도쿄역 야에스 지구에서 도보로 답사가 가능한 니혼바시 지구까지 도쿄역 역세권에 포함하게 되었다.

이와 같이 도쿄역 역세권 지역은 4개 지구, 즉 도쿄역 스테이션지구, 마루노우치 지구, 오오테마치 지구, 니혼바시 지구로 구분해 정리할 수 있다. 도쿄역 역세권은 도심 상업업무기능 중심의 글로벌 비즈니스 지구로 워낙 다양한 도심복합개발 프로젝트가 산재해 있다. 특히 지난 30년간 도심복합개발 프로젝트의 다양한 개발유형 사례를 답사할 수 있는 곳이기도 하다.

1-1 도쿄역 스테이션 지구

<답사 포인트>
1. 도쿄역 및 전면광장 지구는 지난 약 13년에 걸쳐 대대적으로 보전재생을 추진했다. 도쿄역사(驛舍)에는 호텔, 카페, 갤러리 등 다양한 시민편의 시설들이 입지하고 있다. 역사적 건축물인 도쿄역사를 시민들이 누구나 쉽게 사용할 수 있도록 해, 도쿄 관문역으로서 시민들에게 친근한 공간을 제공하고 있다.
2. 도쿄역 및 전면광장 보전, 정비에는 많은 재원이 소요되었는데, 주변 가구블록 재개발사업과 연계해 용적률 거래를 통해 비용을 마련했다. 도쿄역 주변에 고층빌딩이 많은 이유이기도 하다.
3. 도쿄역 전면에 정비된 역 앞 광장은 매우 상징적인 광장으로 조성하고 있다. 택시승차장을 포함해 보행공간은 캐노피(차양)를 설치해 역 앞 광장으로 정비하고 있다. 특히 황거로 이어지는 보행자가로(광장) 공간은 역사적 보행축을 형성하고 있다. 도쿄를 대표하는 가장 상징적인 도시공간이라 할 수 있다.
4. 역 및 광장 지하공간 또한 주변 가구블록과 유기적으로 연계하고 있다.

지구 개요

도쿄역 복원계획과 역 앞 광장 정비 그리고 황거로 이어지는 보행도로(광장)를 포함해 도쿄역 '스테이션 시티'라고 한다. 도쿄역과 전면광장, 황거로 이어지는 보행가로가 상징적인 도시공간축을 창출해내고 있다. 도쿄역 광장이 정비되기 이전에는 주로 교통광장으로 사용되어 매우 산만한 역 앞 광장을 형성하고 있었다. 하지만 도쿄역 복원계획과 더불어 대대적인 정비계획을 통해 상징적인 도시공간으로 탈바꿈하게 되었다.

역 앞 광장 정비(좌) 그리고 황거로 이어지는 보행자 가로축 형성을 통해 도쿄의 관문으로서 상징적인 도시공간을 형성하고 있다(우).

도쿄역 스테이션 지구 주요 프로젝트 현황

01 도쿄역 복원 프로젝트

도쿄역은 말할 것도 없이 일본을 대표하는 철도역사이며 수도 도쿄의 관문이다. 재미난 것은 도쿄역을 설계한 건축가(다츠노 긴고[1])가 우리나라 서울역을 설계한 건축가와 동일 인물이라는 점이다. 필자 개인적인 견해이지만, 1910년대에 지어진 도쿄역보다 1930년대에 건설된 서울역이 건축적으로는 좀 더 완성도가 있다고 생각된다.

도쿄역 지구를 답사하다 보면 서울역과 주변 광장을 자연스럽게 비교하게 된다. 도쿄역 지구도 복원 정비가 이루어지기 이전에는 현재 서울역 광장과 비슷하게 역 앞 광장이 매우 산만하게 조성되어 있었다. 향후 서울역 및 전면광장 정비계획에 많은 시사점을 주고 있다고 하겠다.

---

1) 건축가 다츠노 긴고(辰野金吾, 1854-1919)는. 1873년 현 도쿄대 건축학부에 입학해 건축공부를 시작했고, 당시 영국 건축가 '곤돌'로부터 서양 건축을 배운 최초의 일본 건축가이다. 영국유학을 거쳐 1884년부터 도쿄대학교 건축학부 교수를 역임했다. 현 일본건축학회를 창설하는 등 일본건축계 발전을 위해 많은 공헌을 했다. 대표작으로 도쿄역, 일본은행 본점 등 있으며, 초기 일본 서양 근대건축 200여 개를 설계한 것으로 알려져 있다. 일제강점기 우리나라 서울역도 설계했다.

1914년 완공한 도쿄역은 대대적인 수선을 위해 1999년 보전수복계획을 수립했다. 무려 13년에 걸친 꾸준한 복원과 수선작업을 거쳐 2012년에 완성되었다. 역사적 건축물인 도쿄역에는 호텔, 음식점, 갤러리 등 일반 시민들이 이용할 수 있는 다양한 용도를 도입하고 있다. 복원정비 이후 많은 시민들이 도쿄역을 이용할 수 있도록 한 것이다. 또한 역사적 철도역사의 지속적인 보전, 관리를 위한 재원마련을 위해 민간수익시설을 적극적으로 도입하고 있다는 점도 참고할 만한 사항이다.[2]

도쿄역 북측 콘코스 1-3층에는 스테이션 갤러리라는 문화적 시설이 입지하고 있으며, 남측 돔 2층 회랑에 면해서는 카페 'TORAYA TOKYO'라는 노포 과자점이 있다. 각 시설의 운영 및 관리는 대기업 계열회사인 미츠비시 그룹이 담당하고 있다. 호텔 또한 고급호텔 브랜드를 유치해 1박에 평균 3만5천 엔(약 35만 원), 스위트룸은 1박에 80만 엔(약 800만 원)으로 매우 고가이지만 예약을 하기 어려울

도쿄역 북측 콘코스(좌)과 스테이션 갤러리(우). 도쿄역 북측 콘코스 1-3층에는 문화시실로서 스테이션 갤러리가 입지하고 있다.

도쿄역 전경(좌). 도쿄 스테이션 호텔 로비(우). 호텔은 매우 고가이지만 예약을 하기 어려울 정도로 인기가 많다. 호텔 직영 레스토랑도 항상 예약이 넘쳐나고 있다.

---

2) 역사적 건축물의 활용방안에 대해 다양한 접근방법을 생각하게 한다. 현재 역사적 근대건축물인 서울역사를 많은 시민들이 찾지 않고 있는 것과도 비교되는 부분이다.

정도로 인기가 많다고 한다. 호텔 직영 레스토랑도 항상 예약이 넘쳐나고 있다. 도쿄역이 복원정비 후 시민들에게 친근한 철도역사 공간으로 탈바꿈한 것이다.

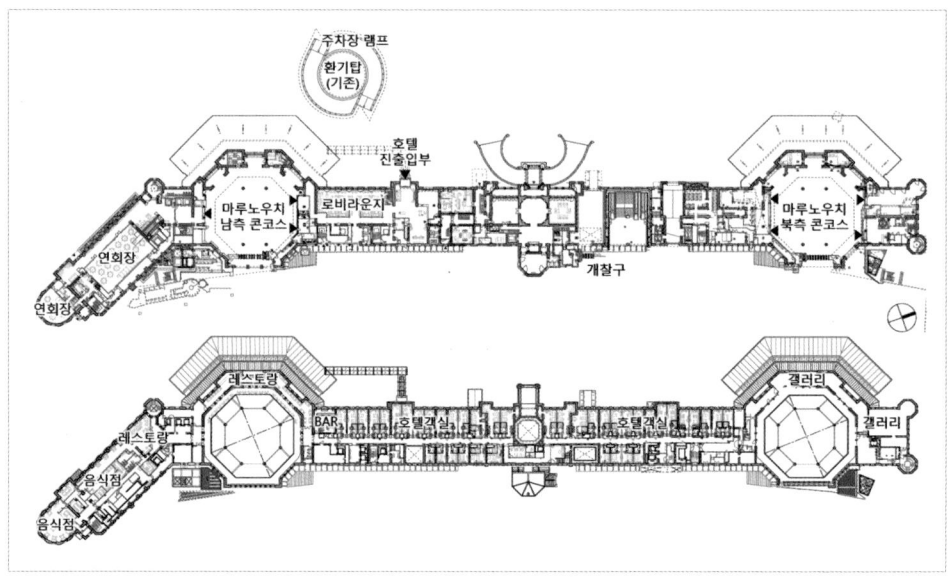

도쿄역 스테이션 시티 1층 및 기준층 평면도.

한편, 이러한 역사적 건축물의 복원계획에는 많은 재원이 소요될 수밖에 없다. 도쿄역 보전 논의에는 재원마련을 위한 용적률 이전계획이 전제되어 있다. 즉 도쿄역 복원을 위한 재원마련을 위해 철도역사의 미활용 용적률을 인접 민간부지에 매각해 재원을 확보했다. 공중권 활용을 위한 용적률거래(TDR)제도이다. 일본은 우리나라와 마찬가지로 공중권 용적률거래(TDR)제도가 아직 없다. 따라서 기존의 법제도를 최대한 활용하는 특례제도 방안을 도입했다.

예를 들면 2000년도 도시계획법과 건축법 개정으로 창설된 '특례용적률 적용지구계획[3]'을 활용했다. 이 제도는 사실상 도쿄역 보전계획을 위해 도입된 제도라고 해도 과언이 아니다. 결과적으로 기존 법제도를 활용하고, 일부 법 개정을 통한 새로운 제도 창설로 복원계획이 추진되었다.

특히 법제도적 뒷받침과 더불어 보전계획에 필요한 기술의 진화, 일본 장인들의 기술력 등 다양한 요

---

3) 역사적 건축물 보전을 위해서는 미이용 용적률을 매각해 재원을 마련할 수 있는 제도가 필요하다. 일반적으로 공중권 용적률거래(TDR)제도를 말한다. 일본에서는 용적률 이전을 가능하게 하는 제도로 '특정가구제도' 등이 있지만, 떨어져 있는 가구블록에까지 용적률을 이전할 수 있도록 하기 위해서는 새로운 제도도입이 필요했다. 도시계획법 8조와 건축기준법 57조에 근거해, '특례용적률 적용지구계획'을 창설했다. 2000년 당시에는 상업지역에 한해 적용하도록 하였으나, 2004년에는 범위를 확대해 1, 2종 주거전용지역, 공업지역을 제외한 모든 용도지역에 적용이 가능하게 되었다.

소들이 더해져 도쿄역사 보전계획이 성공적으로 추진될 수 있었다.

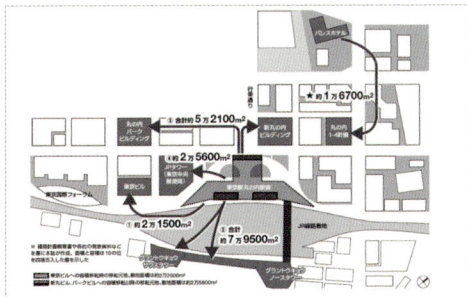 

용적률 이전 현황(좌). 역사적 건축물인 도쿄역의 미이용 용적률을 주변의 고층빌딩 개발로 이전해 철도역 복원사업의 재원을 확보했다(우).

02 도쿄역 전면광장 정비 프로젝트

2017년 12월, 도쿄역과 황거를 연결하는 도쿄역 전면 광장이 완공되었다. 역 앞 광장과 황거로 이어지는 보도광장을 포함해 총면적은 약 2만 4천m² 규모이다. 약 6,500m² 크기의 역 앞 광장과 약 5,900m²의 교통광장이 포함된다. 단순히 교통 로터리 역할 뿐이었던 역 앞 전면광장을, 도쿄역은 '도쿄의 관문'이라는 상징적 의미로 광장 조성에 역점을 두었다.

중앙광장의 중심부는 황거로 이어지는 보도까지 같은 흰색 석재포장으로 마감되어 있다. 양측으로는 잔디광장을 형성하고 있으며 양측에 지하층 환기구가 조형시설로 자리 잡고 있다. 전체적으로 도쿄역과 더불어 상징적인 공간을 형성하기 위해 간결하고 세련된 광장디자인을 계획하고 있다. 정비사업의 주체는 도쿄도와 JR 동일본회사이며, 사업비는 약 66억엔(약660억원)이다. 지자체인 도쿄도가 27억엔(약 270억원)을 부담하고 JR동일본회사가 약 39억엔(약 390억원)을 출원했다.

도쿄역과 황거를 연결하는 역 앞 전면광장. 중앙광장의 중심부는 황거로 이어지는 보도까지 같은 흰색 석재포장으로 조성하고 있다(좌). 양측으로 잔디광장으로 형성해 상징적인 광장공간을 연출하고 있다(우).

1-2 마루노우치 지구

<답사 포인트>
1. 마루노우치 지구를 둘러보는 데에는 '나카도오리'라는 중심가로를 우선적으로 둘러볼 필요가 있다. '나카도오리' 가로정비는 마루노우치 지구를 정비해가는 데 있어 가장 선도적인 정비사업이었기 때문이다. 양방향 도로를 일 방향 도로로 바꾸고, 자동차로와 보행로 구분 없이 도로 바닥 패턴을 디자인했다. 또 가로변에 면한 오피스 빌딩 1층부는 용도 변경을 통해 명품 브랜드점을 입점시켰다. 그 결과 품격있는 가로경관을 창출해내고 있다. 특히 타운 매니지먼트를 실시하면서 차 없는 거리행사, 푸드트럭, 어반 테라스 등 다양한 연중 이벤트 행사가 개최되고 있다.
2. 마루노우치 지구정비는 가구블록 별로 단계적으로 추진되었으며, 가구블록 별로 가구정비 가이드라인에 따라 특징적인 재개발계획이 실행되었다. 저층부 포디움의 연속성, 공개공지, 선큰 공간, 지하 네트워크 연계, 역사적 건축물 보전활용 등 세심한 도시설계 가이드라인을 적용하고 있다.
3. 신마루노우치 빌딩 가구블록의 경우 저층부는 다양한 상업시설이 입지하고, 1층부의 오피스 로비공간은 후면부에 입지시키고 규모도 최소화했다. 1층 공공보행통로, 중간층에 설치된 공개공간 등은 건축물의 공공성 확보를 위한 공공기여 항목이다.
4. 마루노우치 파크빌딩은 세련된 중정 정원과 역사적 건축물인 미츠비시 1호관 복원건물과 상층부의 오피스빌딩으로 구성된다. 특히 복원한 미츠비시 1호관은 현재 미술관으로 사용되고 있으며 미술관 복원시설 일부에는 카페도 운영하고 있다.
5. 도쿄 중앙우체국 빌딩(JP타워)의 가구블록은 도쿄역 전면광장에 면해 있다. 이 곳은 가장 핵심적인 공간으로 실내 아트리움 공개공지가 자리하고 있다. 또 6층 레벨은 기존 중앙우체국 (보전건축물) 옥상을 공개공지로 개방해, 도쿄역 및 전면광장을 조망할 수 있다. 또한 도쿄역 지하연결 보행공간과도 지하공간이 연계되어 있다.

지구 개요

마루노우치 지구는 도쿄역과 황거 사이에 위치하고 있다. 일본을 대표하는 기업의 본사들이 위치해 있어 일본 경제활동의 중심지이며, 글로벌 경제 비지니스 일번지이다. 이 지역 도시형성의 출발은 에도시대로 거슬러 올라가는데, 당시 다이묘(大名, 지방 영주)들의 거주지(屋敷)가 모여있던 곳이었다.4) 메이지 유신 이후 메이지 정부가 들어서면서 이 지역은 관청가, 병영지 등으로 전환되었다. 유신정부의 혼란기를 거치면서 정부군이 교외지역으로 빠져나가자, 1890년에 미츠비시 그룹이 국유지를 일괄해 불하받았다. 현재에도 이 지역 토지의 약 60% 이상을 미츠비시 그룹(미츠비시 부동산)이 소유하고 있다. 당시 미츠비시 그룹은 이 지역을 벽돌조와 석조의 서양식 건축물을 건설해 문명개화 시대에 어울리는 서양풍의 시가지 경관을 창출해 내고 있었다.

전후(1945년 이후) 고도성장기를 거치면서 업무시설(오피스) 수요가 증가하게 되었고, 특히 1990년대 들어 지구가 쇠퇴기를 맞이하면서 새로운 글로벌 비즈니스 중심지로서의 변화를 시도했다. 이 과정에 자연스럽게 다양한 재개발 방식을 논의하게 되었다. 전면재개발을 통한 대대적인 재개발 프로젝트(일명, 맨해튼 계획)에 대한 논의도 있었지만, 1990년대 중반 거품경제가 붕괴하면서 기존의 인프라(도로 등)를 보전하면서, 가구블록 별로 단계적으로 재개발을 추진하게 되었다.

가구블록 별 재개발계획은 가구블록 별로 정해진 도시설계 및 경관 디자인 가이드라인에 따라 단계적이고 체계적으로 이루어졌다. 특히 종전의 오피스빌딩 위주의 단순한 업무기능에서 탈피해 상업, 문화, 호텔 등 다양한 용도를 복합한 역세권 복합개발의 형태를 제안했다. 도심공동화를 최소화하고 24시간 활기 있는 도심형성을 목표로 복합개발 프로젝트가 추진된 것이다. 지구정비 경관 가이드라인에 근거해 인접가구 블록과의 연계, 공개공지의 위치 조정, 저층부 벽면선의 통일, 역사적 경관의 계승 등 도시설계 시스템이 체계적으로 적용되면서 품격있는 시가지를 창출하고 있다.

도쿄역 전면광장에 면한 마루노우치 지구 전경

---

4) 에도시대에는 '참근교대제'라는 제도가 있었는데, 당시 에도 막부는 각 지방 영주인 다이묘(大名)들의 쿠데타를 방지하기 위해 지방 다이묘들이 일년 씩 번갈아 가며 에도와 지방에서 거처하도록 하였다. 따라서 에도(도쿄)에 지방 영주들이 머무르는 곳이 필요했던 것이다.

마루노우치 지구에서는 역사적 건축물을 보전활용하면서 가구 블록별로 재개발이 추진해 역사적 경관을 계승하고 있다.

한편, 이 지역은 지역활성화를 위해 지권자 협의회를 중심으로 민관협력 가이드라인을 통한 '에리어(타운) 매니지먼트'가 일찍부터 도입된 지구로도 유명하다. 민관협력사업(PPP)의 일환으로 지역활성화를 위한 새로운 메니지먼트 시스템을 도입하고 있다.[5]

1990년대 당시 마루노우치 지구는 금융, 비즈니스 중심지였으며, 도시의 모습은 오늘날 서울의 여의도 금융지역과 매우 흡사한 상황이었다. 평일 주간 업무시간 대에는 많은 오피스 종사자들로 붐비고 있었지만, 야간이나 주말에는 도심공동화 현상으로 텅 빈 도심 풍경이었다. 오피스 1층부는 대부분이 은행이 입지해 있어 오후 6시 은행 업무가 종료하면 시가지는 급속히 한산해졌다. 현재 서울의 광화문, 여의도, 강남지역 업무중심지와 크게 다르지 않은 도심의 풍경이었다.

따라서 도시정비(가구별 재개발)의 우선적인 목표는 '5/7 도시'에서 '7/7 도시'로의 전환이었다. 즉 일주일에 5일만 사용하는 도시에서 일주일에 7일 모두를 사용하는 도심으로의 전환이 목표였다. 특히 오피스 업무빌딩 중심의 단순용도에서 상업, 문화, 호텔 용도를 도입하는 복합개발을 통해, 야간이나 주말에도 많은 사람들이 도심을 찾을 수 있도록 했다. 되살아난 도심 활성화의 전형적인 성공사례라 할 수 있다.

---

5) ㈜미츠비시 지쇼(부동산)를 중심으로 1998년부터 가구블록 재개발을 추진하면서, 지역 내 민간기업 관계자를 중심으로 '재개발계획추진협의회'를 조직했다. 또 도쿄도와 자치구(치요다구) 등 공공부문을 포함하는 '지구활성화 간담회'도 설립했다. 지역 기업(민간)이 주도하는 타운 매니지먼트 조직을 통해 '민간(기업)'이 주도하는 지역활성화의 새로운 시도가 이루어지게 된 것이다.

마루노치 지구 주요 프로젝트 현황

03 나카도오리 가로정비 프로젝트

마루노치 정비계획의 출발은 '나카도오리' 가로정비에서 시작되었다. 2차선이었던 도로공간을 1차선 일방통행 도로로 변경하면서 도로 폭을 축소하고 보행도로 폭을 대폭 늘렸다.

마루노우치 지구 정비계획의 출발은 '나카도오리' 가로정비에서 시작되었다. 1990년대 초 일본의 거품경제가 붕괴되고 금융업이 침체해지기 시작하면서 오피스빌딩 1층에 입지한 은행지점이 철수하기 시작했다. 이때 마루노우치 지구 중앙도로인 '나카도오리' 가로공간 정비사업에 착수했다. 2차선이었던 도로공간을 1차선 일방통행 도로로 변경하면서 도로 폭을 축소하고 보행도로 폭을 대폭 늘렸다. 도로포장을 보도포장과 같은 재료를 사용해, 자동차도로의 이미지를 줄이면서 보행도로의 기능을 최대한 확보했다.

가로개선과 더불어 가로변 1층부에 명품브랜드 상가점포를 유치했다. 도심풍경이 조금씩 바뀌고 활기를 찾기 시작했다. 가로공간에는 예술장식품, 스트리트 퍼니쳐 등 가로 공간환경의 매력을 증진시키는 다양한 가로개선 디자인이 시도되었다.

이러한 물리적 가로환경개선사업과 함께 '타운(에리어)매니지먼트'라는 당시 일본에서는 매우 선구적인 민관협력 도시공간 관리시스템을 도입했다. 지금까지도 일본에서 타운매니지먼트의 대표적인 사례지 마루노우치 지구가 꼽힌다. 나카도오리는 마루노우치 지구의 가장 핵심적인 공공공간으로서 지역활성화의 거점공간 역할을 하고 있다. 오픈 테라스 프로젝트, 거리 피크닉 프로젝트 등 스트리트 활성화사업이 활발하게 이루어지고 있다. 매일 점심시간 대는 자동차 통행을 배제하고 오픈 테라스, 푸드트럭 등 가로공간 광장화가 이루어지고 있다. 마루노우치 지구 전체의 활성화에 촉매프로젝트라 할 수 있다.

마루노우치 지구는 에리어(타운) 매니지먼트를 통해, 오픈 테라스 프로젝트, 거리 피크닉 프로젝트 등 스트리트 활성화 사업이 활발하게 이루어지고 있다.

04 신마루노우치 빌딩 프로젝트

도쿄역 역 앞 광장을 마주하고 황거 쪽 상징 보행가로에 면해 신마루노우치 빌딩이 자리하고 있다. 이미 완공된 건너편 마루노우치 빌딩과 더불어 마루노우치 지구 가운데, 가장 상징적인 오피스 빌딩이다. 마루노우치라는 국제업무지구의 상징성뿐만 아니라 도쿄역의 역사적인 맥락을 이어 갈 수 있는 오피스빌딩 개발이라 할 수 있다.

도쿄역 광장을 끼고 황거 쪽 상징가로에 면한 신마루노우치 빌딩은 이미 완공된 건너편 마루노우치 빌딩과 더불어 마루노우치 지구 전체에서 가장 상징적인 오피스 빌딩이다.

신마루노우치 빌딩은 지하 4층, 지상 38층으로 연면적 약 19만 5,000m2에 이르는 상업 및 오피스 복합빌딩이다. 지하 1층에서 지상 7층까지는 상업시설로 다양한 상업점포가 153개나 입점해 있다. 특히 저층부 상업시설은 쇼핑몰 형태로 일반 시민들에게 개방적인 저층부 공간을 형성하고 있다. 10층에서 37층에 위치한 상층부 오피스빌딩은 한 개 층의 유효면적이 약 3,000m2로 대규모 공간의 사무공간을 형성하고 있다. 9층에 위치한 업무지원 시설은 휴식공간의 기능과 함께, 기업 간의 커뮤니케이션 공간으로 활용할 수 있도록 라운지, 임대회의실, 헬스 등을 심야에도 사용할 수 있도록 하고 있다.

신마루노우치 빌딩 건설은 마루노우치 지구의 보행 연계성을 높이기 위해 인접한 마루노우치 빌딩과의 사이에 황거로 이어지는 대로(도로)의 지하공간을 보행자 전용도로로 계획하고 있다. 또 도쿄역 지하광장을 정비하는 등 지역 공공성 향상이 높이 평가되었다. 이에 용적률 보너스가 적용되어 용적률 1,760%까지 상향되었다. 신마루노우치 빌딩 1층부는 가로활성화를 위해 카페 레스토랑 등 상가점포 등이 입점하고 있으며, 또 저층부에는 아트리움 공개공간이 설치되어 있다.

지하 상점가와 더불어 지하 1층에서 지상 7층까지는 다양한 상업점포 입점해 있고, 저층부 포디엄 부분과 상층부 업무시설이 만나는 8-9층에는 업무시설 근무자들을 위한 다양한 서비스지원 및 편의시설을 제공하고 있다. 오피스 진출입 로비는 규모를 최소화하고 1층 후면부에 별도로 설치해 상업시설과 영역을 분리했다.

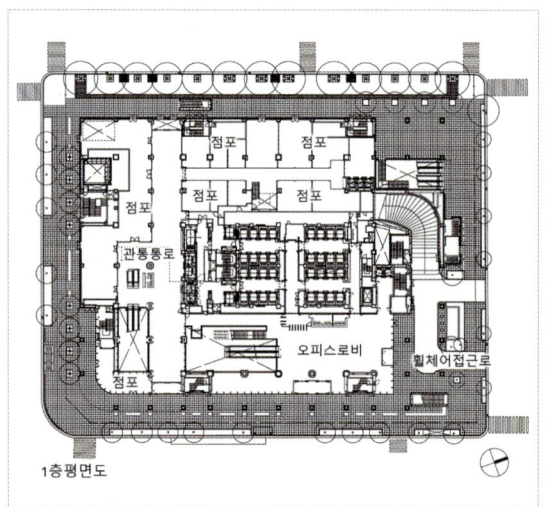
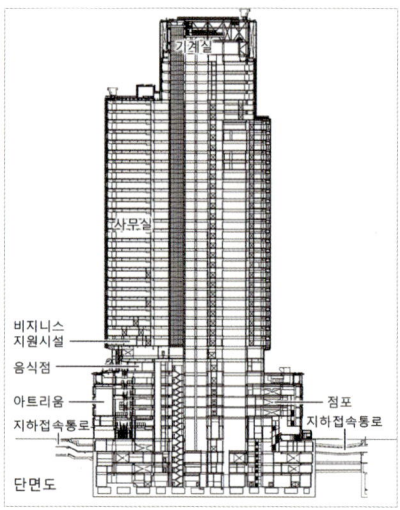

신마루노우치 빌딩 평면 및 단면도. 저층부 포디움 층에는 상가점포를 설치하고 상층부는 업무시설공간이다. 저층부와 상층부가 만나는 층(8-9층)에는 다양한 비지니스 지원시설이 있다.

1층 및 지하층에는 광장과 공공보행통로가 설치되어, 시민들이 개방적으로 활용할 수 있도록 하고 있다.

빌딩 저층부에는 아트리움 공개공간이 설치되어 있다(좌). 1층 오피스 진출입 로비공간(우). 오피스 진출입 로비는 규모를 최소화하고 1층 후면부에 별도로 설치해 상업시설과 영역을 분리하고 있다.

05 마루노우치 파크빌딩 (미츠비시 1호관) 프로젝트

마루노우치 파크빌딩 가구블록 재개발은 역사적 건축물의 복원과 중정 공원의 확보라는 개발계획 개념을 충실하게 실현한 프로젝트이다. 우선 40년 전에 철거한 메이지 시대 벽돌건축물(미츠비시 1호관)을 당시의 조적조 형태 그대로 복원했다. 원래 미츠비시 1호관 건축물은 1894년 마루노우치 지구 최초의 오피스 건물이었다. 설계자는 당시 유명한 영국 건축가 '곤돌'이다(1852-1920).

이 건축물은 마루노우치 지구의 붉은 벽돌건물로는 마지막까지 남아있었으나 고도성장기인 1968년 철거되었다. 이 철거 건축물을 복원하는 데에 있어 가장 논쟁이 된 것은 용적률 완화문제였다. 즉 건축물 복원과 문화시설로서의 사용에 따른 재원마련을 위해 별도의 추가용적률 인센티브가 부여되었다.

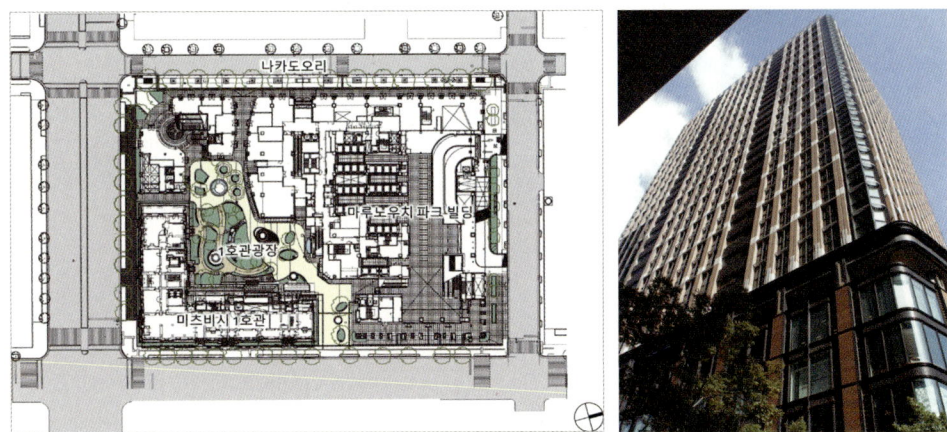

마루노우치 파크빌딩 배치도(좌). 마루노우치 파크빌딩 가구블록 재개발은 역사적 건축물의 복원과 중정 공원의 확보라는 계획개념을 충실하게 실현한 복합개발프로젝트이다.(우)

우선 사업자인 미츠비시 지쇼(부동산)는 도쿄도에 '중요문화재 특별형 특정가구제도' 활용을 제안했다. 다음으로 도시재생특별법에 근거해 '도시재생 특별지구'로 지정받아 '특별용적률 적용 지구제도'를 활용하게 되었다. 특히 도쿄역 마루노우치 역사의 미이용 용적률 가운데 130%를 취득하기 위해 도시재생 특별지구 내에 '사업자 제안제도'를 활용했다. 결국 도시재생특별법에 근거해 도시재개발 프로젝트에 공공성 기여요소를 적극 활용한 것이다.

구체적으로는 미츠비시 1호관 복원 및 미술관으로의 사용, 가구블록 중정 광장의 녹지공간 확보, 역사적 건축물인 마루노우치 역사건축물의 보전에의 공헌, 지하철/JR도쿄역과 지하를 연결하는 보행

네트워크 정비 등 다양한 공공기여 항목을 적용했다. 결국 사업자 제안에 대해 용적률 1,300%에 더해 230%의 보너스 용적률이 인정되었다. 또 대규모 기계실의 용적률 특례규정이 더해져 최종적으로 용적률 1,565%가 적용되었다. 역사적인 마루노우치 업무지구의 역사적 랜드마크 건축물의 부활을 통해 새로운 부가가치를 창출하였고, 2009년 완성되었다.

마루노우치 파크 빌딩 중정 공원 전경. 일반 시민들의 휴식공간으로 이용되고 있다.

복원된 미츠비시 1호관 건축물 전경(좌). 40년 전에 철거한 메이지 시대 벽돌건축물(미츠비시 1호관)을 당시의 조적조 형태로 그대로 복원했다. 현재에는 미술관과 레스토랑으로 사용하고 있다(우).

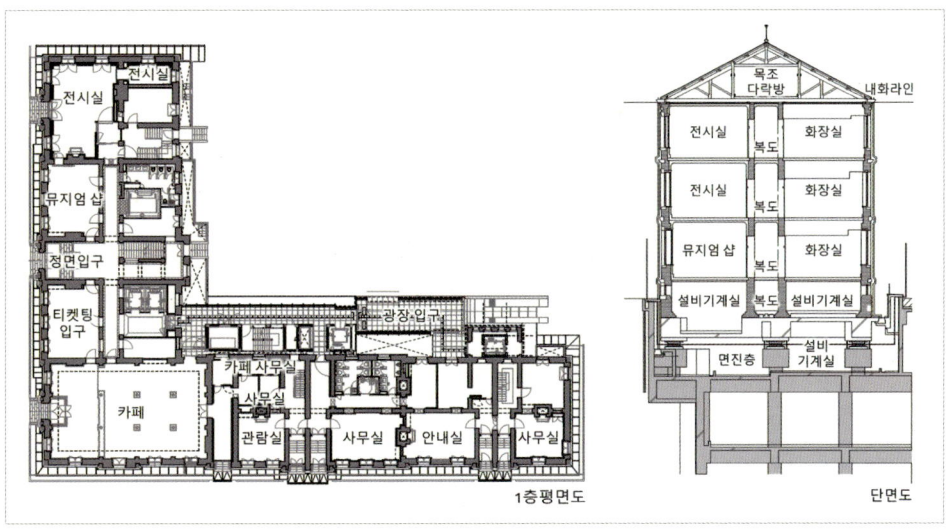

미츠비시 1호관 평면도 및 단면도

06 도쿄 중앙우체국 (JP 타워-KITTE 빌딩) 프로젝트

도쿄역 광장에 인접해 도쿄 중앙우체국이 자리 잡고 있던 가구블록을 재개발한 복합개발프로젝트이다. 1931년에 건축된 도쿄 중앙우체국은 일본 근대건축의 걸작 가운데 하나였다. 마루노우치 지구의 상업 집객력이 높아진 점을 감안해 저층부 일부 건물을 보전하면서 아트리움 실내공개공지를 설치하고 다양한 상업시설을 유치했다. 상층부는 38층의 업무 오피스빌딩으로 신축했다.

2013년에 완공한 JP타워 빌딩. 일본 근대건축의 걸작 가운데 하나인 중앙우체국 건물을 보전하면서 가구블록을 재개발한 사례이다.

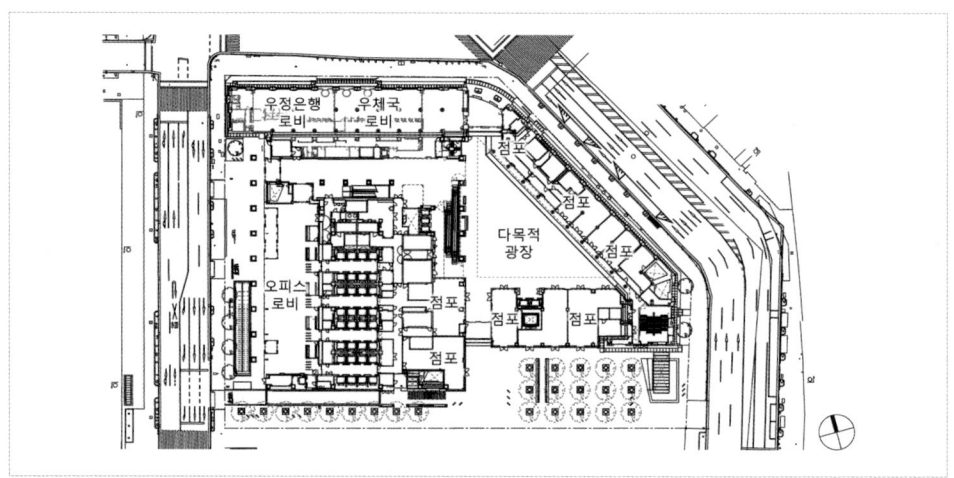
도쿄 중앙우체국 1층 평면 배치도. 실내공개공지로서 다목적 아트리움 광장이 위치하고 있다.

도쿄 중앙우체국 재개발 프로젝트는 도시재생특별법에 근거한 '특례용적률 적용지구제도'를 활용해 용적률 1,630%가 적용되었다. 가구블록의 부지면적은 약 11,600m2이며 연면적 약 19만m2에 이른다. 도쿄역사의 미이용 용적 약 25,550m2가 용적률 거래를 통해 이전되었다. 아울러 국제적 비즈니스, 관광정보센터, 학술문화 교류시설의 설치, 개방적인 옥상정원, 도쿄역 지하공간과의 연계 등 다양한 공공기여 항목이 계획내용으로 포함되어 보너스 용적률을 추가로 적용받게 되었다.

전면 보전건축물은 지하를 철거하고 새로운 기초를 구축해 내진설계를 강화했다. 또 철거한 일부 건축물을 세심하게 조사해 역사적으로 가치가 있는 부재들은 보관, 활용하는 보전계획이 이루어졌다. 상업시설의 중앙부 실내공개공지 아트리움은 보전건축물과 신축건축물 저층부를 융합시키는 3각형의 공공공간으로, 가구블록에서 가장 매력적인 공간이다. 보전건축물의 절단면이 아트리움의 한쪽 벽 단면을 형성하면서 아트리움 공간에 대담하게 노출되어 있다. 철골철근콘크리트 구조의 팔각형 단면 기둥과 보의 단면 등 구조물의 특징적인 형상이 내부공간에 드러나 있다.

1931년에 건축한 도쿄 중앙우체국은 일본 근대건축의 걸작 가운데 하나였다.

상업공간의 내부 인테리어 디자인은 일본의 유명건축가 쿠마 겐고가 디자인한 것으로 '선의 모더니즘' 개념을 도입해, 기존 보전구조물과 조화를 이루는 인테리어 디자인을 구사하고 있다. 즉 보전부분과 신축부분을 무리하게 대비시키지 않고 공통의 디자인 모티브를 사용해 융합시키면서 작은 단위공간으로 내부공간을 연출하고 있다.

상업시설을 감싸고 있는 중앙 아트리움 광장은 보전건축물과 신축건축물 저층부를 융합시키는 3각형의 공공 아트리움 공간으로, 이 재개발 가구블록의 가장 매력적인 공간을 연출하고 있다.

도쿄역 광장 지하에서 JP타워 지하로 연결하는 지하 연결통로(좌). 시티투어 안내소도 입지하고 있다(우).

한편, 가로에 면한 전면 보전건축물 북측 1층부에는 중앙우체국이 자리 잡고 있으며 현재에도 우체국 업무를 계속하고 있다. 2-3층에는 우체국과 도쿄대학교가 공동으로 산학 연계프로젝트의 일환으로 운영되는 학술문화융합 뮤지움인 '인터 미디어 테크'가 입지하고 있다. 이 뮤지움은 도쿄대학교 종합연구박물관의 학술표본 등을 전시하고 있다. 또 4층과 5층에는 대규모 홀과 임대회의실 등이 설치되어 있다. 특히 일반에게 공개되어 있는 6층의 옥상 테라스 공간은 도쿄역과 마루노우치 지구 전체를 조망할 수 있는 조망데크의 역할을 하면서 녹지공간으로 조성되어있다. 개방적으로 열려있어 많은 시민과 방문객들에게 도심 휴식공간을 제공하고 있다.

2-3층에는 우체국과 도쿄대학교가 공동으로 산학연계프로젝트의 일환으로 운영하는 학술문화융합 뮤지엄인 인터 미디어 테크가 설치되어 있다.

6층의 옥상 테라스공간은 도쿄역과 마루노우치 지구 전체를 조망할 수 있는 조망데크의 역할을 하고 있다. 녹지공간으로 조성되어 시민에게 개방적으로 열려있는 도심 휴식공간이다.

1-3 오테마치 지구

> **<답사 포인트>**
> 1. 오테마치 지구는 마루노우치 지구와 달리 업무지구의 성격이 강하며, 국제적 비즈니스 업무환경에 어울리는 다양한 오피스 빌딩 재개발을 추진하고 있다.
> 2. 업무밀집지구 특성을 고려할 때, 업무빌딩 재개발을 위해서는 대체빌딩이 필요하다. 즉 업무빌딩을 재개발하게 되면, 그 기간동안 근무할 대체 오피스 빌딩이 필요하게 된다. 대체부지가 있어야 빌딩재개발을 시작할 수 있다. 이 점에 착안해, 오테마치 지구 재개발을 착수하면서, 정부청사 부지 이적지를 대체부지로 활용해 단계적으로 재개발해가는 '연쇄형 재개발방식'으로 사업을 추진하고 있다.
> 3. '연쇄형' 가구블록 재개발 사업방식은 구획정리사업과 시가지재개발사업을 적절하게 융합한 사업방식이다. 이 과정에 중앙정부 산하 기관인 도시재생기구(UR)가 코디네이트 역할을 하고 있다. 현재 오테마치 지구에서는 제4차 재개발사업이 추진 중이다.
> 4. 연쇄형 재개발사업을 통해 순차적으로 오피스 빌딩 재개발을 추진하면서, 이 과정에 외부 공개공지, 선큰광장과 지하철 등 지하공간의 연계, 그리고 외부 녹지공간 등이 공공기여 항목으로 인센티브를 부여받았다.

지구 개요

오테마치 지구는 도쿄역, 마루노우치 지구와 인접해 있으며 금융, 정보, 서비스산업이 집적해 있는 업무중심지구이다. 1990년대부터 오래된 오피스 빌딩이 많아 재개발에 대한 논의가 오랫동안 진행되어 왔다. 본격적으로 재개발의 움직임이 시작된 것은 2000년대 들어서면서 부터이다. 우선 지구 내에 중앙정부 합동청사가 사이타마 신행정지구로 이전하게 된 것이 계기가 되었다. 1.3ha에 이르는 청사 이적지에 가구블록별 재개발을 어떻게 진행해 갈 것인가에 대한 논의가 본격화했다. 도쿄도, 자치구(치요다구, 千代田區), 그리고 지권자들을 중심으로 지구재개발 연구모임이 시작되었다.

하지만 업무중심지 특성상, 빌딩 재개발을 추진하기 위해서는 업무를 중단하지 않고 오피스 빌딩을 재개발해야 하는 어려움이 있어 빌딩 재개발이 쉽게 추진되지 못했다. 이를 해결하기 위한 대안으로 '연쇄형 재개발방식'이 제안되었다. 즉 가구블록 별로 순차적으로 재개발해가는 방식이다. 한 블록을 우선 재개발하고 인접한 블록의 건물을 이전한 다음 순차적으로 다음 가구블록을 재개발해 가는 사업방식이다.

중앙정부 주도로 2003년 정부청사 이적지를 활용한 연쇄형 재개발방식을 단계적 재개발사업으로 추진했다. 연쇄형 재개발사업은 토지구획정리사업과 시가지재개발사업을 조합한 재개발방식이다.

도쿄 도심에 위치한 오테마치(大手町) 지구는 도쿄역, 마루노우치 지구와 인접해 있으며 금융, 정보, 서비스산업이 집적해 있는 업무중심지구이다. 토지구획정리사업과 시가지재개발사업을 조합한 연쇄형 재개발 사업방식으로 추진했다.

오테마치 업무중심지구 전경(좌). 전형적인 도심 업무지구로, 오피스 근무자들을 위한 다양한 편의시설과 공공 녹지공간 등이 마련되어 있다(우).

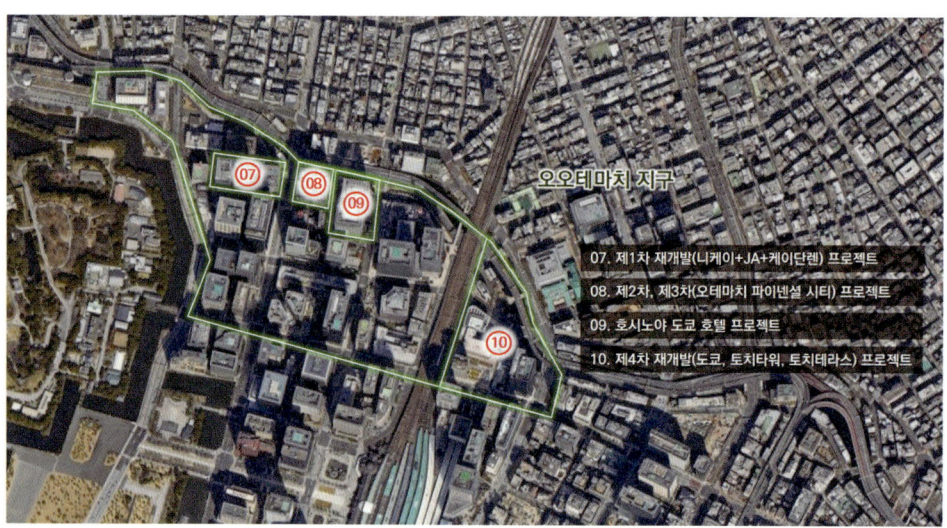

오테마치 지구 내 주요 프로젝트 현황

07 제1차 재개발(니케이+JA+케이단렌) 프로젝트

오테마치 연쇄형 재개발사업으로 1차 재개발 프로젝트는 니케이(일본경제신문사)빌딩+ JA(농업협동조합 중앙회)빌딩+ 케이단렌(일본경제단체 연합회, 經團聯)빌딩이 함께 추진한 사업이다. 우선 1단계로 중앙정부의 산하 기관인 도시재생기구(UR)[6]가 2005년 3월 청사 이적지를 재무성(중앙정부)으로부터 약 1,300억 엔(약 1조 3천억 원)에 매입했다. 같은 해 11월에는 미츠비시 부동산 등이 출자한 특수목적법인(SPC)인 '오오테마치 개발회사'를 설립하고 특수목적법인(SPC)에 지분 3분의 2를 양도했다. 연쇄형 재개발을 위한 기본토지를 도시재생기구(UR)와 공유하게 된 것이다.

2단계로 빌딩(사옥) 재건축을 희망하는 지권자 모집에 들어갔다. 지권자의 토지를 청사 이적지와 환지(토지의 권리를 등가로 바꾸는 방식)하는 조건으로 재개발을 원하는 지권자를 모집했다. 이러한 조건에 참여한 1차 재개발사업자는 일본경제신문사, 전국농업협동조합 중앙회(JA그룹), 일본경제단체연합회 등 3개사였다.

제1차 재개발사업은 오테마치 개발회사(SPC)가 시행자가 되었다. 공사비를 포함하는 총사업비는 1,150억엔(약 1조 천억원)이다. 3개 동 오피스 빌딩의 건물 연면적은 23만㎡에 이르는데, 이 중 여분의 약 5만㎡의 오피스 연면적을 일반에게 임대하는 형태로 사업비를 충당(회수)했다.

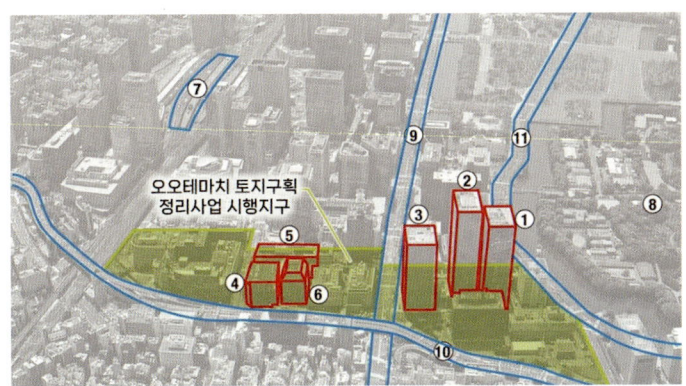

① 일본경제신문사 빌딩
② JA빌딩
③ 일본경제단체연합회
④ 구 일본경제신문사 빌딩
⑤ 구 JA빌딩
⑥ 구 일본경제단체연합회
⑦ 도쿄역
⑧ 황거
⑨ 히비야거리
⑩ 수도고속도심환상선

제 1차 재개발사업으로 4,5,6에 해당하는 빌딩을 1,2,3 가구블록 재개발로 이전 재개발했다. 이후 제 2차 재개발사업으로 4,5,6 부지를 재개발했다. 연쇄형 재개발 사업방식이다.

---

6) 우리나라의 LH공사와 유사한 조직이다. 일본은 우리나라 주택토지공사와 같은 조직인 '도시주택정비공단'이 있었다. 주로 공공택지개발 및 공공주택공급을 수행했다. 하지만, 1990년대 들어 공공택지개발업무가 없어지면서 자연스럽게 조직이 개편되었다. 새롭게 도시재생기구(UR)로 재편해 주로 도시정비, 도심재개발사업 등에 공공부문으로 참여하면서 그 역할을 수행하고 있다.

1차 재개발사업지구는 도쿄도에서 '도시재생특별지구'로 지정해 용적률을 기준용적률 1,200%에서 허용용적률 1,590%까지 부여했다. 허용용적률 증가를 위한 공공성 확보방안 즉 용적률 상승의 인센티브 요인이 되는 공공기여 항목으로는, 인접한 수도(도심)고속도로 고가 하부의 니혼바시(日本橋) 하천변에 보행자 전용공간과 공원을 설치, 빌딩 저층부에 국제회의장 설치, 도심 텃밭이나 지역 냉난방 시설 정비 등이 포함되었다.

재개발 프로젝트 설계는 우선 3개의 빌딩사옥 건물의 기준층 평면면적을 동일(2,000㎡)하게 맞추는 것에서 출발했다. 지권자 간의 합의를 위해 불공평한 건물배치가 되지 않게 하기 위한 세심한 설계적 배려이다. 또 저층부에 국제회의장 등 공공기여시설을 통합적으로 설치하면서 기둥이 없는 무주공간인 국제회의장을 계획했다. 경단련 회관에는 700명을 수용하는 국제회의장을 설치했으며, 니케이 빌딩에는 610명 규모의 니케이 홀을 설치하는 등 3개 동의 저층부에 140m에 이르는 '컨퍼런스 몰(Conference Mall)'을 형성하고 있다. 또 사옥 옥상에 도심 텃밭(스카이 가든)을 설치해 지역에 개방하는 등 저층부 및 일부 옥상 부분을 공공에게 적극적으로 개방하고 있다.

용적률 상승의 인센티브 요인이 되는 공공기여 항목으로는 저층부에 국제회의장 등 공공기여시설을 통합적으로 설치하면서 기둥이 없는 무주 공간인 국제회의장을 계획하고 있다(좌). 또 인접한 수도(도심)고속도로 고가 하부의 니혼바시 하천변에 보행자 전용공간과 공원을 설치하고 있다(우).

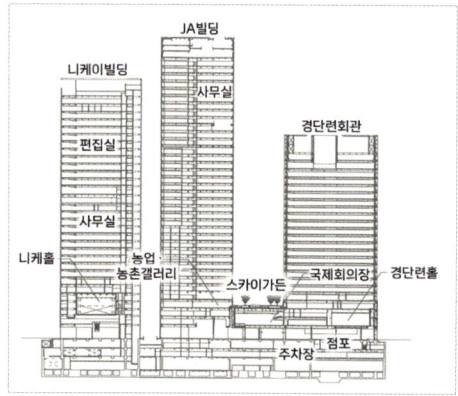

1차 재개발계획 단면도. 우선 3개의 빌딩 사옥 건물의 기준층 평면면적을 동일(2,000㎡)하게 맞추는 것에서 출발했다. 저층부에 국제회의장 등 공공기여시설을 통합적으로 설치하고 있다.

3개 동의 저층부에는 140m에 이르는 '컨퍼런스 몰(Conference Mall)'을 설치하고 있다.

08 제 2차 및 제 3차 재개발(오테마치 파이넨셜 시티) 프로젝트

제1차 연쇄형 재개발이 완공한 이후, 다음 단계로 제2차 재개발을 순차적으로 추진했다. 3개의 사업 주체가 이전함으로써 새롭게 생긴 이적지[7]에 다음 단계의 재개발사업이 추진되었다. 그야말로 순환형 재개발사업이다. 2차 재개발 프로젝트는 오테마치 파이넨셜 노스&사우스 타워 개발계획이며, 3차 재개발 프로젝트는 동일 가구블록 내에 오테마치 나카도오리(보행자도로)를 사이에 두고 인접부지에 '그랜드 큐버' 오피스 빌딩을 계획했다.

제2차 재개발 프로젝트는 도시재생기구(UR)와 오테마치 개발회사(SPC)가 소유한 이적지를 일본정책투자은행의 토지와 환지해 연면적 약 24만m2의 부지를 확보하고 빌딩 2개 동을 건설하는 재개발 프로젝트이다. 1년에 걸쳐 기존의 건물을 해체한 이후 2016년 4월에 착공했다.

계속해서, 제2차 재개발로 인해 이전하는 일본정책투자은행의 이적지 이용은 제3차 재개발사업 대상지가 되었다. 도시재생기구(UR)에서 선제적으로 개발방향을 검토한 제3차 재개발 프로젝트는 제2차 재개발 부지 인접지로 오테마치 파이넨셜 시티 그랜드 큐브 빌딩이다. 제2차, 제3차 재개발사업지를 묶어 '오테마치 파이넨셜 시티'로 불리고 있다. 부지 동측 경계부에는 '에코 뮤지엄'이라 불리는 외부 녹도 보행자 공간을 형성하고 있다.

---

[7] 실제로 2차 재개발사업지구는, 1차 사업지 건너편에 입지하고 있다.

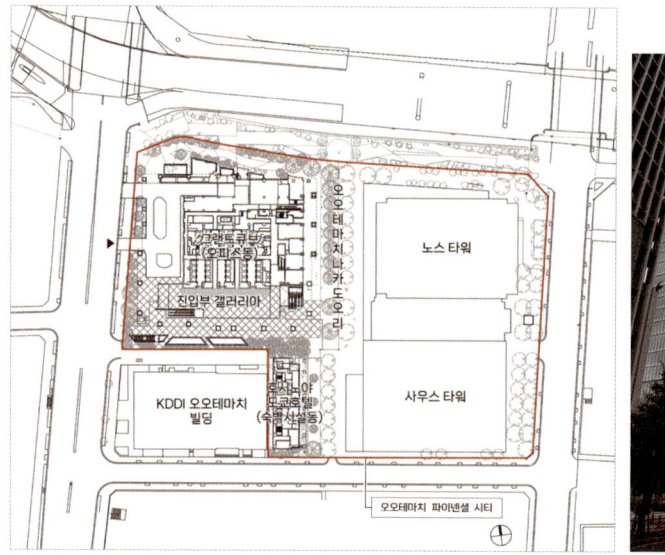

오테마치 2,3차 재개발지구 가구블록은 '오테마치 파이넨셜 시티'라 불린다.

제2차 재개발 프로젝트는 오테마치 파이넨셜 사우스&노스 타워개발 프로젝트이다.

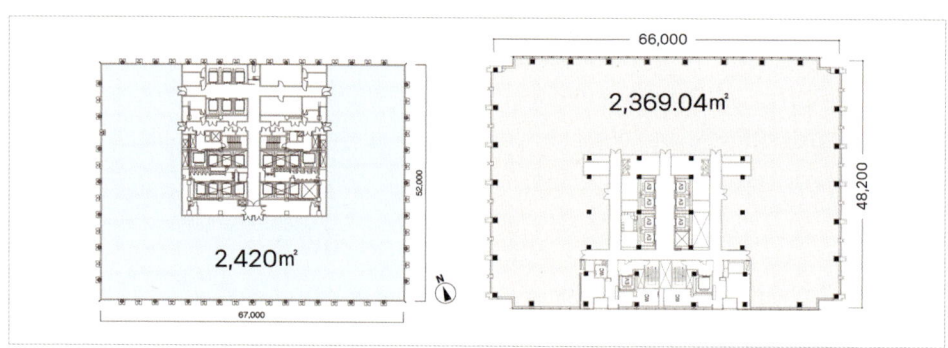

파이넨셜 사우스 타워 및 노스 타워 기준 평면도

파이넨셜 시티 그랜드 큐브 오피스 빌딩 전경.

부지 동측 경계부 외부공간은 '에코 뮤지엄'이라 불리는 녹도공간을 형성하고 있다.

09 호시노야 도쿄 호텔

오테마치 파이넨셜 시티 일곽에, 연쇄형 가구블록 재개발프로젝트의 일환으로 일본식 '고급 여관' 형태의 호텔이 개발되었다. 오테마치 파이넨셜 노스& 사우스 빌딩을 포함하는 파이넨셜 시티 가구블록 내에 비즈니스 지원시설의 일환으로 숙박시설인 호텔이 건설되었다. 도심업무지구에 어울리는 전통적이며 고급스러움을 살린 일본식 고급여관인 '료칸' 형태의 호텔이 개발되었다.

단순한 오피스빌딩과는 달리 타워형 빌딩으로 '료칸'스러운 외관을 추구하고 있다. 전통적인 문양의 입면 파사드 디자인으로 3층에서 16층까지 84개 객실을 갖추고 있다. 숙박객은 1층 현관 부분에서부터 신발을 벗고 다다미 바닥을 따라 객실까지 가게 된다. 체크인은 각 객실에서 진행한다. 전형적인 일본식 여관(료칸) 스타일이다.

호시노호텔 전경(좌). 전통문양의 파사드 디자인을 하고 있다. 1층 현관부분은 고급 여관 분위기를 창출하기 위해 숙박객은 신발을 벗고 다다미 바닥을 따라 객실까지 가게 된다(우).

2층 리셉션은 체크아웃 시에만 이용한다. 최상층에는 노천 온천이 있다. 각 층별로 일본식 거실 형태인 '차실 라운지'를 설치해 자유롭게 이용하도록 하고 있다. '차실 라운지'의 발상은 기존의 호텔에는 없는 일본식 여관형태에서 가져왔다. 고층타워동 형태를 감안해, 한 개의 층이 하나의 숙박시설이라고 생각해 각 층별로 차실 라운지를 설치하고 있다.

한편, 타워형 여관의 외부공간은 도시의 광장 역할을 하고 있다. 제 2차, 제 3차사업 부지인 오오테마치 파이낸셜 시티의 가구블록을 남북으로 관통하는 녹화공간인 '오테마치 나카도오리'를 설치하고 있다. 호시노야 호텔은 이 녹화광장에 면하고 있다. 일반적인 여관(료칸)과는 달리 담장 등이 없이 여관(료칸) 정원이 외부로 노출되어 있다. 여관(료칸)의 정원인 동시에 도시의 광장인 것이다. 결과적으로 오오테마치 연쇄형 도시재개발사업의 거점지역으로 제2차, 제3차 금융허브 가구블록의 일곽에 글로벌 금융빌리지의 지원시설로서 숙박시설인 호시노 호텔을 제안하고 있다.

고급여관의 브랜드를 살려 도심 업무지구에 어울리는 고급 일본식 여관인 '료칸'의 국제적인 가치를 추구하는 도심 타워형 숙박시설이다(좌). 가구블록을 남북으로 관통하는 '오테마치 나카도오리' 녹지공간을 설치하고 있다(우).

10 제4차 재개발(도쿄 토치, 토치 테라스) 프로젝트

2024년 현재, 제4차 연쇄형 개발 프로젝트가 추진되고 있다. 도쿄역 북측에 위치한 '토키와바시(常盤橋)' 가구블록으로 도쿄 토치타워 및 토치 테라스(토키와바시 타워) 재개발 프로젝트이다. 도쿄 토치 프로젝트는 높이 390m의 초고층빌딩을 포함해 약 3.1ha의 가구블록에 오피스 복합빌딩 2동, 인프라빌딩 2동이 건설되고 있다. 오피스 복합빌딩 2개동이다. 연면적은 약 68만m2, 사업비는 토지평가액을 포함해 1조엔(약 10조원)이 넘는 대규모 프로젝트이다.

제 4차 연쇄형 재개발 프로젝트(도쿄 토치타워) 완성 예상도. 2027년 완공을 목표로 건설이 진행 중이다.

2017년 착공해 현재 공사가 진행 중이며 2027년 완공을 목표로 하고 있다. 360m의 초고층 빌딩은 지하 5층, 지상 61층이며 건축물 연면적 약 49만m2 빌딩이다. 완공하면 일본에서 가장 높은 건축물로 일본의 새로운 랜드마크가 될 것이다. 이 재개발은 도시재생특별법에 근거한 '국가전략특별지구'로 지정되어 사업이 추진 중이다. 사업주체는 미츠비씨 지쇼(부동산)이다.

제4차 연쇄형 재개발 프로젝트 건설대상지는 도쿄역 북측 니혼바시쪽 정면에 위치해 일본중앙은행 등 금융지구와 인접한 곳이다. 이러한 입지를 살려 도쿄 글로벌 금융센터 구상을 위한 역할을 하게 될 것이다. 업무 오피스빌딩 저층부는 상업시설을 배치하고 있다. 그 외 전망대, 호텔, 비즈니스 교류시설 등 복합용도 시설을 계획하고 있다.

한편, 토치 테라스(토키와바시 타워) 재개발 프로젝트는 2021년 우선해서 준공되었다. 오피스 용도 중심이 타워 빌딩으로, 저층부는 상업시설을 테라스형으로 계획하고 있다. 일명 '토키와바시 타워'라 불리는 이 빌딩은 중앙광장을 사이에 두고 건너편 건설 중인 초고층 빌딩(토치 타워)과 면하고 있다. 대규모 도쿄 토치(TOKYO TORCH)프로젝트의 1단계 사업에 해당한다. 연면적 약 14만6,000m2, 지하 5층 지상 38층의 초고층 오피스 빌딩으로 도쿄해상 홀딩스 등 임대 테넌트가 입주하고 있다. 근무자가 약 8,000명에 이른다. 글로벌 경쟁 속에서 오피스빌딩 환경의 질적 향상을 위한 새로운 오피스 빌딩의 전형을 보여주고 있다.

지상 1-3층의 저층부에 상업 공간, 지상 9층-37층 고층부에는 오피스를 배치하고 있다. 가장 역점을 두고 있는 점은 오피스 근무자들을 위한 공용공간이다. 지상 8층의 오피스 지원시설에는 입주기업 취업자 전용 라운지, 컨프런스 룸 등을 설치되어 있다. 지상 3층은 카페테리아 등을 설치해 입주기업들 간의 커뮤니케이션 장소로 사용된다. 특히 일부 공간은 일반인들에게도 개방해 공유 부엌(키친) 등 공용 스페이스로 이용할 수 있도록 하고 있다.

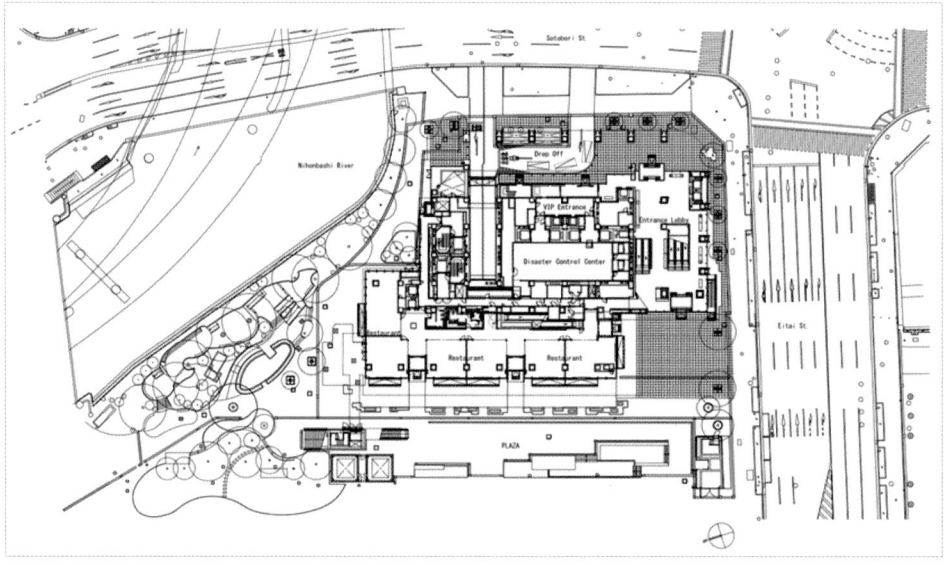

토치 테라스(토키와바시 타워) 1층 배치평면도.

파이낸셜 시티 그랜드 큐브 오피스 빌딩 전경.

부지 코너부에 별도로 설치된 오피스 진출입부(좌). 에스컬레이트를 통해 직접 상층부 스카이 로비로 접근하도록 하고 있다(우).

한편, 2동의 초고층빌딩 사이에는 약 7,000m2 규모의 대규모 광장을 설치되어 있다. 이 광장의 지하공간에는 각종 기반시설을 정비하고 있는데, 현재는 잠정적으로 가설시설물을 도입해 임시적으로 플리마켓, 오픈테라스 공간으로 활용하고 있다. 기존 가구블록에 입지해 있던 하수펌프장, 변전소 등 인프라시설을 광장 지하와 별도 빌딩에 재배치해 정비하고 있다. 또한 도쿄역과 주변지역을 연계하는 지하보행 네트워크 정비도 아울러 추진되고 있다.

중앙광장은 일반인 및 오피스 근무자들에게 다양한 서비스 지원을 할 수 있는 가설 상가시설들과 이벤트 시설을 도입하고 있다.

1-4 도쿄역 야에스 지구

<답사 포인트>

1. 도쿄역 야에스 지구는 마루노우치 지구 반대측 출입구로 도쿄역사를 사이에 두고 또 다른 도시풍경을 가지고 있다. 마루노우치 지구와 같은 상징적인 역 앞 광장은 없지만, '그랑 루프'라는 입체 데크를 활용해 도쿄역의 또 다른 관문을 형성하고 있다.
2. 그랑 루프 입체 데크는 상, 하부 공간을 효율적으로 사용해 버스터미널, 상가점포 등을 광장에 면하게 설치하면서 데크 상부는 공공공간으로 조성하고 있다. 대규모 텐트 지붕 디자인으로 역 앞 광장의 세련된 첨단성을 표현하고 있다.
3. 그랑 루프 건너편으로, 도쿄역 전면 가로에 면해 3개 가구블록 재개발을 통해 새로운 도심업무 중심지를 창출해내고 있다. 그 가운데에서도 중간 가구 블록에 입지한 '야에스 미드타운' 프로젝트는 다양한 도심복합용도에 더해 지하에 고속버스터미널, 뒤편으로는 초등학교를 유치하는 등 혁신적인 재개발사업을 완성했다.
4. 또한, 인접한 도로를 폐쇄하고 아뜨리움 갤러리 공간을 만들어내고, 지하에는 다양한 상업 점포시설을 설치하고 있다. 지하공간은 야에스 지구의 지하상가 공간과 연결하면서 도쿄역으로 공공보행통로가 설치되어 있다. 한편, 상층부 오피스빌딩으로 접근하는 진출입부를 북측 코너부에 별도로 설치하고 에스컬레이트로 스카이 로비에 접근하도록 했다.
5. 미드타운 야에스 프로젝트 후면의 쿄바시(京橋)지구로 들어가면 일본의 전통적인 시가지가 형성되어 있다. 소규모 필지가 세분화한 가구블록을 형성하고 있다. 재개발을 위해서는 가로블록의 통합이 필요지는 이유이다.
6. '쿄바시 에도그랑' 프로젝트는 필지통합 재개발을 추진하면서 에도시대 보행자 통로(골목길)를 저층부 공공보행통로로 재현하면서, 공개공지 등의 설치를 통해 역사적 가로경관의 맥락을 이어가고 있다. 지하층과 연계하면서 저층부 공개공간이 복합개발과 일체화되어 있다. 또 역사적 건축물을 보전하면서 새로운 저층부 빌딩 계획을 제안하고 있다.
7. 신 토다빌딩과 뮤지엄 타워빌딩이 연계한 재개발 프로젝트는 인접 가구블록 간의 협업을 통해 저층부에 문화예술, 갤러리, 뮤지엄 시설을 유치하고 있다. '쿄바시 특화지구(彩區)'라 불리는 문화예술 거점특구를 조성하고 있다. 도심 고층 오피스 빌딩 저층부(1-6층)에 수준 높은 뮤지엄, 갤러리 등을 유치하는 혁신적인 프로젝트라 하겠다.

지구 개요

야에스지구 주요 프로젝트 현황

도쿄역 야에스(八重洲) 출입구에는 신칸센 개찰구가 위치하고 있다. 대규모 역 앞 광장이 있는 마루노우치 측과는 다르게, 야에스 측은 신칸센 개찰구가 있는 다소 협소한 편이다. 이러한 협소한 역 앞 광장의 공간적 한계를 극복하기 위해 역 앞 광장을 입체적으로 활용하는 '그랑 루프' 프로젝트를 추진했다. 이는 야에스 측 역 앞 광장 양측으로 개발한 그랜드 도쿄 사우스 타워와 노스 타워 개발을 계기로, 양측을 연계하는 입체 데크와 대규모 텐트 지붕계획을 제안한 것이다.

야에스 지구는 도쿄역 반대편 마루노우치 지구와 비교해 역사적 배경을 달리하고 있다. 마루노우치 지구가 에도시대부터 무사(사무라이) 귀족들의 거주지가 많았던 것에 비해, 야에스 지구는 상인들의 동네였다. 가구블록의 부지 규모도 작게 분할되어 중세적인 시가지 경관을 형성하고 있었다. 이는 최근까지도 대규모 도심 업무빌딩이 들어서기에는 많은 한계를 가지고 있었던 이유이기도 하다. 따라서 도쿄역 인접지역이라는 잠재력에 비해 도시개발이 상대적으로 늦어지게 되었다.

야에스 지구의 가구블록 재편에 대한 오랜 논의를 거쳐, 도쿄역 앞 간선도로변 3개의 가구블록을 통합해 우선적으로 재개발하는 시가지재개발사업이 추진되었다. '도쿄역 앞 야에스 1초메 동쪽 A, B 블록', '야에스 2초메 북측 블록', '야에스 2초메 중앙블록' 등 3개 가구블록이다. 1초메 A, B 블록은 2025년에, 2초메 중앙블록은 2028년에 완공 예정이다. 2023년에 완공한 야에스 미드타운 프로젝트와 얀마빌딩은 2초메 중앙블록에 위치한다. 이 3개의 가구블록이 모두 완성되면 후면부 쿄바시(京橋) 쪽에서 야에스 쪽으로 보행자 네트워크 축을 형성하게 될 것이다.

이 3개 가구블록 재개발 프로젝트는 가구블록을 통합적으로 연계해, 용도가 다른 시설 프로그램을 각 블록 별로 다양하게 유치하고자 하는 것이 특징이다. 예를 들면 도쿄 미드타운 야에스에는 오피스, 상업시설, 호텔, 초등학교, 버스 터미널, 지역냉난방 시설 등을 배치하고 있다. 그 외 블록에는 극장이나 주택, 국제학교 등이 입지할 예정이다. 특히 재개발사업을 추진하는데 있어 가장 문제가 되는 것이 '도시기반시설'의 정비이다. 이를 위해 지하 버스터미널의 경우 3개 가구블록에 순차적으로 설치하게 된다. 모두 완성되면, 국내 최대규모의 버스터미널로 약 2만 1,000m2의 거대 터미널이 도시기반시설로 완성될 것이다.

11 야에스 그랑 루프 프로젝트

도쿄역 재정비사업은 가운데 마루노우치 역사(驛舍)의 복원계획과 함께 선로를 사이에 두고 야에스 쪽도 도시개발 프로젝트가 한창이었다. 우선 역 앞 광장이 큰 천막구조로 덮혀 있는 야에스 '그랑 루프 프로젝트'이다. 야에스역 양측으로 2007년 완공한 그랜드 도쿄 사우스 타워와 노스 타워가 입지하고 있다. 그 사이에 약 234m에 이르는 긴 데크와 대형 텐트구조로 지붕(루프)을 디자인하고 있다.

역 앞 광장을 입체적으로 계획하고, 상부에는 보행자 휴식공간과 일부 상가점포가 철도선로 변으로 데크형으로 형성되어 있다. 데크 하부는 역광장에 면해 고속버스터미널 매표소, 승차장, 상가점포시설 등이 늘어서 있다.

야에스 역 앞 광장은 대규모 역 광장은 아니지만, 텐트 구조의 천막으로 덮여 있는 광장디자인은 미래도시의 첨단성을 충분히 보여주고 있다.

2013년에 완공된 역 광장은 '녹지의 구름'이라는 컨셉으로 다양한 녹지공간을 연출하고 있다. 마루노우치 측이 역사보전을 강조했다면, 야에스 측은 미래도시의 첨단성을 보여주고 있다. 대규모 역 광장은 아니지만 지붕을 텐트 구조로 덮은 광장 디자인은 충분한 세련미를 자아내고 있다.

그랑루프의 데크하부에는 고속버스 터미널, 가로점포 상가 등이 광장에 면해 설치되어 있다.

데크 상부는 '녹지의 구름'을 테마로 벽면녹화 등 다양한 녹지공간이 마련되어 있다. 데크 상하부는 에스컬레이트와 계단으로 연결되는데, 계단공간은 광장의 휴게 및 객석공간으로 활용하고 있다.

12 야에스 미드타운 프로젝트

2023년 3월, 도쿄 미드타운 야에스 프로젝트가 완공되었다. 도쿄역 야에스 측 전면지구에 위치한 3개의 가구블록 시가지 재개발사업 가운데 첫 개발사업이 다. 지하 4층, 지상 45층의 야에스 센트럴 타워동와 지하 2층, 지상 7층 높이의 야에스 센트럴 스퀘어동으로 구성되어 있다. 도쿄역에 면해 활 모양으로 곡선을 그리면서 계획된 저층부 포디움 공간에는 백화점 형태의 상업시설이 입지해 있다.

상업시설 상부 4-5층에 위치한 비즈니스 교류시설 '이노베이션 필드 야에스'는 기업인들 간의 교류를 위한 핵심거점 공간이다. 제조업, 금융업 등 야에스 지구의 전통적인 기능이 집적해 있는 지구 특성을 반영한 시설프로그램 도입이라 하겠다. 5층 옥상 테라스는 도쿄역을 조망할 수 있는 녹지 풍부한 휴게공간이 자리하고 있다. 인접한 2개의 가구블록 개발에도 저층부 포디움 상부에는 옥상정원을 설치할 예정이다.

7-38층의 오피스 업무공간에는 미츠이(三井)부동산 주도로 포스트 코로나 시대를 대비한 다양한 기능을 도입하고 있다. 언텍 시스템으로 입주할 수 있는 헬스클럽이나 공유 오피스 등 공용 공간이 대표적이다. 입주기업은 기업별로 회의실이나 휴게실을 갖출 필요가 없어 오피스 공간의 컴펙트한 활용과 오피스공간의 사용료 절감에도 도움이 된다.

지하 1층에서 지상 3층까지는 상업공간이다. 음식점, 판매점 등 일본풍의 점포가게가 57개나 입주해 있다. 지하공간은 건너편 도쿄역 지하상가와도 연결하고 있다. 특히 지하층에는 도시기반시설로서 고속버스 터미널이 입지해 있는데, 인접한 가구블록에도 고속버스 터미널이 확충되고 있다.

지상 1층 북쪽에 위치한 오피스 타워 전용 진출입구는 높은 층고의 아트리움으로 개방감을 충분히 살리고 있다. 오피스 로비는 아트리움 끝에 자리한 에스컬레이트를 따라 올라가면 상층부에 스카이 로비 형태로 자리하고 있다. 상업공간과 분리된 비즈니스 업무 종사자를 위한 분리된 동선계획을 하고 있다. 오피스 진출입부에 접한 외부공간에는 기존 자치구 소유 도로를 폐지하고, 북측에 인접한 얀마빌딩과의 경계부에 대규모 보행자 공간인 '갤러리아'를 설치하고 있다. 인접 가구블록으로의 연계 동선 확보를 위해 보행자 전용 아트리움 공간을 확보하고 있다.

미드타운 프로젝트 전경(좌). 저층부 상업시설 진출입부(우). 지하 1층에서 지상 3층까지는 상업공간이다. 음식점, 판매점 등 일본풍의 점포가 57개나 입주해 있다.

한편, 남동측 저층부에는 구립 초등학교가 들어서 있다. 이과계 학교로 특화된 초등학교로 6개 클래스 약 160명의 학생이 있다. 선거 때 투표소나 재해시 피난시설로도 활용할 수 있도록 계획하고 있다. 출입이 편한 2층에는 실내 체육관이 자리하고 있다. 초등학교의 출입구는 도쿄역에 면한 상업시설 이용자와는 분리해 조용하고 교통량도 적은 곳에 입지하고 있다. 교실 창문에는 수직 루버를 설치해 프라이버시를 차단하고 있다.

야에스 미드타운 프로젝트 구성.

야에스 지역의 특성을 살려, 전통적인 골목길의 기억을 남기면서 주민의 생활을 지원하는 초등학교, 도시서비스 시설 등을 도입하고 있다. 특히 도심재개발 시 이슈가 될 수 있는 초등학교 배치를 도심형 복합건축물 형태로 도입하고 있는 점이 특징이다. 첨단 오피스, 고급호텔도 입주해 있다. 역세권 복합개발을 집대성한 프로젝트라 할 수 있다.

가구블록 북측 코너부에 설치된 상층부 오피스빌딩 진출입부(좌). 오피스 스카이 로비는 아트리움 끝에 자리한 에스컬레이트를 따라 올라가면 상층부에 스카이 로비 형태로 자리하고 있다(우).

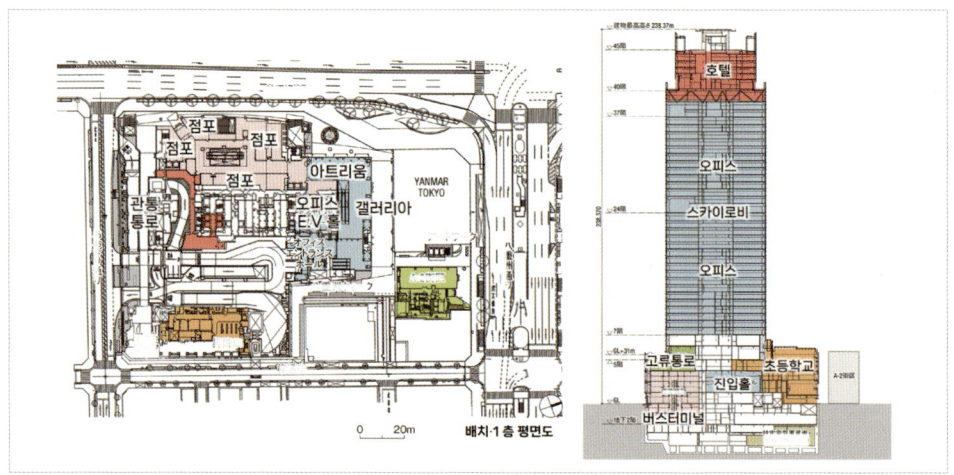

야에스 미드타운 프로젝트 평면도 및 단면도.

지하에는 도시기반시설로서 고속버스터미널이 입지하고 있다. 지하 버스터미널의 경우 3개 가구블록에 순차적으로 설치해 가게 된다. 모두 완성하면, 국내 최대규모의 버스터미널로 약 2만1,000m2의 거대 터미널이 될 것이다.

저층 후면부에는 초등학교가 입지해 있다. 초등학교의 출입구는 도쿄역에 면한 상업시설 이용자와는 분리해 조용하고 교통량도 적은 곳에 자리하고 있다. 교실 창문에는 수직 루버를 설치해 프라이버시를 차단하고 있다.

도시계획도로를 폐쇄하고 아트리움 갤러리아 공간을 형성해 보행자 전용도로로 사용하고 있다(좌). 또, 후면부에는 기존 가구블록 통로(골목길)를 연상시키는 보행자공간이 벽면녹화공간으로 형성되어 있다(우).

13 얀마 도쿄 빌딩 프로젝트

마드타운 인접부지에 지하 3층, 지상 14층, 높이 70m의 얀마 도쿄 빌딩이 2023년 1월 완공했다. 얀마 그룹이 사업주체이며, 구) 얀마도쿄 빌딩을 재건축한 건물이다. 총 사업비는 약 110억엔(약1,100억원)이 소요되었다. 후면의 쿄바시(京橋) 쪽으로 연결되는 가로의 코너부에 위치하고 있다. 초기단계에 인접한 미드타운 프로젝트와 함께 재개발 계획은 진행했으나, 별도로 빌딩 재건축으로 추진되었다. 하지만, 지하통로를 통해 미드타운 지하 버스터미널, 지하상점가, 도쿄역과도 연결된다.

얀마 도쿄빌딩 전경(좌). 도쿄역 방향의 지상부 주출입구는 V자형 검은 기둥으로 받치고 있다(우). 빌딩 외관 디자인의 특징은 얀마의 사업영역인 선박의 돛대를 모티브로 형상화하고 있다.

빌딩 건축물은 상업존과 업무오피스존으로 구분된다. 연면적은 약2만1,800m2에 이른다. 빌딩 외관 디자인의 특징은 얀마의 사업영역인 선박의 돛대를 모티브로 형상화하고 있다. 유리 커튼월로 실버 외장 알루미늄재를 활용해 유리로 표현할 수 없는 곡선의 선박 형태로 마감하고 있다. 도쿄역 방향의 지상 주출입구는 V자형 검은 기둥으로 받치고 있어 떠 있는 느낌이 든다. 물고기가 크게 입을 벌리고 있는 듯한 형상을 필로티 구조가 표현하고 있다. 필로티 공간은 공공보행통로로 누구나 통로로 이용할 수 있는 공간이며 인접한 미드타운과도 연결된다.

지상부 주출입구를 들어서면 진입 로비에 얀마 그룹의 상징인 빨간색의 트럭과 벼농사를 연상케 하는 거대 로고 마크인 'FLYING-Y' 오브제가 설치되어 있다. '얀마 쌀 갤러리'이다. '얀마'는 1912년 오사카에서 설립된 산업기계 제조회사이다. 1933년에 세계 최초로 산업용 기계 엔진을 디젤엔진으로 소형화에 성공한 기업이다. 산업용 엔진을 주력으로 농업, 건설, 선박 등의 사업을 글로벌하게 전개하고 있다. '얀마'는 큰 잠자리를 뜻으로, 일본에서는 잠자리가 많으면 풍년이 든다는 속설이 있다고 한다. 따라서 '얀마'는 쌀농사의 풍년을 의미하는 기업명이다.

얀마 쌀 갤러리 전경. '얀마'는 쌀농사의 풍년을 의미하는 기업명이다.

1층부는 얀마그룹의 전략산업을 홍보하는 갤러리로 활용하고 있다(좌). 지하 1층에서 지상 2층까지 개방적인 실내공간을 연출하면서 얀마 그룹 주력산업인 농기계, 벼농사를 테마로 한 레스토랑, 갤러리, 점포 등이 입지하고 있다(우).

지하 1층에서 지상 2층까지 개방적인 실내공간을 연출하면서 얀마 그룹 주력산업인 농기계, 벼농사를 테마로 한 레스토랑, 갤러리, 점포 등이 입지하고 있다. 얀마그룹을 홍보하는 전략적 실내공간을 연출하고 있다. 3-14층은 임대 사무실로 내부에 기둥이 없는 무주공간의 오피스 업무공간을 계획하고 있다. 오피스 진출입은 지상층 뿐만 아니라 지하 1층에서도 진출입할 수 있다.

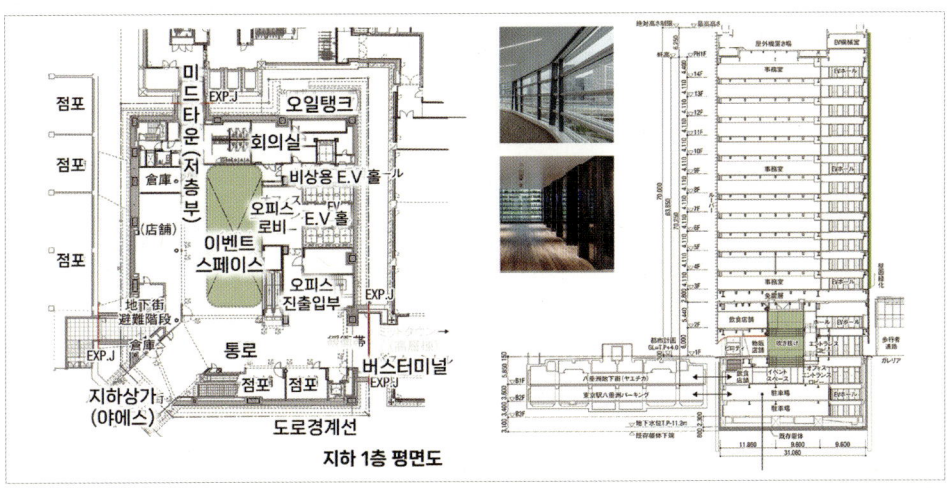

지하 1층 평면도 및 단면도

14 뮤지엄 타워 쿄바시 빌딩+ 신 토다 빌딩 프로젝트

2019년에 완공한 뮤지엄 타워 쿄바시 빌딩은 저층부에 미술관을 도입하고 있다. 높이 150m의 오피스 빌딩이다. 저층부 1-6층에 '아티즌 미술관'(구, 브릿지스톤 미술관)을 개관했다. 2024년 완공한 신 토다(TODA)빌딩도 저층부 1-6층에 예술과 디자인을 테마로 창작 교류, 정보 발신 기능을 가지는 복합시설을 유치하고 있다. 이를 통해 JR 도쿄역 야에스 측에 인접한 곳에 문화예술 거점지구를 형성하고 있다. 토다건설 사옥과 브리지스톤 빌딩이 하나의 가구블록에 입지해, 두 개의 빌딩이 상호 협의를 통해 저층부에 문화예술 시설을 특화해 유치하고 있는 점은 매우 놀랄만하다.

1층부 뮤지엄 진입부 홀에는 카페 등을 설치해 일반인들에게 공개하며 실내공개공지 역할을 하고 있다.(좌) 오피스 스카이 로비는 미술관 출입구와는 분리해 별도로 에스컬레이트를 설치해 오피스 스카이 로비로 접근할 수 있도록 하고 있다(우).

뮤지엄타워 쿄바시 빌딩과 토다건설 사옥빌딩이 하나의 가구블록에 입지해, 두 개의 빌딩이 협의해 저층부에 문화예술 시설을 특화해 유치하고 있다.

뮤지엄 타워 쿄바시 빌딩은 브리지스톤 빌딩이 있던 자리였다. 브리지스톤 창업주[8]의 유지를 이어받아, 재개발을 하면서 본격적으로 저층부에 미술관을 도입해 '뮤지엄 타워 쿄바시'를 2019년 말에 완공한 것이다. 미술관 기능을 살려 문화예술 특화 거점지역으로 인정받아 지역, 사회공헌의 일환으로 공공기여를 인정받아, 추가로 용적률 500%를 상향 조정받았다.

건물은 지하 2층, 지상 23층으로 지상 1-6층은 미슬관, 지상 10-23층에는 오피스가 입지하고 있다. 오피스 진출입구는 미술관 출입구와는 분리해 별도로 에스컬레이트를 설치해 오피스 스카이 로비로 접근할 수 있도록 하고 있다. '아티즌 미술관' 1-6층에는 미술관 이외에도 카페, 갤러리 숍, 미술교육 시설 등을 도입하고 있다.

한편, 신 토다빌딩은 지하 3층, 지상28층으로 높이 165m 규모의 오피스빌딩이다. 8-27층은 업무공간으로, 그 가운데 8-12층을 토다건설 자사 업무공간으로 사용하고, 13층에서 27층은 임대 오피스 공간이다. 1-6층의 저층부에는 예술문화시설을 도입하고 있다. 부지면적은 약 6,147m2, 연면적 9만 4,813m2이다.

---

8) 브리지스턴 그룹의 이시바시 쇼지로(石橋 正二郎, 1889-1976)는 1930년 자동차 타이어의 국산화에 성공해 1931년 현재 ㈜브리지스톤을 창업했다. 이시바시는 기업을 운영하면서 한편으로는 문화예술에 많은 관심을 가지며 문화예술 교육에도 많은 공헌을 한 인물이다.

예술문화사업의 컨셉은 'ART POEWER KYOHASHI'이다. 예술과 큐레이트들이 모여, 작품을 창작하고 발표활동을 통해 지역 이미지를 향상시켜 나가는 프로그램을 구축하는 것이다. 저층부에 뮤지엄, 홀, 갤러리, 갤러리 숍, 광장 등 문화시설 관련 시설 프로그램을 도입하고 있다. 건설회사 신사옥으로서는 매우 드문 경우이다.

뮤지엄 타워 쿄바시 빌딩과 신토다건설 빌딩이 협업을 통해 가구블록을 재편하고, 외부광장, 지하철 출입구 등 외부공간 디자인도 통합적으로 만들어졌다.

신토다건설 빌딩과 브리스톤 빌딩이 협업을 통해 가구블록을 재편하고, 외부광장, 지하철 출입구 등 외부공간 디자인도 통합적으로 만들어졌다. 인접부지와 연계해 폭이 120m에 이르는 전면광장('아트 스퀘어'라고 한다)을 창출해 낸 것이다. 도심에 열린 예술문화 거점 공간을 창출하기 위해, 인접한 토다건설 사옥지구와 함께 도시재생특별지구가 적용되었다.

전면광장(아트 스퀘어)에 면한 2개 동의 저층부에 미술관과 문화공헌시설을 설치해 도시활성화에 기여하고 있다. 뮤지엄 타워 쿄바시에는 지상 1-3층에 카페와 실내진입부를 일반인들에게 공개하고 있다. 실내공개공지라 볼 수 있다. 재개발을 추진하면서 문화공헌시설을 '쿄바시 彩區(채구)'라고 이름 붙여 특화거점화하면서 함께 타운 매니지먼트도 운영하고 있다.

뮤지엄 타워 쿄바시 빌딩(좌) 및 신토다빌딩 저층부 전경(우).

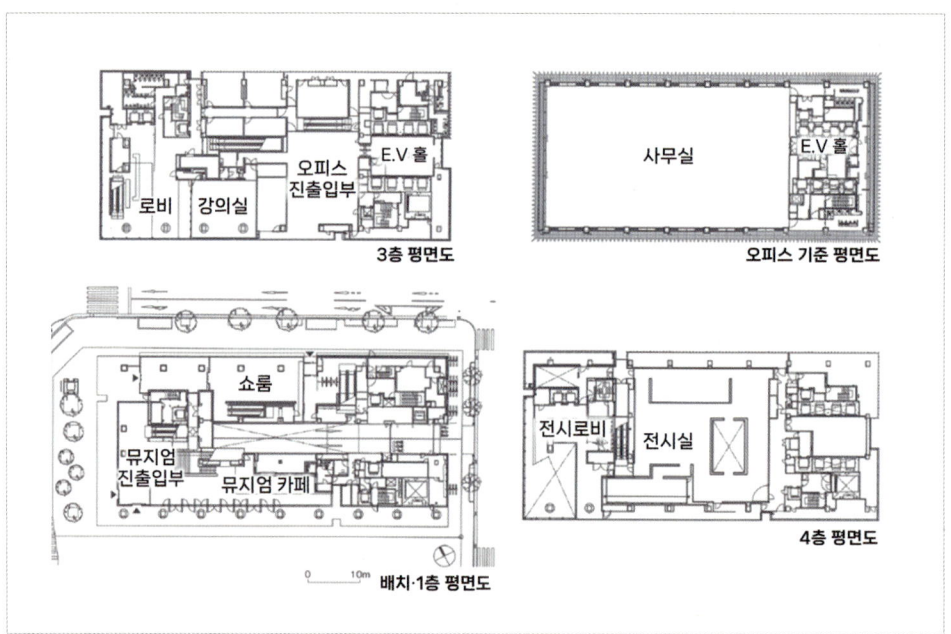

뮤지엄 쿄바시 빌딩 층별 평면도

15 쿄바시(京橋) 에도그랑 프로젝트

도쿄역 인근 쿄바시(京橋)지구에 2016년 재개발 가구블록으로 '에도그랑' 프로젝트가 완공되었다. 개발계획의 특징을 보면 가구블록 중앙부에 자치구가 소유하고 있던 구도(區道)를 폐지하는 대신, 보행자 공공보행도로를 고층건축물 저층부에 도입한 것이다. 주변지역과의 자연스러운 보행자 동선의 유입, 연계를 통해 지역 전체의 활성화를 도모하고 있다.

얀마 쌀 갤러리 전경. '얀마'는 쌀농사의 풍년을 의미하는 기업명이다.

이 지역은 원래 중소규모 건축물이 밀집한 약 1ha 규모의 재개발 가구블록으로, 니혼바시와 긴자를 연결하는 중앙가로에 면해있다. 전면 오른쪽으로는 1933년에 건설된 메이지야 쿄바시 빌딩을 보존하면서 왼쪽에는 그와 유사한 규모의 신축빌딩을 저층부 광장에 면해 계획했다. 저층부는 보전재생하는 역사적 건축물과 신축하는 재개발 건축물동이 공존하고 있다. 고층부에는 오피스를, 저층부에는 점포와 공공시설을 포함하는 복합개발 사례이다. 저층부는 역사적 건축물의 높이(31m)에 맞추어 개방적인 공개공지가 설치되어 있다.

 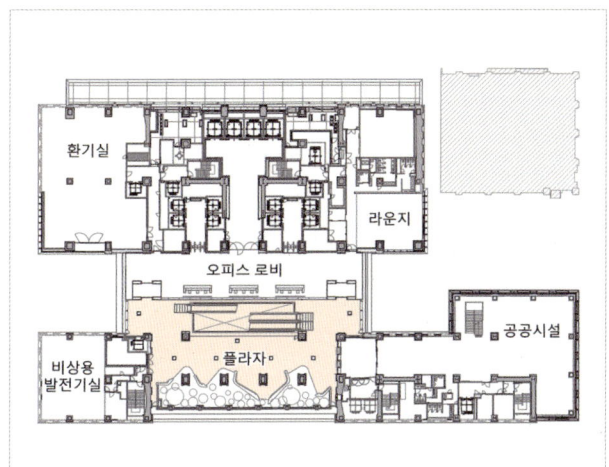

단면도 및 상층부 오피스 로비층 평면도.

도쿄역 65

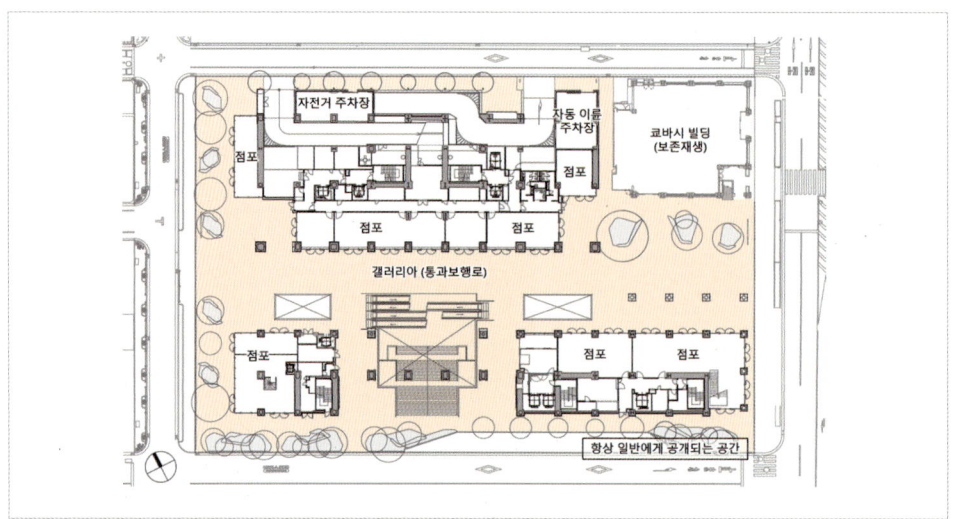

1층 평면도. 1층부에는 공공보행통로가 설치되어 있다.

전면광장을 지나면 고층빌딩 하부를 관통하는 공공보행통로가 있다. 지하층까지 연계하는 공개공지는 저층부 공공성 확보에 매우 적극적으로 대응하고 있다. 도심 거점지역인 긴자지역에 인접해 관광거점과 관광버스 정류소 등을 설치해 도심관광의 새로운 허브 역할을 하고 있다.

가구블록 중앙부에 자치구가 소유하고 있던 구도(區道)를 폐지하는 대신, 보행자 공공보행도로를 고층건축물 저층부에 도입하고 있다.

고층빌딩 하부를 관통하는 공공보행통로(좌). 지하층까지 연계하는 공개공지는 저층부 공공성 확보에 매우 적극적으로 대응하고 있다. 지하철 통로와도 연계되어 있다(우).

신축한 지하광장에는 자치구인 추오구(中央區)의 관광정보센터가 입지해 있다. 외국인뿐만 아니라 내국인 관광객에게도 에도시대 역사와 문화를 가진 지역특성을 자치구(추오구)의 매력을 충분히 어필하기 위한 정보센터이다. 자치구의 특산물 판매도 하고 있다. 이러한 센터는 추오구가 재개발구역 내에 있던 구도로를 폐지하면서 취득한 권리지분을 활용한 공공시설이다.

이와 같이, 에도그랑 재개발 프로젝트는 개별적으로 재개발이 어려운 2개의 가구블록을 통합해 대가구 블록 재개발을 실현한 사례이다. 구역 내에 구도를 폐지한 자치구가 도로의 권리면적을 공익시설(관광정보센터)로 바꾼 흔치 않은 프로젝트라 할 수 있다.

지하광장에 면해서는 자치구인 추오구(中央區)의 관광정보센터가 입지해 있다.

1-5 니혼바시 지구

<답사 포인트>

1. 니혼바시 지구는 긴자 지구와 연계해 에도시대부터 전통적으로 상업이 발달한 지구이다. 하지만 최근 지역쇠퇴가 진행되었고, 도쿄역 주변지역(마루노우치 지구, 야에스 지구 등)에 비해 상대적으로 지구활성화가 뒤처진 상황이 지구재개발의 계기가 되었다.
2. 남쪽으로는 다카시마야 백화점 프로젝트가 입지하고, 북측의 무로마치 코레도 테라스 프로젝트까지 지구 전체를 유기적 연쇄적 통합적으로 가구블록 재개발이 추진되었다.
3. 다카시마야 재개발 프로젝트는 다카시마야 백화점 보전건축물 양측의 가구블록 프로젝트이다. 3개의 가구블록이 연계해 보전건축물인 백화점 건축물의 용적률을 이전(TDR, 용적률 거래)하면서 통합적으로 재개발이 추진되었다. 또한 기존 도로를 폐쇄하고 도로상부를 유리로 덮어 보행자 갤러리아를 조성하고 있다. 또 옥상부를 연결해 대규모 옥상정원을 창출해 내고 있다. 백화점 엘리베이트를 이용해 백화점 옥상정원에 오르면, 3개빌딩 옥상정원이 브릿지를 통해 연계되어 있다.
4. 상층부 오피스 빌딩의 진출입구를 별도로 설치해 오피스 로비를 따라 상층부 오피스 스카이 로비를 접근할 수 있도록 했다.
5. 무로마치 코레도 프로젝트는 도쿄의 상징인 '니혼바시(日本僑)' 건너편에 위치하고 있다. 현재는 수도고속도로 하부이지만 상부 고속도로의 지하화가 추진 중이다. 또 하천수변 활성화를 위해 유람선도 운영하고 있다.
6. 무로마치 코레도 프로젝트의 경우, 5개의 가구블록이 통합적으로 재개발한 프로젝트이다. 통합재개발로 인해 지하주차장 등이 통합되고 지하주차장 출입구를 양측으로 2개의 블록에만 설치하고 있다. 즉, 내부 가로는 보행자 전용공간으로 확보하면서, 단지 내 보행자도로의 역할을 한다. 가로공간 디자인은 니혼바시의 전통적 이미지를 형상화하고 있다. 지하통로 및 스카이 브릿지를 통해 각 가구블록이 연계한다.
7. 특히, 통합개발로 공공기여시설도 통합 설치하고 있다. 기존 신사의 복원, 공개공지 등도 정비되었다. 코레도 프로젝트 주변부 골목길은 니혼바시의 역사적 정취를 남기고 있다. 니혼바시의 전통적인 노포들이 여전히 남아 있는데, 주변 골목길과 노포들을 둘러보는 것도 또 다른 답사포인트가 될 것이다.
8. 북측 코레도 테라스 프로젝트의 경우, 오피스, 상업시설이 복합화되어 있으며 전면부 공개공지 등이 유리 천장으로 설치되어 있다. 1층 오피스 로비를 따라 상층부 스카이 로비로 접근할 수 있다.

지구 개요

도쿄역 야에스 지구를 거쳐 도보로 니혼바시 지구까지 걸을 수 있다. 당연히 니혼바시 지구 근처에 많은 전철역이 있다. 하지만 도쿄역 야에스 지구를 거쳐 니혼바시 지구까지 도보로 가는 것이 주변 일대를 이해하는 데 도움이 된다. 니혼바시 지구는 도심 상업중심지인 긴자(銀座)에 가깝고 전통적으로 일찍부터 상업이 번성했던 곳이다. 하지만 최근 인접한 도쿄역 주변이 재개발을 통해 적극적으로 지구 활성화를 추진하고 있는 것에 비해, 니혼바시 지구는 상대적으로 상업 경쟁력이 떨어지면서 지구가 쇠퇴해가고 있었다. 에도시대부터 일본 상업경제의 중심지로서 번성한 니혼바시 지구이지만 도쿄역 주변부인 마루노우치 지구, 야에스 지구에 비해 상업 업무지구로서 경쟁력이 떨어지고 있는 점이 니혼바시 도시재개발의 계기가 된 것이다.

니혼바시 지구 전경(좌). 도쿄의 전통적인 상업지역인 니혼바시 지구를 건너가기 위한 교량이다(우). 에도(江戸)시대부터 일본경제의 중심지로서 번성한 지구이다.

상업업무 중심지로서의 잠재력을 극대화하기 위해서는 개별적인 빌딩의 재개발만으로는 지역에 미치는 영향이 한계가 있을 수밖에 없다. 따라서 지구 활성화를 위해 '무로마치 코레도' 프로젝트와 같이, 여러 개의 가구블록을 통합적으로 재개발해가면서 지구적 차원에서 통합적 도시공간개조를 시도하고 있다. 또 주변지구의 역사적 도시풍경이 남아 있는 곳은 지역 정체성 보전을 위한 가로(골목길) 정비 등을 제안하고 있다.

옛 니혼바시 지구의 역사적 정취를 보전하면서 새로운 무로마치 코레도 프로젝트와도 조화를 이루고 있다. 참고로 니혼바시 지역의 재개발을 주도한 곳은 이 지역 터줏대감인 미츠이(三井)부동산으로, 니혼바시 지역의 전통을 보전하고 살리면서 새로운 상업경제중심지로 부활하기 위한 시도가 이루어졌다. 특히 일련의 개발 프로젝트에 '코레도(COREDO)'라는 네이밍을 붙이고 있다. COREDO는 CORE(중심)와 EDO(에도, 江戸)의 합성어이다.

도쿄역 야에스 지구에서 니혼바시 방향으로 걷다 보면, 니혼바시 다카시마야 프로젝트가 보인다. 도쿄를 상징하는 '니혼바시(日本橋)'를 건너편 '무로마치 코레도' 프로젝트에 이른다. 코레도 프로젝트는 1차에서 3차까지 가구블록 통합을 통해 일체적으로 재개발을 추진했고, 최근에는 '무로마치 코레도 테라스 프로젝트'가 북측 끝에 완공되었다. 또한 중앙도로(中央通) 건너편으로 역사적 건축물인 미츠이(三井) 본관 건물에 인접한 가구블록에 미츠이 타워 프로젝트가 있다.

니혼바시 지구는 지구적 차원에서 통합적 도시공간개조를 시도하고 있다. 또 주변지구의 역사적 도시풍경이 남아 있는 곳은 지역 정체성 보전을 위한 가로(골목길) 정비 등을 제안하고 있다.

니혼바시 지구 주요 프로젝트 현황

16. 니혼바시 다카시마야 백화점 프로젝트
17. 무로마치 코레도 프로젝트
18. 무로마치 코레도 테라스 프로젝트
19. 니혼바시 미츠이 타워 프로젝트

16 니혼바시 다카시마야 백화점 프로젝트

니혼바시 지구 남측에 다카시마야(高島屋) 백화점 개발 프로젝트가 2018년 완공했다. 일본의 대표적인 백화점인 다카시마야 백화점의 니혼바시 지점은 역사적 중요근대건축으로 '중요문화재'로 지정되어 있다. 따라서 백화점 건축물을 그대로 보전활용하면서, 미활용 용적률을 인접한 2개의 가구블록에 이전하면서 개발을 추진했다. 우선 동측 가구블록은 높이 143m의 타이요 세이메이(太陽生命) 빌딩이며, 북측으로는 높이 177m의 니혼바시 다카시마야 미츠이(三井) 빌딩이 입지해 있다.

다카시마야(高島屋) 백화점 건축물 전경(좌). '중요문화재'로 백화점 건축물을 그대로 보전활용하면서, 미활용 용적률을 인접한 2개의 가구블록에 이전하면서 개발을 추진했다(우).

양측 블록으로 용적률을 이전했을 뿐만 아니라 양측 가로블록 사이의 자치구 도시계획도로(區道)를 폐도하고, 상부에 유리 천장을 덮어 갤러리아 공간을 조성하고 있다. 또한 본관 옥상부와 인접 양측 가구블록 옥상부를 보행브릿지로 연결해 약 6,000m²의 옥상정원을 설치했다. 상업시설은 다카시마야 니혼바시 지점과 인접해 전문상가를 양측 블록에 배치했다. 결과적으로 보전 건축물인 다카시마야 백화점을 거점으로 약 6만 6천m²이 쇼핑센터가 완성하게 되었다.

본관 옥상부와 인접 양측 가구블록 옥상부를 보행브릿지로 연결해 약 6,000m²의 옥상정원을 설치하고 있다.

백화점 상부는 고층 오피스빌딩이다. 백화점 출입구와는 별도로 구획된 업무빌딩 진입부가 형성되어 있다. 진입부로 들어서면 상층부 오피스 스카이 로비로 바로 올라가는 엘리베이트실이 설치되어 있다. 역사적 근대건축물과 연계한 도시개발의 이미지를 창출하기 위해 인테리어 디자인 또한 근대건축 양식을 차용하고 있다.

  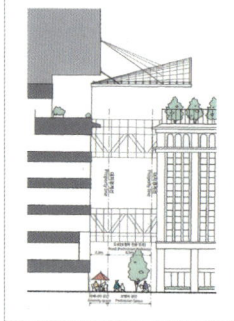

양측 가로블록 사이의 자치구 도시계획도로(區道)를 폐도하고, 상부에 유리 천장을 덮어 보행자 갤러리아 공간을 조성하고 있다.

백화점 출입구와는 별도로 구획된 업무빌딩 진입부가 형성되어 있다. 진입부로 들어서면 상층부 오피스 스카이 로비로 바로 올라가는 엘리베이트실이 설치되어 있다(좌). 상층부 오피스 스카이 로비 전경(우).

17 무로마치 코레도(COREDO) 프로젝트

니혼바시 무로마치 코레도 프로젝트는 여러 개의 가구블록을 통합적으로 재개발해 지구적 차원에서 통합적 가구블록 재개발을 제안하고 있다. 일찍이 1957년 니혼바시 지구에 창업한 노무라(野村)부동산이나, 오랫동안 니혼바시 지구에서 영업을 해오던 지역의 지권자가 협의체를 만들어 지구재개발 작업에 함께 추진했다. 즉 지역이 시대 상황에 맞추어 변모하기 위한 노력으로, 같은 생각을 가진 지권자(사업자)가 하나가 되어 서로 협의해 가면서 지구활성화를 고민하게 되었다.

무로마치 코레도 프로젝트는 전체 5개의 가구블록이 5개동의 빌딩과 신사(神社), 오피스건물 등을 건설하는 재개발 프로젝트인데 미츠이(三井)부동산, 노무라부동산을 포함해 전부 19명의 지권자로 구성되어 있다. 5개 블록 가운데 4개의 블록은 미츠이부동산 주도로 재개발이 추진되었다. 2010년 두 개의 상업업무빌딩이 동시에 오픈했는데, 미츠이(三井) 부동산이 건설한 '무로마치 미츠이빌딩(COREDO)'과 노무라(野村)부동산이 개발한 '니혼바시 무로마치 노무라빌딩(YUITO)'이다.[9]

니혼바시 무로마치 코레도 프로젝트는 여러 개의 가구블록을 통합적으로 재개발해가면서 지구적 차원에서 통합적 가구블록 재개발을 제안하고 있다.

도시재생정비특구로서 인센티브를 받기 위해서는 공공기여항목을 수행해야 한다. 도입 한 지역공공기여 항목으로는 중앙가로의 경관형성, 지하공간의 일체적 활용, 가로의 정비, 정보발신 거점의 신설 등을 포함하고 있다. 이러한 지역공공기여 항목이 도시계획심의위원회에서 인정을 받으면서 인센티브 용적률은 가구블록 전체로 볼 때 평균 540%가 증가한 1,300%로 결정되었다.

---

9) 이 두 개의 빌딩동은 '도시재생특별지구'의 지정을 받은 대표적인 도시재개발프로젝트이다. 당초 미츠이(三井) 부동산과 노무라 부동산은 각각 '도시재생 정비특구' 신청을 준비하면서 각각 도시재생을 추진할 준비를 하고 있었다. 하지만 같은 시기에 인접한 가구블록이 공동개발을 통해 '지역에의 공공기여' 폭이 넓어져 지구 활성화의 효과를 극대화할 수 있었다. 또 공동개발을 통해 재생정비특구 지정을 받기 수월하다는 점도 공동개발의 계기를 마련하게 되었다.

구체적으로 지역공공기여의 첫 번째 요건은 '가로경관형성'을 들 수 있다. 예를 들면 가로벽(street wall)의 연속성을 확보하기 위해 저층부 건축물의 입면 높이 31m의 벽면선 라인을 가이드라인을 통해 반영하고 있다. 중앙가로 서측은 근대도시계획 규제의 하나로 높이규제 '100척(31m)'에 따라 역사적 건축물이 그대로 남아 있다. 또 인접하는 초고층 건축물도 이 기준에 따라 저층부가 계획되었다. 저층부 스카이라인이 31m로 일정하고 정연한 가로경관을 연출하고 있다. 따라서 새롭게 개발되는 동측 가로블록도 이러한 가로경관의 연속성을 확보하기 위해 가로벽 높이 31m를 제안하고 있다.

역사적 건축물인 미츠이 빌딩 보전하면서 가로벽(street wall)의 연속성을 확보하기 위해 저층부 건축물의 입면 높이 31m의 벽면선 라인을 가이드라인을 통해 반영하고 있다.

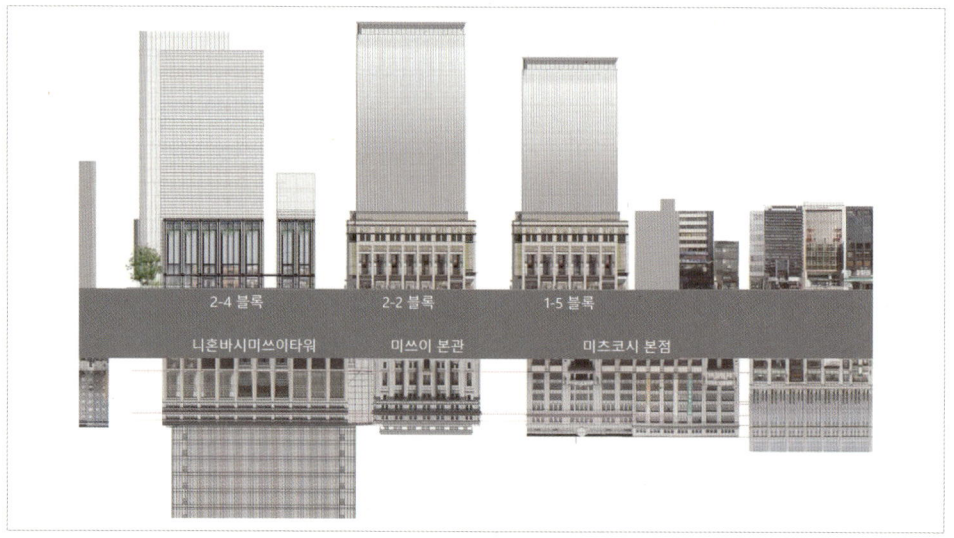

저층부 가로벽 형성. 인접하는 초고층 건축물도 이 기준에 따라 저층부가 계획되었다. 저층부 스카이라인이 31m로 일정하고 정연한 가로경관을 연출하고 있다.

지역공공기여의 두 번째 항목은 지하공간의 공유 및 연계이다. 신사(神社)가 위치한 가구블록을 제외한 모든 빌딩은 지하 2층에서 주차장으로 연결해 하나의 통합된 지하공간을 공유할 수 있도록 계획했다. 이러한 지하공간의 통합계획을 통해 지하주차장의 차량출입구를 가구블록 2개소로 집중할 수 있게 되었다. 가구블록 내에서의 차량진출입을 최소화하면서, 기존 가로공간을 보행자공간으로 전환해 안전한 보행자공간을 조성할 수 있게 되었다.

통합된 지하공간 개발에 의한 지상공간의 보행화. 가구블록 내에서의 차량진출입을 최소화하고 안전한 보행자공간을 확보해 가로공간의 활성화를 확보할 수 있도록 하고 있다. 블록 재개발을 제안하고 있다.

공공기여의 일환으로 설치된 지하철로의 지하통로(좌). 지하에는 니혼바시 안내소를 설치하고 있다(우).

지하통로에서는 지하 1층의 지하철역에서 바로 접근할 수 있는 진입부를 상층부가 열린 개방공간으로 계획해 지하광장과의 연계성을 높였다. 지하광장의 일부는 방재거점으로도 활용될 수 있도록 하고 있다. 한편 니혼바시 지구에는 문화시설이 상대적으로 많지 않았는데, 미츠이빌딩 내에 콘서트홀이나 공연장 역할을 할 수 있는 다목적 홀을 설치해 젊은 사람들이 많이 모여 문화생활을 즐길 수 있도록 하고 있다.

가구블록의 통합재생을 통해 오픈스페이스 공간창출을 실현했다(좌). 오래전부터 니혼바시 상인들의 커뮤니티 거점이었던 호쿠토쿠 신사(우).

무로마치 코레도 프로젝트는 개별 가구블록들이 통합적인 가구블록 재개발을 통해 재개발의 시너지 효과를 보여주는 대표적인 사례라 할 수 있다. 지역이 하나가 되어 지권자(사업자)들이 협의를 통해 지구재개발 마스트플랜을 작성하고 개별 가구블록 재개발을 위한 경관가이드라인을 통해 통합적인 가로경관을 연출하면서 지구 전체의 도시설계가 이루어졌다.

18 무로마치 코레도 테라스 프로젝트

무로마치 코레도 통합 재개발 프로젝트 이후, 지구 북측 끝 니혼바시 미츠이 빌딩과 마주한 가구블록 재개발 프로젝트(니혼바시 무로마치 3초메 지구 재개발)가 2018년 완공되었다. 상업 및 이벤트홀, 오피스 등 다양한 용도가 복합화한 복합개발 프로젝트이다. 니혼바시 지구의 북측 게이트를 형성하고 있기도 하다.

니혼바시 남단의 다카시마야 니혼바시 지점과 함께 '니혼바시 재건계획'의 2단계 프로젝트라 할 수 있다. 니혼바시 재건계획은 거품경제 이후 상업지로서 니혼바시 지구의 쇠퇴를 재건하기 위한 니혼바시 지구 개조계획의 일환이다. 2004년 완공한 도큐백화점 니혼바시 지점 재개발 프로젝트인 '코레도 니혼바시' 이후 2단계 재개발 프로젝트이다.

제1단계 재개발사업인 '미츠이 타워(2003년 완공)', '코레도 니혼바시' 등이 선도적으로 상업지구의 모습을 크게 바꾸어 놓았다. 특히 무료순회 버스 운영, 니혼바시 하천을 활용한 하천 유람선 운영 등은 교통수단의 다양화, 지구활성화 등에도 공헌했다. 2단계 재개발사업은 풍요로운 야외 공공공간 창출이 테마였다. 타카시마야 백화점 약 6,000m²의 옥상정원 제공, 무로마치 테라스 지구의 유리 글래스 루버 하부 공개공지 조성 등이 대표적인 사례이다.

2단계 재개발사업은 야외 공공공간 창출이 테마이다. 무로마치 테라스 지구의 유리 글래스 루버 하부 공개공지가 대표적인 사례이다.

무로마치 테라스 지구는 전면가로에서 테라스 가구블록으로 계획되면서 대규모 공개공지가 설치되었다. 거대한 글래스 루버와 공개공지에 면한 카페 레스토랑, 다양한 녹지공간과 오픈 테라스 등이 저층부 상업 몰과 일체화되어 지역을 활성화하는 데 큰 역할을 하고 있다. 오피스 업무빌딩 로비는 측면에 별도 진입부를 형성하면서 수변공간으로 구획된 로비공간을 형성하고 있다. 로비공간에 들어서면 오피스 스카이 로비에 진입하는 에스컬레이트실이 설치되어 있다. 상층부 오피스 스카이로비는 복층으로 구성되어 오피스 근무자들에게 카페 레스토랑, 편의점 등 다양한 편의시설이 1, 2층에 입지하고 있다.

오피스 업무빌딩 로비는 측면에 별도 진입부를 형성하면서 수공간을 통한 구획된 로비공간을 형성하고 있다(좌). 상층부 오피스 스카이로비는 복층으로 구성되어 오피스 근무자들에게 다양한 편의시설이 1, 2층에 입지하고 있다(우).

19 니혼바시 미츠이(三井) 타워 프로젝트

니혼바시 무로마치 재개발지구에 인접한 미츠이 타워는 지상 39층, 높이 195m로 연면적 약 13만 4,000㎡의 오피스 복합건물이다. 무로마치 지구재생에 중요한 건축물로 인접한 미츠이 본관의 역사적 건축물과 맥락을 같이 하면서 재개발이 추진되었다. 미츠이 본관은 1929년 준공한 오피스 빌딩으로 디자인적으로나 역사적으로도 가치가 매우 뛰어난 건축물이다(1998년 중요문화재로 지정되었다).

미츠이 부동산은 타워빌딩 건설대상지와 미츠이 본관을 포함하는 가구블록 약1.4ha를 통합적으로 개발하기로 했다. 도쿄도 '중요문화재 특별형 특정가구제도'를 활용해 인센티브 용적률을 500% 증가한 가구블록 전체 용적률 1,218%를 적용받았다. 이는 역사적 건축물인 미츠이 본관건물의 유지관리, 보전활용에 많은 재원이 필요한 만큼 경제적으로 인센티브를 주기 위해 용적률 인센티브 제도를 적용하고 있다.[10]

---

10) 중요문화재로 지정된 건축물은 건축기준법의 적용을 받지 않는다는 건축기준법 제 3조를 적용해 미츠이 본관 건축물을 공개공지로 적용받아 용적률 보너스를 받는 방안을 제안했다. 이 제도는 가치가 높은 역사적 건축물을 보전하면서 도시재생(개발)을 추진할 수 있는 제도로 1999년 도쿄도에서 창설한 제도이다.

무로마치 지구재생에 중요한 건축물로 인접한 미츠이 본관의 역사적 건축물과 맥락을 같이 하면서 재개발이 추진되었는데, 미츠이 본관의 보전은 타워빌딩 디자인의 방향성과 컨셉에도 많은 영향을 미치게 되었다.

이처럼, 미츠이 본관의 보전은 타워빌딩 디자인의 방향성과 컨셉에도 많은 영향을 미치게 되었다. 예를 들면 타워빌딩 저층부는 미츠이 본관과 동일한 열주를 사용하고 타워 상부는 세트 백(Setback) 시켜 파사드 라인을 미츠이 본관과 맞추었다. 마감디자인이나 재료선택도 세심하게 배려하게 되었다.

미츠이 타워 내부는 대규모 아트리움을 조성하고 있으며, 저층부 전체가 건축물 저층부 만큼 열려있어 거대한 실내공간감에 압도된다. 한쪽 벽면으로 미술관 입구가 입지하며, 거대한 아트리움 공간 2층에는 라운지공간이 설치되어 있다. 아트리움 외부공간 한편으로는 최고급 호텔인 만다린호텔 입구가 설치되어 있어, 위층 호텔 로비층으로 이어진다. 니혼바시의 상징인 미츠이 타워와 호텔이 절묘하게 복합화되어 있다.

아트리움 외부공간 한편으로 최고급 호텔인 만다린호텔 입구가 설치되어 있다(좌). 위층의 호텔 로비층 전경(우).

도쿄 역세권
재개발 프로젝트

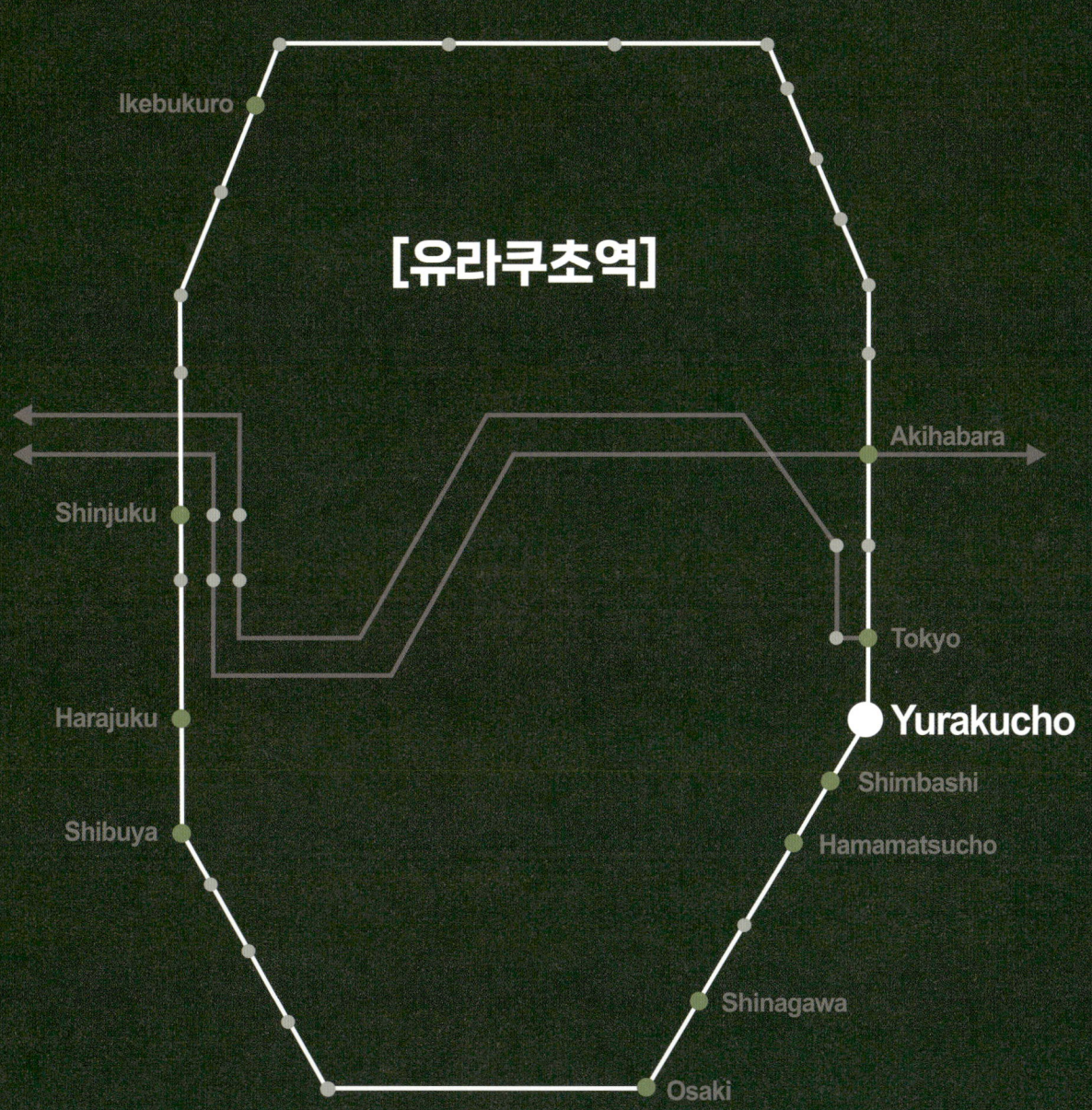

<답사 포인트>

1. JR유라쿠초역 역앞 광장을 둘러본 후 긴자 방향으로 직진하면 우측에 미드타운 '히비야 프로젝트'가 나온다. 히비야공원에 면해 있다. 저층부 상업시설, 지하층 푸드코트 및 지하철 연결통로 등을 살펴보고, 상층부 영화관을 둘러보자. 영화관 위층 부분은 상업시설의 옥상층에 해당하는데, 옥상층에 별도의 공개공지 공원이 설치되어 있다. 또 같은 층에 공유 오피스, 카페 레스토랑, 공유부엌 등 다양한 서비스 공용시설을 갖추고 있다.
2. 긴자 중심부에 위치한 '긴자식스(GINZA SIX)프로젝트'는 상업지구 상부에 업무 오피스를 도입한 용도복합 재개발 프로젝트이다. 1층부에는 공공보행통로, 가로에 면한 에스컬레이트, 관광버스 승하차장 등 다양한 도시인프라 시설이 계획되어 있다. 또 지역관광 활성화를 위해 관광지원시설도 유치하고 있다.
3. '가부키좌 프로젝트'는 민관협력 프로젝트의 대표적 사례이다. 전통적 건축물인 가부키좌의 보전수리를 위한 재원마련을 위해 가부키좌 상층부에 민간 업무오피스 빌딩을 복합적으로 개발 제안하고 있다. 역사적 건축물 보전을 위한 민간참여 및 민간재원 활용 사례이다.

지구 개요

JR 야마노테선 유라쿠초역은 도쿄역 마루노우치 지구 서측 끝단에 위치해 마루노우치 지구와 긴자(金座)지역을 연계하는 결절점에 위치하고 있다. 역 주변지역은 JR 야마노테선 고가 선로와 도로 등으로 시가지가 분단되어 있어 보행자 연결이 가장 큰 과제이다. 따라서 사람들의 흐름을 연결하는 공공공간(역 앞 광장 등)의 정비가 중요한 계획요소이다. 매력적인 외부공간의 조성, 마루노우치 측과의 보행자 네트워크의 연계 등이 필요한 상황이다. 최근 유라쿠초 역 앞 광장은 지하철 출입구 덮개 설치 등과 함께 광장 정비가 이루어졌다.

도쿄를 대표하는 상업중심지인 긴자지역 특성상, 세련되고 부가가치가 높은 많은 건축물이 밀집해 있다. 여기서는 최근 개발한 대표적인 역세권 복합개발 프로젝트 3곳을 소개한다. 우선 일련의 '미드타운' 시리즈 프로젝트로 유명한 미트타운 프로젝트가 록본기, 야에스와 더불어 히비야 지구에도 탄생했다. 다음으로는 긴자 중심지역에 위치한 '긴자 식스' 프로젝트이다. 상업과 업무시설, 그리고 각종 관광지원시설을 설치한 긴자지역 최대규모의 재개발사업이다. 마지막으로 긴자지역 명소 가운데 하나인 '가부키좌' 극장의 재생 프로젝트인데 민간재원을 활용한 대표적 재개발사업이다.

통합된 지하공간 개발에 의한 지상공간의 보행화. 가구블록 내에서의 차량진출입을 최소화하고 안전한 보행자공간을 확보해 가로공간의 활성화를 확보할 수 있도록 하고 있다. 블록 재개발을 제안하고 있다.

유라쿠초 역앞 광장 전경. 최근 유라쿠초 역 앞 광장은 지하철 출입구 덮개 설치 등과 함께 광장 정비가 이루어졌다(상). 역 주변 지역은 공공공간(역 앞 광장 등)의 정비가 중요한 계획요소이다(하).

20 도쿄 미드타운 히비야 프로젝트

도쿄 미드타운 히비야는 미츠이(三井)부동산이 사업주체이다. 지하 4층, 지상 35층의 초고층 건축물로 연면적이 약 18만 9천m2에 이르는 대규모 도심재개발 프로젝트이다. 저층부 상업시설에는 백화점 형태의 상업 몰과 함께 도심 최대규모의 복합 시네마 콤플렉스가 계획되었다. 인접한 닛세이(日生)극장, 도쿄 토호(東寶)극장과 더불어 영화, 연극 등 엔터테이먼트를 테마로 하는 새로운 도심문화 거점지역을 형성하고 있다.

저층부 상업시설의 경우, 3층 규모의 열린 아트리움 실내광장 갤러리 공간도 설치하고 있다. 지하공간에는 지하철 유라쿠초역과 연계하는 세련된 식당가가 형성되어 있다. 상층부는 오피스 업무빌딩이다. 오스피 빌딩으로의 진출입은 저층부 상업시설과는 분리해 별도의 진출입부가 설치되어 있다. 또한 상층부 9층에 위치한 오피스 스카이 로비는 대규모 업무용 엘리베이트를 이용하게 된다. 최근 일본의 대규모 복합건축물에서 흔히 사용하는 방식이다.

한편, 상가 및 영화관 상층부인 오피스 스카이 로비 레벨(지상9층)에 공중 스카이 가든을 설치해 공개공간으로 활용하고 있다. 공중정원으로 조성되어 있으며 인접한 카페, 레스토랑 등과 연계해, 백화점, 영화관 등의 이용객들이 쉽게 이용할 수 있도록 하고 있다. 공중정원에 면한 오피스 저층부는 테라스 녹화공간으로 조성해 공중정원의 확장성을 극대화한다. 그 외에도 회원용 창업공간, 공유부엌 등 공공시설이 설치되어 있다.

미드타운 히비야 프로젝트 배치도(좌), 프로젝트 전경(우). 고층타워의 디자인은 꽃봉우리와 같은 곡선형의 타워동 디자인 컨셉을 제안해 '덴싱 타워(dancing tower)'라 불린다.

고층타워 디자인은 꽃봉우리와 같은 곡선형의 타워동 디자인 컨셉을 제안해 '덴싱 타워(dancing tower)'라 불린다. 지상 9층에 위치한 오피스 스카이 로비에서는 히비야 공원 조망이 펼쳐진다. 시가지 방향의 유기적인 디자인에 비해, 히비야 공원 방향으로는 저층부를 마루노우치 황거 앞 31m 높이의 포디움에 맞추고 있다. 인접한 닛세이 극장과도 저층부 연속감을 연출하고 있다.

오피스 스카이 로비 레벨(지상9층)에 공중 스카이 가든을 설치해 공개공간으로 활용하고 있다. 공중정원에 면한 오피스 저층부는 테라스 녹화공간으로 조성해 공중정원의 확장성을 극대화하고 있다(상). 지상 9층의 오피스 스카이 로비에서는 히비야 공원 조망이 펼쳐진다(하)

지하공간에는 유라쿠초역과 연계하면서 세련된 식당가가 형성되어 있다(좌). 오스피 빌딩으로의 진출입은 저층부 상업시설과 분리해 설치되어 있다(우).

히비야 미드타운 프로젝트의 하이라이트는 '히비야 스텝 광장'이라는 외부공간 계획이다. 이 특이한 외부공간은 '민관협력'으로 만들어낼 수 있었다. 우선 대규모 개발부지를 계획하면서 원래 부지의 가운데를 관통하던 자치구 소유 도로부지를 측면으로 변경해 자치구 부지로 활용했다. 구획정리사업수법을 활용한 것이다. 이로써 자치구 활용부지와 공개공지를 통합해 외부공간을 조성할 수 있었다. 자치구 활용부지는 계단형 스텝 공간으로 조성하고, 저층부는 상가점포로 입지하고 있다. 진입광장은 직경 30m의 대규모 원형 광장으로 스텝 공간을 객석으로 활용하는 등 다양한 이벤트 공간으로 계획하고 있다.

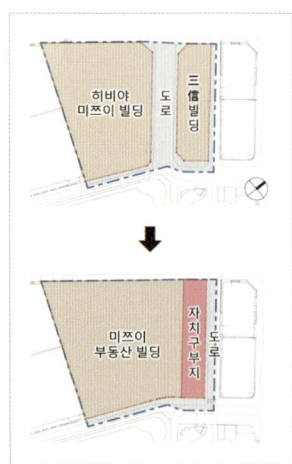 

스텝 광장은 자치구 소유 도로부지를 측면으로 변경해 자치구 부지로 활용했다(좌). 스텝 광장 전경(우).

외부공간의 활성화를 위해 주변지역을 포함한 에리어(타운)메니지먼트 구역을 설정, 민관협력형으로 지역 유지관리를 담당하고 있다. 미츠이(三井)부동산과 자치구(치요다구) 그리고 지역상업협의회로 구성된 일반사단법인 '히비야 에리어 매니지먼트'가 공공광장이나 가로의 유지관리 뿐만 아니라 이벤트 기획을 포함한 다양한 지역활성화 프로그램을 운영하고 있다.

히비야 미드타운 프로젝트의 하이라이트는 '히비야 스텝 광장'이라는 외부공간 계획이다. 진입광장은 직경 30m의 대규모 원형 광장으로 스텝 공간을 객석으로 활용해 다양한 이벤트 공간으로 계획하고 있다.

저층부 상업시설에는 백화점 형태의 상업 몰(좌). 상층부에는 도쿄 도심 최대규모의 복합 시네마 콤플렉스가 계획되어 있다(우).

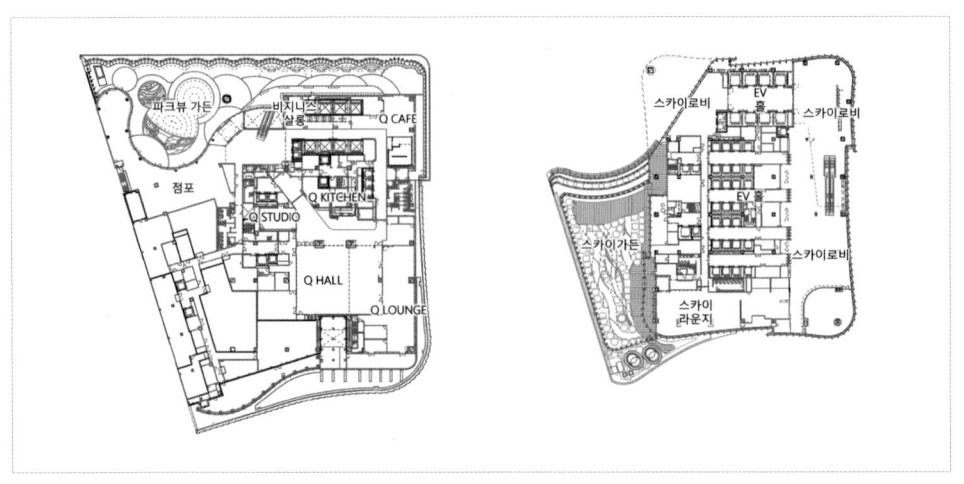

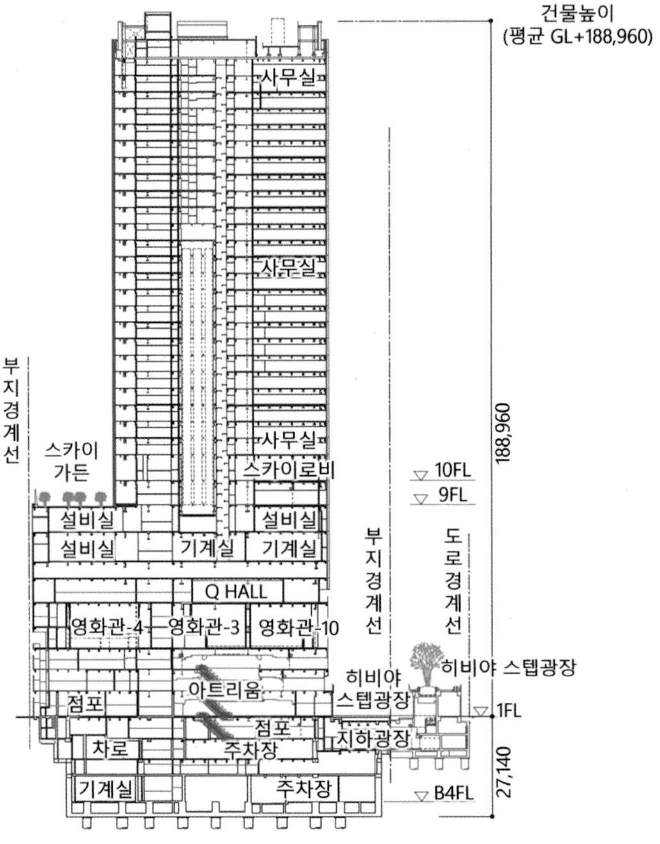

미드타운 히비야 평면도 및 단면도

21 긴자 식스(GINZA SIX) 프로젝트

2017년에 완공한 긴자 식스 개발프로젝트는 대형 복합상업 업무시설이다. 긴자의 랜드마크였던 마츠자카야(松板屋) 백화점 부지를 재개발한 프로젝트이다. 상업시설 상부에 대규모 임대 오피스 공간을 복합개발한 사례이다. 긴자라고 하는 도쿄에서 가장 상징적인 상업중심지에 백화점을 재개발하면서 상층부에 오피스를 설치해 상주 비즈니스 근무환경을 조성한다는 새로운 발상의 복합개발 계획이라 하겠다.[11]

긴자의 중심부에 위치해 오피스 기능을 도입하면서 상업중심지 활성화를 시도하고 있으며, 관광정보센터 등을 통해 긴자지역에 부족했던 관광지 기능을 보완하는 개발계획이기도 하다. 상업시설과 오피스시설 등을 포함해 연면적 약 14만 9천m2로 긴자지역 최대규모이다. 총 사업비는 861억엔(약 8,500억원)을 투입했다.

긴자 식스 프로젝트 전경(좌). 긴자 식스 개발프로젝트는 상업시설 상부에 대규모 임대 오피스 공간을 복합개발한 사례이다(우).

재개발사업의 기획은 2003년부터 시작해 완공 시까지 약 14년이 소요되었다. 계획의 초기 단계부터 시민, 행정(자치구), 개발사업자가 협의체를 구성해 논의를 거듭했다. 재개발사업의 시행자(코디네

---

11) 최근 일본에서는 백화점 재개발 프로젝트가 전국적으로 추진되고 있다. 기존의 상업공간으로서의 백화점을 재개발하면서, 백화점 상부에 오피스는 물론 주택용도까지 복 화하는 경우가 많이 있다. 우리나라에서도 서울을 비롯한 대도시지역에 백화점 재개발이 본격화할 것으로 예상된다. 향후 다양한 용도복합의 백화점 재개발이 가능할 것이다. 이는 단지 사업성 향상뿐만 아니라 도심공동화 방지 등 지역활성화 차원에서도 적극 고려해야 할 내용이다.

이터)로 또 설계 프로젝트 매니저로 참가한 업체는 '㈜모리빌딩'이다. 일본 최고의 개발시행업체이다. 설계는 카지마설계와 티니구치(谷口)건축설계연구소 공동협업으로 이루어졌다.

건축물은 지하 6층, 지상 13층으로 높이는 56m이며, 간선도로에 면한 부분이 115m에 이른다. 긴자지역의 시가지 특성을 고려해 높지 않은 13층의 건축물이지만, 실제 용적률은 약 1,350%에 이른다. 시가지 특성을 고려해 건축물 높이를 최대한 낮추면서 고밀도로 개발한 전형적인 저층고밀형 개발 프로젝트이다. 또한 대규모 장방형 가구블록의 상업복합시설임을 감안해 지역주민이나 방문객들에게 자유로운 가로보행환경 조성을 위해 저층부 가로경관 활성화에 많은 배려를 하고 있다.

긴자 식스 프로젝트는 높이규제를 최대한 낮게 하면서 고밀도로 개발한 전형적인 저층고밀형 개발 프로젝트이다(좌). 지역주민이나 방문객들에게 자유로운 가로보행환경 조성을 위해 저층부 가로경관 활성화에 많은 배려를 하고 있다(우).

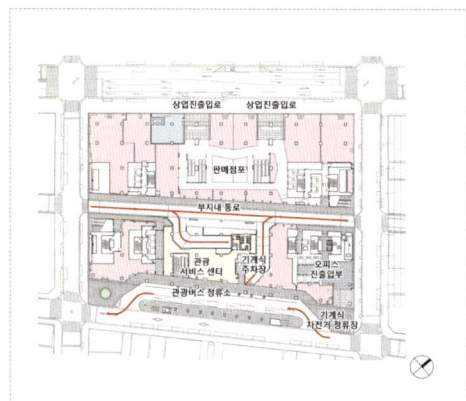 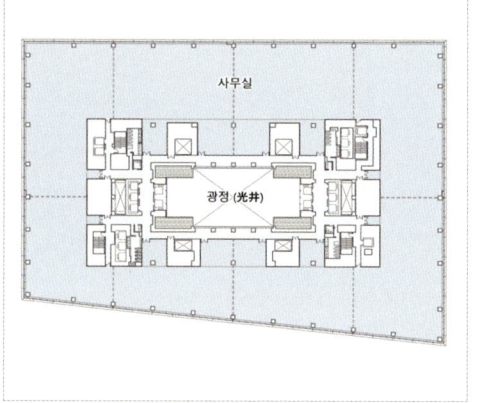

저층부 백화점 평면도(좌) 및 상층부 오피스 기준 평면도(우)

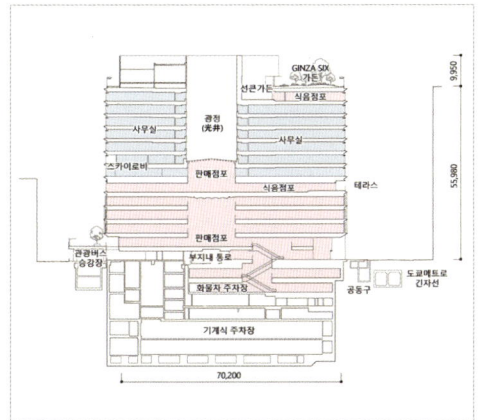
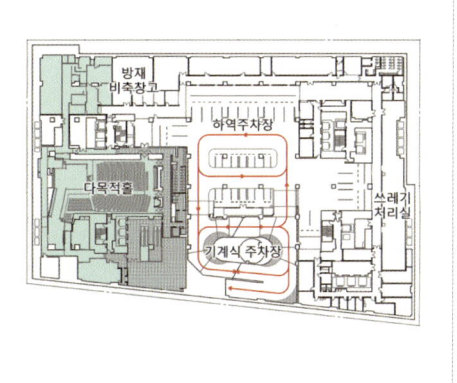

단면도. 백화점과 업무오피스의 수직적인 용도복합시설이다(좌). 지하3층 평면도(우). 지하주차장과 더불어 문화교류시설(다목적홀)을 설치하고 있다. 2층 판매점포에서 관광버스 정류장 상층부 테라스가 연계 설치되어 있다.

저층부에는 상업시설, 고층부에는 업무시설을 배치하고 문화교류시설('觀世能樂堂'이라 불리는 문화시설)을 지하 3층에 설치하고 있다. 이면 가로에는 관광버스 승차장, 관광정보센터 등을 설치해 긴자 지역에 부족했던 관광 거점의 역할을 충실히 수행하고 있다. 이면가로에 면해 설치된 관광버스 전용 승차장 상부는 데크 테라스를 설치해 백화점 2층 판매시설과 연계한 테라스 휴식공간을 제공하고 있다.

긴자 식스 프로젝트는 높이규제를 최대한 낮게 하면서 고밀도로 개발한 전형적인 저층고밀형 개발 프로젝트이다(좌). 지역주민이나 방문객들에게 자유로운 가로보행환경 조성을 위해 저층부 가로경관 활성화에 많은 배려를 하고 있다(우).

또한 상업시설 진출입부와 오피스 진입부를 분리하고 있다. 오피스 진입부에 들어서면 지상 6층에 위치한 오피스 스카이 로비로 직접 갈 수 있는 업무용 엘리베이트가 있다. 전면도로 상업시설의 코너부에 별도 동선으로 업무 오피스 진출입부를 형성하고 있는 것이다.

저층부 상업시설의 2층에 들어서면, 4개 층의 아트리움이 방문객들을 맞이한다. 아트리움 주위를 감싸는 경사형의 판넬 난간은 긴자지역에 남아있는 골목길의 형상을 모티브로 하였다. 오피스 옥상부에는 별도의 상업시설(식당가)과 선큰 가든 등을 설치해 옥상정원의 역할을 하고 있다. 특히 이 옥상정원은 약 2,200m2의 녹지공간을 확보함과 동시에 지진발생 시 일시적인 피난장소로 활용할 수 있는 방재시설을 갖추고 있다.

1층부 오피스 로비(좌). 상층부(6층) 오피스 스카이로비(우).

상업시설 내부 전경(좌) 및 옥상정원(우). 옥상정원은 지진 발생 시 일시적인 피난장소로 활용할 수 있는 방재시설을 갖추고 있다.

한편, 가로경관 활성화를 위한 건축계획적 특징을 정리하면 다음과 같다. 우선 '가로공간 입체화'를 제안하고 있다. 전면도로에 면해 1층, 2층을 세트백하고, 에스컬레이트를 설치해 '긴자 워크'라 불리는 공간을 조성하였다. 상하 이동 동선 배치를 통해 보행자의 회유성을 높이면서 입체적인 보행동선을 연출하고 있다. 또 한편 이면가로 측으로는 '스트리트 파크'라 불리는 세장형의 공원을 배치하였다. 이에 더해 동서, 남북 2방향으로 보행자가 자유롭게 통행할 수 있는 관통도로도 설치하고 있다.

입체 보행가로 설치(상) 및 관통도로(자동차 및 보행자도로) 전경(하).

긴자 식스 프로젝트는 '긴자'라는 도쿄 상업중심지구에 긴자의 지구특성을 최대한 살리면서(저층고밀개발형), 긴지지역에 부족한 도시기반시설(버스정류소, 관광지원센터 등)을 보완하고 있다. 특히, 상업시설과 업무시설의 복합이라는 도심상업 복합시설의 새로운 가능성을 제시하고 있다.

22 긴자 가부키좌(歌舞伎座) 재생 프로젝트

긴자에 위치한 일본 전통공연을 대표하는 가부키(歌舞伎) 공연장의 '보전수선'을 위해 임대오피스 개발과 복합개발을 시도한 프로젝트이다. 기존의 가부키좌는 1889년 최초로 건설되었는데 관동대지진의 화재, 2차대전의 공습 등으로 기초 일부분만 남았으며 1950년 개수된 건축물이다. 이후 내진 성능 향상 등 대규모 개보수, 증축의 필요성이 논의되었지만, 재원마련의 어려움으로 보전수복을 진행하지 못하였다.

가부키공연 기획사인 마쓰다케(松竹)는 2005년 가부키좌 보전수선 검토위원회를 설치해 본격적으로 보전계획 검토를 시작했다. 내진보강, 외관개선 등을 포함해 가부키좌를 새롭게 개축하기로 결정했다. 하지만 전통 건축양식 보전에는 많은 비용(재원)을 필요로 한다.

이에, 재원마련을 해결하기 위해 새로운 방안을 제시하게 되었다. 역사적 건축물의 보전수선을 위한 비용 마련을 위해 임대 오피스개발과 복합개발하는 방안을 제안했다. 즉 지상 29층의 오피스빌딩을 카부키좌 건축물 상부 후면에 건설하고, 그 수익금으로 전면부에 위치한 가부키좌 공연장 보전수복 비용을 충당하는 개발계획이다. 또한 가부키좌 프로젝트는 지하철역과 직결하는 광장을 설치하고, 극장 상부에 정원을 설치하는 등 기존 가부키좌의 전통적인 이미지를 보전하면서 민간 오피스빌딩과 일체적으로 재생할 수 있게 되었다.

마쓰다케(松竹)는 2008년 공식적으로 가부키 공연장의 재개발을 발표했다. 2009년 6월에는 '도시재생특별지구'로 도시계획결정이 이루어졌다. 허용용적률은 기준용적률의 2배에 달하는 1,220%까지 확보했다. 용적률 인센티브가 적용된 것은 가부키좌가 역사적인 문화시설인 점과 지역에 열린 공공시설로서의 기능(공공성)을 인정받기 때문이다. 즉 단순히 가부키 공연만을 보기 위해 극장을 찾는 차원을 넘어, 가부키좌 극장이 지역문화거점으로서 시민들에게 열린 공연시설로 제공되기를 기대하고 있다. 지하 2층에는 광장을 신설하고 지하철역(東銀座驛)과 직접 연결하였으며 극장의 옥상인 5층에는 일본의 가부키 문화를 소개하는 갤러리와 옥상정원을 계획했다.

긴자 가부키좌는 29층의 고층 오피스건설을 통해 보전수복하면서 긴자지역의 랜드마크로서 새롭게 단장하게 되었다. 총 사업비 430억 엔(약 4,300억 원)이 소요되었고, 건축가 쿠마겐고가 설계에 참여하였다. 쿠마겐고의 설계개념은 전통적인 가부키좌 건축물의 형태디자인을 어떻게 계승해 갈 것인가에 디자인의 초점을 두었다. 오피스의 외관은 극장 정면에서 바라보았을 때 대칭이 되도록 하고, 병풍 모양으로 고층타워가 극장의 배경이 되도록 디자인을 제안하였다.

긴자 가부키좌 프로젝트 전경(좌). 긴자 가부키좌 프로젝트는 일본 전통공연을 대표하는 가부키(歌舞伎)공연장의 보전수선 재원을 마련하기 위해 임대오피스 개발과 복합개발을 시도한 프로젝트이다(우).

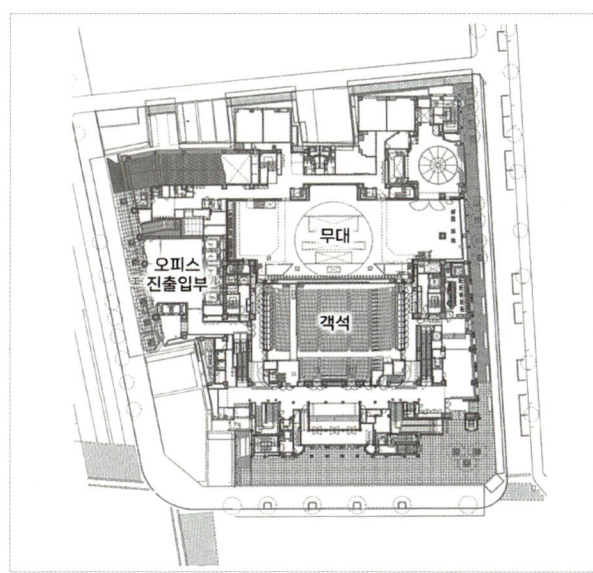 

가부키좌 프로젝트 1층 평면도(좌) 및 오피스 빌딩 전경(우). 후면 오피스빌딩 디자인은 일본의 유명 건축가 쿠마 겐고가 담당했다. 설계개념은 전통적인 가부키좌 건축물의 형태디자인을 어떻게 계승해 갈 것인가였다.

도쿄 역세권 재개발 프로젝트

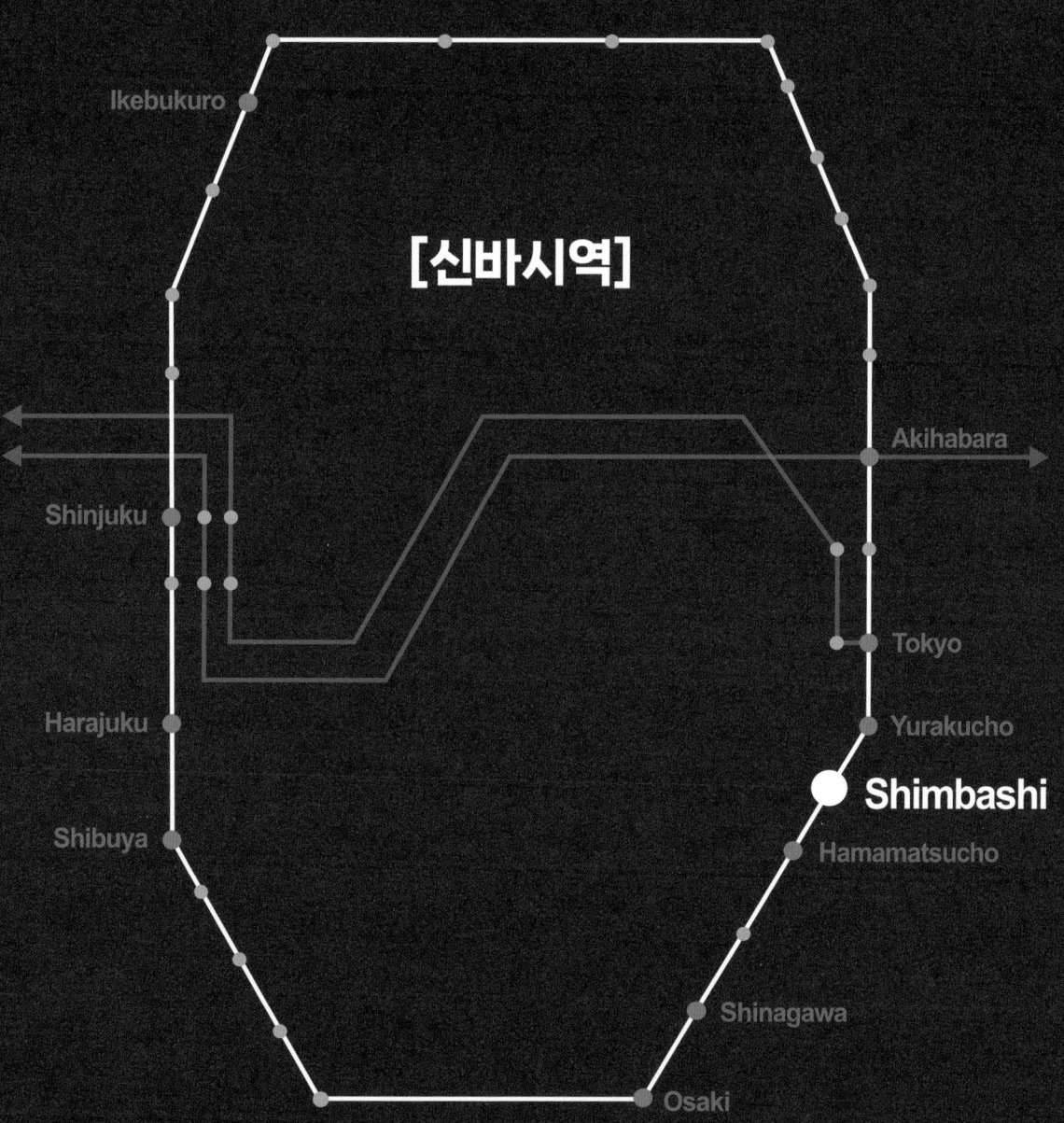

3 신바시역

신바시(新橋) 역세권은 1872년 메이지 시대 근대문명 개화의 상징으로 일본 최초의 철도(신바시(新橋)에서 요코하마 구간이 설치된 곳으로 일본철도의 발상지이다. 긴자(銀座), 마루노우치 등 도쿄 도심부와 가깝고 임해 부도심에 인접해 있으며 JR, 지하철, 모노레일(유리카모메 선)이 교차하는 교통의 요충지이기도 하다. 또 하네다공항과도 인접해 있어 많은 사람과 물류가 교차하는 산업적으로도 중요한 장소에 위치해 있다.

신바시역세권에서 대표적인 도시개발 프로젝트로는 우선, 신바시 철도 조차장 부지 재개발사업('시오토메 개발프로젝트')이 있다. 서울의 용산 조차장 부지, 뉴욕 허드슨 야드처럼 철도 조차장 부지를 도심복합 프로젝트로 개발한 사례이다. 또한 신바시역에서 토라노몽 지구로 이어지는 '신토라거리'(신바시와 토라노몽을 연결하는 거리라는 의미)는 지역의 상징가로 역할을 하면서 지역활성화에 적극 대응하고 있다.

신바시역에서 신토라거리를 따라 걷다 보면 '토라노몬 힐스 지구'가 나타난다. 지하터널도로 상부를 입체개발 한 토라노몬 모리타워 프로젝트(일본 내 도시계획도로 입체개발의 대표적인 사례)를 비롯해 토라노몬 힐스 비즈니스 타워, 토라노몬 힐스 주거타워, 토라노몬 힐스 스테이션 타워 등이 연이어 개발되었다.

한편, 토라노몬 힐스 지구에 인접해, 역사적 사찰을 보전하면서 주거복합개발을 추진한 '아타고 힐스 프로젝트'도 있다. 역사적 지구에서 사찰보전을 위해 인근 지역을 초고층으로 개발하는 혁신적인 발상으로 지구의 보전과 개발을 성공적으로 추진한 사례이다.

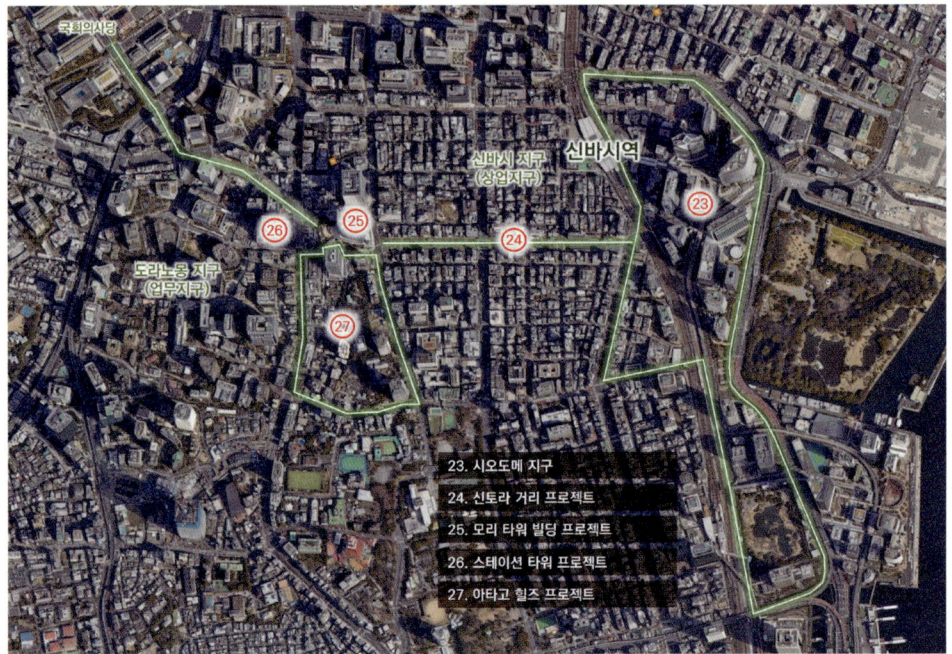

신바시 역세권 주요 프로젝트 현황

3-1 시오토메(塩留) 지구

<답사 포인트>
1. 도심 대규모 철도 조차장 이적지를 복합개발한 프로젝트이다. 5개의 가구블록, 12개의 세부 가구블록으로 구성되어 있으며, 12개동의 오피스빌딩과 3개의 주거동으로 계획하고 있다.
2. 시오토메 프로젝트의 가장 큰 특징은 지하, 지상, 상층 브릿지 등 3층 레벨의 보행가로를 입체적으로 연계하면서 유기적으로 계획하고 있는 점이다. 특히 지하 공공보행공간은 각 고층빌딩으로 연결되는 지점에 대규모 선큰 공간을 만들어, 다양한 문화예술시설을 유치해 지역활성화 거점으로 활용하고 있다. 상층부 스카이 워크(보행 브릿지)의 경우 신교통수단인 모노레일 정류장과 직접 연결하면서 동선 네트워크를 형성하고 있다.
3. 시오토메 5블록의 경우 주거동 빌리지가 형성되어 있다. 예전 철도 조차장 인근 부지로 이탈리아 수입 가죽제품 제조업, 공방 등이 밀집해 있던 곳이었다. 주택지로 개발하면서 '이탈리아 빌리지'를 테마로 이탈리아풍의 주택지를 계획하고 있다.

지구 개요

신바시 지구 시오토메 개발 프로젝트 대상지는 철도조차장 부지였다. 서울의 용산 철도부지와 유사한 성격의 도심 대규모 유휴부지였다. 철도 중앙역인 도쿄역이 건설되어 철도역사의 중심기능이 도쿄역으로 이전하면서 차츰 신바시역은 화물 전용 역으로 변화해 컨테이너 전용 철도터미널 기능을 수행했었다. 그러나 1973년에 도쿄 화물터미널역이 별도로 생기게 되면서 화물역으로서의 기능마저 상실하게 되면서 오랫동안 방치된 상태로 남아있었다. 1990년대 들어서면서 이 지역의 도시재개발 논의가 본격화했다.

사업면적은 약 31ha이며, 동측은 12개의 가구블록으로 구성되어 업무, 상업 등 복합용도형 건축물이 12개동, 고층주거동 3개동 등 대규모 개발프로젝트가 계획되었다. 서측에는 이탈리아풍의 주택시가지를 중심으로 한 복합용도 주거지구도 제안되었다. 종전에 방치되어 있던 역세권(철도조차장) 지역을, 세계적인 수준의 도시환경과 일본을 대표하는 국제적 수준의 도시기능을 갖춘 국제업무 비즈니스 지구로의 개발을 지향하고 있다.

23 시오토메 프로젝트

시오토메 지구 현황 조감도

시오토메 지구 개발프로젝트의 테마는 다음의 3가지로 요약된다.

첫째, 신세대형 24시간 미디어 시티이다. 광고대리점, 텔레비전 방송국, 통신사 등 미디어 관련 직종을 중심으로 일본을 대표하는 기업의 본사를 유치하고 있다. 쇼룸 기능 등도 포함해 국제적인 정보와 문화의 발신기지 역할을 담당하는 24시간 미디어 시티를 지향하고 있다.

둘째, 직(職)/주(住)/유(遊)의 새로운 도시복합체 형성이다. 상업, 문화, 거주 등 다양한 목표와 테마를 가진 12개의 가구블록이 새로운 발상의 도시공간을 창출해 내고 있다. 각 가구블록은 지상 2층의 보행자 보도, 지하 레벨의 보행자도로와 광장 등을 연계하여 다층적인 동선 네트워크를 형성하면서 다이나믹한 도시복합체를 구축하고 있다.

셋째는 자연과 일체화하는 공원도시를 추구한다. 지속 가능한 도시개발수법을 적극적으로 시도하면서 보도와 공원, 가구 블록 내부까지 녹지공간을 확보하고 도시와 자연과 하나 되는 공원도시를 지향하고 있다.

지구전체의 공간계획개념은 'Tidal Park(조수간만이 있는 공원도시)개념'으로 1995년경 미국의 건축가 존 저디 사무실이 작성한 마스터플랜의 개념에 근거한 것이다. 개발방식에 있어 특징적인 점은, 개발을 원하는 가구블록 별로 입찰제안서를 제출하는 기업에 건축물 제안방식을 통해 어떤 건축물을 건설할지를 제안받는 방식을 채택했다. 특히 야간이나 주말 도심공동화를 방지하기 위해 지구전체 용적률의 20%를 극장, 상점, 호텔, 쇼룸 등 오피스 이외의 기능을 의무적으로 유치하도록 했다.

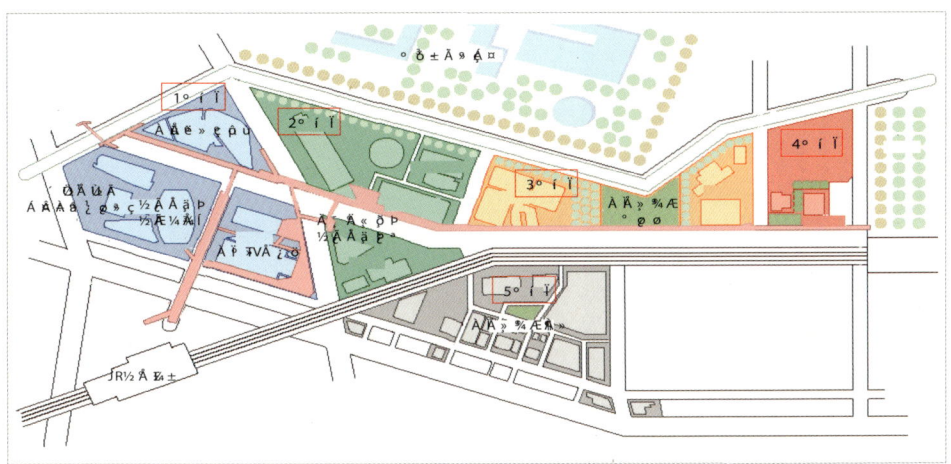

시오토메 5개 가구블록 현황. 5개의 가구블록(12개의 세부 가구블록)으로 구성된 전체지구는 가구블록 별로 단계적으로 개발이 이루어졌다.

일본TV 방송국   오피스 군   이탈리안 마을(주거블록)

개발 마스터플랜의 특징으로는, 우선 지하 네트워크 및 지상 공간 그리고 보행자 데크 공간 등 3개층의 입체적 위계를 가지는 보행공간구조를 형성하고 있다는 점이다. 이는 지하철 역사(신바시역)에서 지하공간으로의 접근, 단지 내를 관통하는 공중 모노레일에서의 접근 등을 고려한 입체 보행자 공간 구성의 결과라 할 수 있다.

두 번째의 특징은 공공공간 디자인의 통합시스템이다. 가구블록 별로 개별건축물의 디자인 컨트롤은 그다지 이루어지지 않아 전체적인 도시건축의 통일감은 미흡하다. 다만 개별건축물 간의 상호관계 및 주변 공간의 통합적 디자인을 통한 공공공간의 통합디자인이 체계적으로 이루어지고 있다.

개발 마스터플랜의 특징은 우선 지하네트워크 및 지상 공간 그리고 보행자 데크 공간 등 3개 층의 입체적 위계를 가지는 보행공간구조를 형성하고 있다는 점이다.

특히, 지상부의 가로공간은 가로 식재, 가로 시설물(스트리트 퍼니처 등), 바닥포장재 등이 통합적으로 디자인되어 가로경관의 조화를 이루고 있다. 상부의 보행자 데크 또한 지구별로 디자인은 다르지만, 디자인 가이드라인에 의해 디자인, 재료, 형태 등에 있어 통일된 보행자 데크 공간을 형성하면서 지구의 일체감을 연출하고 있다.

지상부의 가로공간은 가로식재, 가로시설물(스트리트 퍼니처 등), 바닥포장재 등이 통합적으로 디자인 되어 가로경관의 조화를 이루고 있다.

세 번째의 특징은 지역 문화시설의 계획적 유도이다. 업무시설 중심의 도시에서 탈피하기 위해 지역 문화시설의 복합용도 프로그램을 적극적으로 도입하고 있다. 업무시설 저층부에 특화상품이나 브랜드 상품점 등 상업공간을 유치하고, 지역 활성화를 위해 필요한 지역 문화시설(극장, 영화관, 전시장 등)을 유치해 야간 혹은 주말에도 많은 사람들이 방문할 수 있도록 24시간 활기찬 도시만들기를 시도하고 있다.

업무시설 중심에서 탈피하기 위해 지역문화시설의 복합용도 프로그램을 적극적으로 도입하고 있다.

개발계획의 네 번째 특징은 역사적 건축물의 보존활용이다. 시오토메 지구는 일본에서 최초로 철도 역사(신바시역)가 자리하던 장소이다. 지구 재개발에 있어서도 이러한 역사적인 장소성을 살려 메이지 시대 건축된 신바시 역사를 재생복원하여 기념관으로 활용하고 있다.

신바시역의 보전활용. 역사적인 장소성을 살려 메이지시대 건축된 신바시 역사를 재생 복원하여 기념관으로 활용하고 있다.

마지막으로, 개성 있는 주택단지의 개발을 특징으로 들 수 있다. 5블록의 경우 '이탈리아 마을'을 테마로 특화된 도심형 주거지를 형성해 차별화된 주거지계획을 제안하고 있다. 원래 이곳은 이탈리아 가

죽 원료를 수입해 가공하는 수공업이 발달한 곳이었다. 주거지 재개발에 있어서도 이러한 지역적 특징을 살려 주민주도의 개발방식을 적극 수용했다. '이탈리아 마을'을 테마로 이탈리아 주택지의 정취를 충분히 살릴 수 있도록 광장, 가로경관, 건축물 파사드 등 테마를 가진 주택지가 탄생했다.

이탈리아를 테마로 한 유럽형 주거지. '이탈리아 마을'을 테마로 특화된 도심형 주거지를 형성하면서 차별화된 주거지계획을 시도하고 있다.

3-2 토라노몽 힐스 지구

<답사 포인트>

1. 토라노몽 힐스 지구는 도쿄 도심부에서 신바시역을 거쳐 임해부도심으로 이어지는 거점지역이다. 도시계획도로가 단절되어 있어 오랫동안 지역쇠퇴가 이어져 왔다. 하지만 ㈜모리빌딩이라는 일본을 대표하는 개발 디벨로퍼 회사가 참여해 도로상부를 개발하는 획기적인 기획으로 '모리타워'를 개발했다.
2. 계속해서 모리타워 주변 가로블록을 재개발해가면서 '비즈니스타워', '레지던스 타워' 그리고 최근에 완공한 '스테이션 타워'까지 연쇄적으로 개발이 이루어졌다. 그야말로 신바시역 주변지역이 천지개벽했다고 할 수 있다.
3. 우선, 신바시역에서 일명 '신토라 거리'라 불리는 도로를 따라 모리타워 빌딩까지 이어진다. 무엇보다 도시계획도로를 지하 터널화하고 상부를 복합개발한 모리타워를 조망할 수 있다. 또 도로 주변의 가로경관 활성화를 위해 가로점포, 가로카페 등이 들어서 있다.
4. '모리타워 빌딩' 프로젝트는 터널 상부를 개발한 프로젝트로 터널 상부에 조성된 녹지 오픈스페이스를 중심으로 모리타워 빌딩 저층부가 공개공지로 개방되어 있다. 또 보행테크 브릿지를 통해 인접 블록의 모리 비즈니스 타워, 레지던스 타워, 그리고 스테이션 타워와 지구 전체가 연결된다.
5. '비즈니스 터워'와 '레지던스 타워'는 모리타워 도로 상부 오픈스페이스와 보행자 데크 브릿지로 연결된다. 비즈니스 터워 저층부는 오피스 근무자 및 방문자를 위한 지원시설로 음식점 점포들이 일본의 전통 골목길(요코초) 형태로 입지하고 있다. 레지던스 타워는 주거 프라이버시를 위해 최소한의 편의시설만 입지하고 있다.
6. 토라노몽 힐스의 네 번째 고층타워인 '스테이션 타워'는 토라노몽 힐스 지구의 완결판이다. 지하철역과 일체화되어 역세권개발을 지향하면서 최상층에는 수영장, 그 아래층에는 시가지를 전망할 수 있는 개방 홀이 배치되어 있다. 최신 첨단 오피스공간, 상업시설, 레스토랑, 갤러리, 호텔 등 다양한 용도의 시설물이 입지하고 있다. 토라노몽 힐스 지구의 새로운 랜드마크 건축물이 되고 있다.

지구 개요

국가전략특구로 지정된 토라노몽 힐스 지구는 국제비지니스 거점지구로 재개발이 활발하게 추진되었다. 2023년 '토라노몽 힐스 스테이션 타워'가 완공됨으로써 이 지구에 네 번째 고층타워 빌딩이 완성되었다. 교통거점의 기능을 강화하면서 '역과 도시를 일체적으로 개발'하고자 하는 재개발사업이 실현되었고, 토라노몽 지구의 새로운 시대를 열고 있다.

토라노몽 힐스 지구의 출발은 '신토라 거리'를 형성하는 간선도로의 지하화와 상부개발 프로젝트인 토라노몽 힐스 모리타워(2014년 완공)에서 시작되었다. 도쿄도의 재정적인 한계로 오랫동안 계획실현이 어려웠던 도시계획 간선도로를 지하 터널화하고 상부를 모리타워로 개발한 것이다. 일본에서도 혁신적인 도로상부 개발사례로 입체도시계획제도[12]를 효율적으로 활용한 대표적인 사례이다.

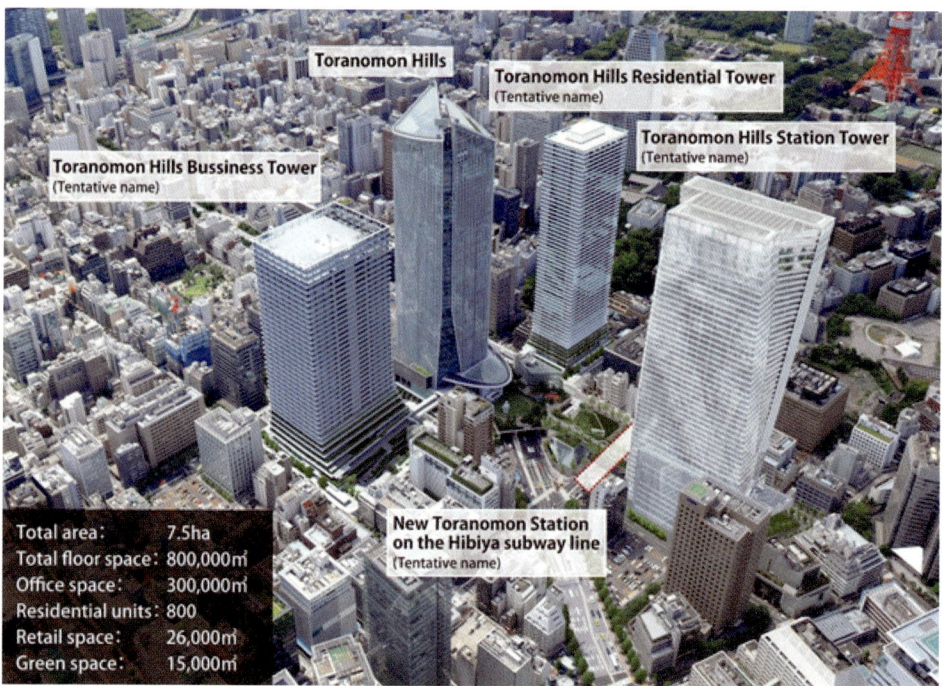

시오토메 지구 현황 조감도

---

12) 입체도시계획제도란, 도로, 철도, 공원, 물재생센터 등 도시계획시설의 입체적 복합적으로 활용할 수 있도록 하는 도시계획제도이다. 우리나라에도 유사한 도시계획시설 중복결정을 할 수 있는 제도는 있으나, 아직 입체도시계획제도는 없다. 중복결정의 경우, 공공시설인 도시계획시설에 공공시설만 중복결정할 수 있다. 예를 들면, 공원 지하에 공영주차장을 설치하는 식이다. 하지만, 입체도시계획제도의 경우 도시계획시설에 민간시설인 오피스, 주거, 호텔 등을 입체적으로 도입할 수 있는 제도이다.

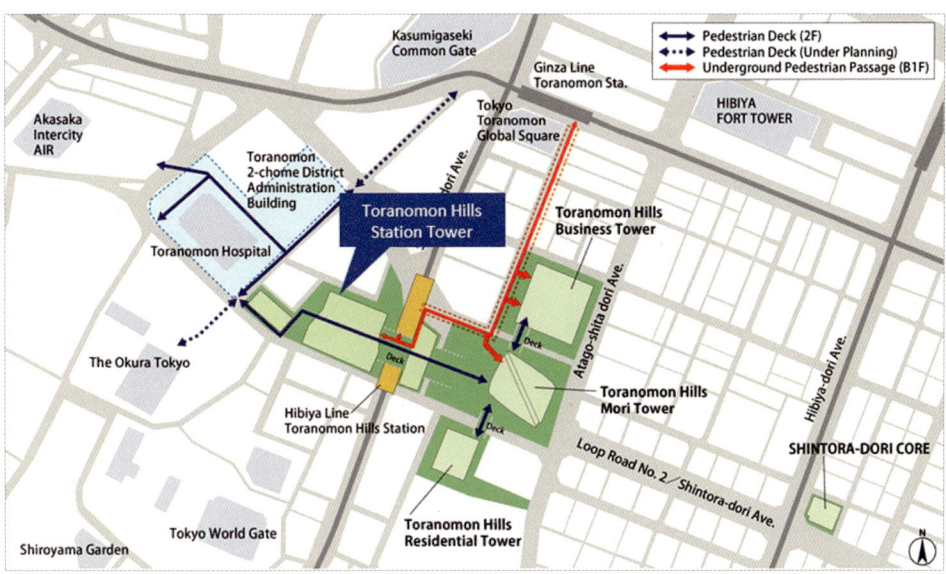

토라노몽 지구 현황도

이후, 모리타워 프로젝트가 촉매 역할을 하면서 신토라거리는 활기를 되찾았고 모리타워 주변 가구 블록이 하나씩 재개발되어갔다. ㈜모리빌딩의 기획력으로 도시개발이 빛을 발하게 된 것이다. 2020년 비즈니스 타워, 2022년 레지던스 타워에 이어, 2023년 스테이션 타워가 완성되어 국제비지니스 업무중심지로서 자리를 잡게 된 것이다.

24 신토라 거리 프로젝트

토라노몽 힐스 지구는 인접한 곳에 토라노몽역(긴자선), 토라노몽 힐스역(히비야선) 등이 있다. 여기서는 신바시 역세권으로 분류해 JR 신바시역(야마노테선)에서 출발한다. 그 이유는 바로 약 700m에 이르는 '신토라 거리'를 체험하면서 토라노몽 힐스 지구에 도착할 수 있기 때문이다. 토라노몽 힐스 지구를 이해하기 위해서는 JR 신바시역 주변지구를 체험하면서 토라노몽 지구에 이르는 것이 바람직하다. 신바시역에서 토라노몽 힐스 지구를 향해 걷다 보면 모리타워 빌딩이 지하도로(터널) 상부에 우뚝 서 있다. 모리타워는 도로를 지하화하고 상부를 입체적으로 개발한 일본에서도 매우 드문 프로젝트 사례이다.

또한, 신토라 거리는 모리 타워 개발을 계기로 정비가 이루어졌는데 자동차도로, 자전거도로, 보행자도로가 잘 정비되어 있다. 신토라 거리를 걷다 보면 신바시 거리 주변 기성 시가지를 볼 수 있다. 기성 시가지가 신바시 거리 정비에 따라 개별 필지별로 점진적으로 재생이 이루어지고 있다는 것을 확인

할 수 있다. 한편 거리 활성화 일환으로 보행자도로 상에 가로점포, 가로카페 등을 설치하고 있는 점도 특징이다.

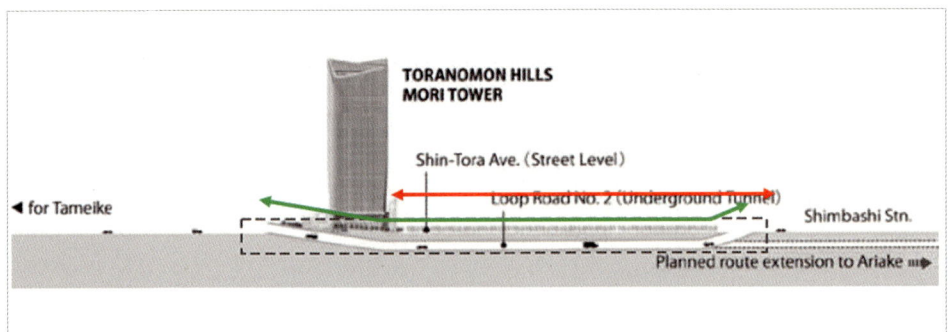

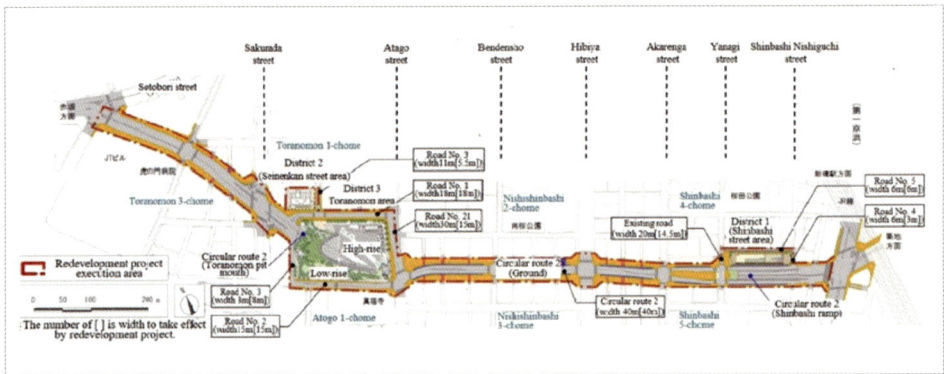

신토라 거리 모리타워(상) 및 거리 현황(하)

신바시 지역은 임해부도심으로 연결되는 지역으로 도시계획도로 개설 이전까지는 비교적 도심의 소규모 오피스 건물이 입지한 지역이었다. 하지만 모리타워 빌딩의 완성을 계기로 신바시역에서 도라노몬 빌딩까지 이어지는 상징가로(신토라거리)가 정비되면서 주변지역 활성화도 이루어지게 된 것이다. 이미 신토라 거리 보행가로 변에는 가로상가, 카페, 갤러리 등이 입점하면서 주변 일대의 지역 활성화를 도모하고 있다.

한편, 지역의 지권자로 구성된 협의회로부터 ㈜모리빌딩이 '관리회사'로 지정되어 지구의 관리운영에까지 참여해 책임 있게 '에리어(타운)메니지먼트'를 담당하고 있다. 주변지구 활성화를 체계적으로 실행해갈 수 있는 민간주도형 지구관리 시스템이 갖추어져 있다. 이후 토라노몬 비즈니스 타워, 토라노몬 힐스 레지던스 타워 등이 연이어 개발되면서 지역이 혁신적으로 변화하고 활성화되었다. 특히 최근 토라노몬 힐스 스테이션 타워의 완공으로 새로운 비즈니스중심지로 확실하게 부상하고 있다.

신토라 거리 전경. 도로를 지하화하고 도로상부에 모리 타워가 우뚝 서 있다.

신토라 거리는 자동차도로, 자전거도로 그리고 보행자 도로가 잘 정비되어 있다(좌). 또한 거리 활성화를 위해 보행자도로에 다양한 가로점포, 가로카페 등이 설치되어 있다(우).

25 모리 타워 빌딩 및 비즈니스 타워 프로젝트

토라노몽 힐스 지구의 간선도로 상부 공간에 초고층 건축물 건설한 개발프로젝트이다. 입체도로제도를 활용한 프로젝트로 도쿄 '도시 대개조'를 상징하는 랜드마크적인 프로젝트라 할 수 있다. 도시계획시설인 폭 40m의 간선 도시계획도로 상부에 초고층복합건축물을 건설하는 것은 일본에서도 매우 혁신적인 사례이다.

환상 2호선 도로인 이 간선도로는 일찍이 1946년 당시 일본에서 새롭게 도시계획도로로 지정된 도로이다. 신바시에서 토라노몽 지구를 연결하는 약 1.35km는 '환상의 맥아더 도로'로 불렸다.[13] 하지만 이 도로는 도심부에 위치해 있어 용지보상에 막대한 비용이 소요되었고, 도로로 지정된 부지에는 많은 주민이 거주하고 있어 오랫동안 도로개설이 이루어지지 못하고 있던 지역이었다. 하지만 1989년 도시계획법에 입체도로제도가 입안되면서 도로 상하부 공간에 건축물을 건축할 수 있게 되었다.[14]

모리타워 전경. 도시계획도로인 간선도로 상부를 입체적으로 개발한 모리 타워빌딩 재개발프로젝트는 도쿄 대개조를 상징하는 프로젝트 중의 하나이다.

이에 도쿄도(東京都)가 시행자가 되어 제2종 시가지재개발사업으로 도시계획결정이 이루어졌다. 하지만 1990년대 이후 거품경제의 여파로 오랫동안 부동산 침체기를 거치면서 재개발이 진전되지 못했다. 2002년 '사업협력자'로 ㈜모리빌딩이 지정되면서 개발사업이 본격화하게 되었다. 민간의 도시개발 시행의 경험과 노하우를 활용해, 시행자인 도쿄도와 권리자들이 본격적으로 재개발논의를 시작하게 된 것이다. 2009년부터는 ㈜모리빌딩이 '특정건축자제도'에 근거해 특정 건축자로 지정되면서 재개발 빌딩의 건설, 매각 가능한 빌딩면적의 취득 등을 수행하게 되었고 이를 통해 프로젝트를 성공적으로 완공할 수 있었다.

---

13) 당시 연합군 사령관인 맥아더 장군은 도라노몽 지구에 위치한 미국대사관에서 도쿄항만까지 도로정비를 요구했다고 전해지는데, 이 얘기가 전해지면서 맥아더 장군의 이름을 딴 도로가 도시계획도로로 지정된 것이다.
14) 입체도로제도를 통해 기성시가지 내에서 토지이용을 보다 합리적으로 이용할 수 있게 되었고, 도로구역 내 토지권리자를 보호하면서 도로정비가 가능하게 된 것이다.

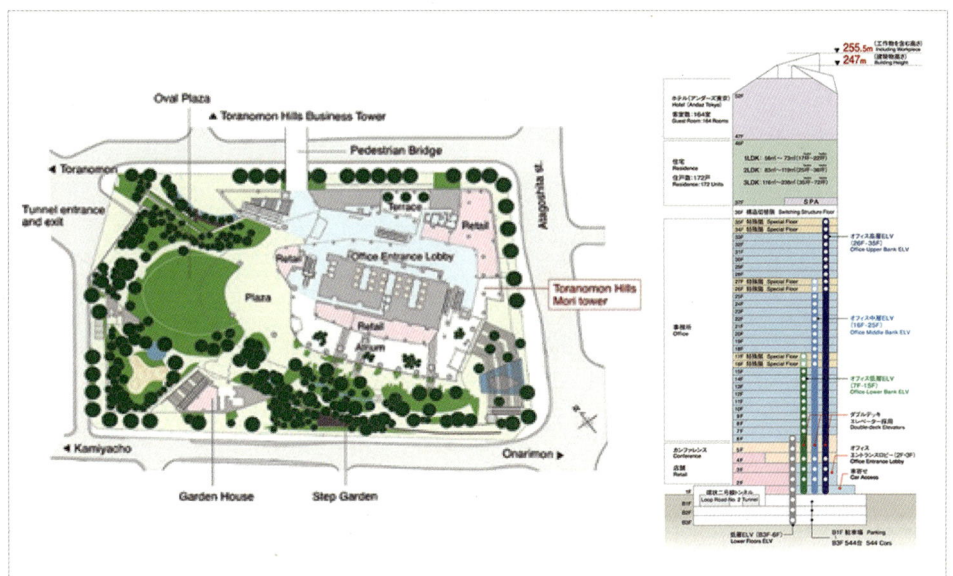

모리 타워 빌딩 배치도 및 단면도

도로 상부의 개발 가능 부지면적은 17,069㎡, 연면적 244,360㎡로 사무소, 공동주택, 점포, 호텔, 회의실이 있는 높이 247m의 초고층 복합건축물로 개발되었다. 지하에 도로를 개설하면서 한 건물 동에 오피스, 점포, 도시주거 기능을 유치하기 위해 고급주택 172호, 호텔, 국제회의실과 갤러리 등이 계획되었다. 계획부지의 73%를 공지로 확보하고 다양한 녹지공간과 오픈스페이스를 확보해 새로운 상징 가로의 랜드마크 건축물로 초고층 건축물이 계획되었다.

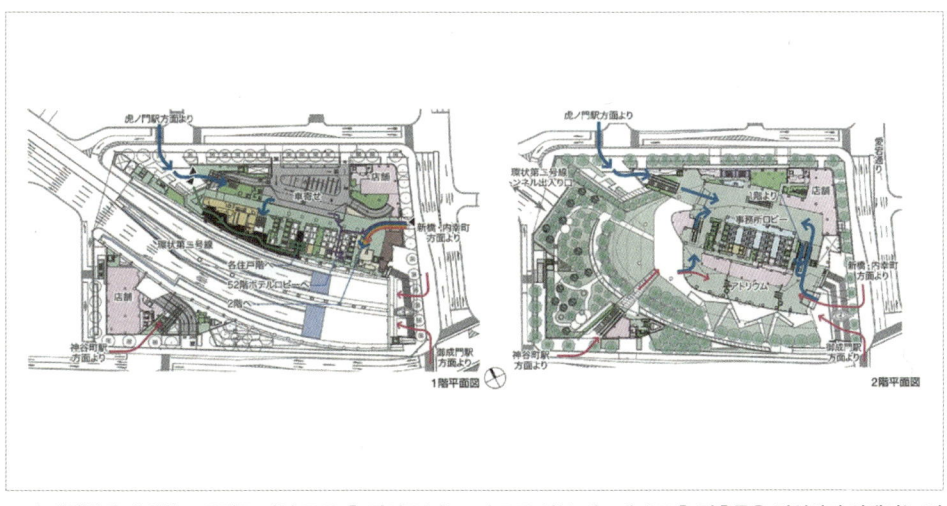

모리 타워빌딩 재개발 프로젝트 터널 도로 층 평면도(좌). 고속도로 상부 데크에 초고층 건축물을 건설하기 위해서는 진동문제가 해결해야 할 중요한 기술적 과제이다. 간선터널 도로상부에 복합건축물과 오픈스페이스가 계획되어 있다(우).

모리타워 빌딩 저층부 진입부 전경(좌). 저층부 진입부는 도로상부 공간으로의 진입을 위해 에스컬레이트를 설치하고 있다. 저층부 터널 도로 입구 전경(우).

토라노몽 힐스 타워프로젝트 추진에 있어서는 기술적인 문제해결도 중요한 내용이다. 우선 도로가 관통하는 데크 위에 초고층 건축물을 건설하는 것은 일본에서도 전례가 없던 일이었다. 건설프로젝트의 기술적인 면에서도 많은 기술적인 뒷받침이 필요했다. 고속도로 상부 데크에 초고층 건축물을 건설하기 위해서는 진동문제가 해결해야 할 중요한 기술적 과제이다. 특히 토라노몽 힐스의 경우 초고층 빌딩에는 주택, 호텔 등 거주성이 필요한 용도들이 포함되어 있어 도로진동에 대한 특별한 건설기술이 요구된다. 지하터널에서 지상에 이르는 기초설계에도 3차원적인 소음진동 계측시스템을 도입해 독자적인 공법이 구사되었다.

도로상부 오픈스페이스에 면한 고층건축물의 저층부는 오픈카페 등을 설치해 공공공간의 활성화를 도모하고 있다. 도로 상부 오픈스페이스는 공공공지로 일반시민들에게 24시간 개방되어 있다.

저층부 공공보행통로. 실내 공공보행통로는 저층부 로비 및 레스토랑 등과 일체화된 공간으로 계획되었고, 외부 공공보행통로와도 연계되어 있다.

모리 타워빌딩의 완공은 이 지역의 개발 촉매 프로젝트가 되었다. 이후 인접한 토라노몽 비즈니스 타워와 레지던스 타워 개발이 연이어 추진되었다. 모리타워를 중심으로 양측으로 비즈니스 및 주거타워가 건설되었고 보행자 데크로 모두 연결된다. 터널 지상부에 설치된 모리타워 데크공원이 보행자 네트워크의 거점공간이 되고 있다.

한편, 비즈니스 타워는 저층부 테라스 녹화를 통해 데크 레벨의 친환경 보행자동선을 적극 유도하고 있다. 데크와 연계된 오피스 저층부 상업시설은 오피스 로비와 분리하면서 일반인들도 쉽게 접근할 수 있도록 하고 있다. 일본의 전통적인 '골목길(橫丁)'을 테마로 점포상가가 입점하고 있다. 특히 비즈니스 타워 1층에는 도심부와 임해 부도심을 연결하는 신교통수단 BRT와 공항으로 연결하는 리무진 버스터미널이 입지하고 있다. 전철역과 교통인프라를 통해 비지니스 타워와 주변 지역이 일체화되는 복합개발로 발전하게 된 것이다.

모리 타워빌딩의 완공은 이 지역의 개발 촉매 프로젝트가 되었다. 이후 인접한 토라노몽 비즈니스 타워와 레지던스 타워 개발이 연이어 추진되었다(좌). 비즈니스 터워 저층부 테라스 녹화 전경(우).

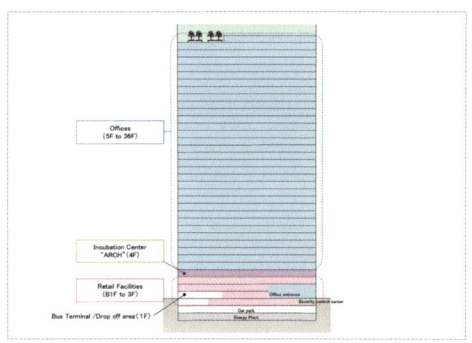 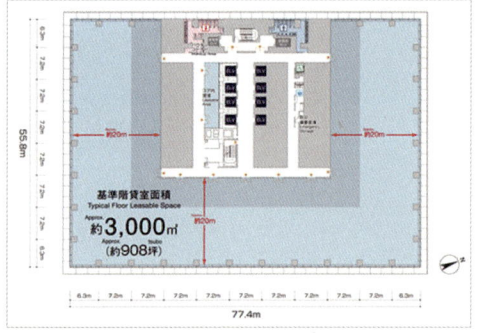

비지니스 타워 단면도(좌) 및 기준층 평면도

토라노몽 힐스지구를 연결하는 스카이 브릿지(좌). 오피스 저층부에는 상가점포 등을 설치해 스카이 브릿지 활성화를 도모하고 있다(우).

비즈니스 타워 저층부 식당가. 일반인은 물론 비즈니스 업무 종사자들을 위한 식당가, 상가점포 등이 입지해 있다. 일본의 전통적인 골목길 상가를 모티브로 매장이 설계되어 있다.

1층 리무진 버스터미널 전경

한편, 레지던스 타워의 경우 주거지역의 프라이버시를 최대한 고려하면서 데크 연계성을 강화해 토라노몽 힐스 지역의 일체감을 연출하고 있다. 특히 최근 완공된 스테이션 타워까지 지하통로를 통해 연결네트워크를 건설해 글로벌 비즈니스지구인 토라노몽 힐스 지구를 완성하고 있다. 몇 개의 가구 블록을 단계적으로 재개발하면서 체계적인 마스터플랜에 따라 단계적 통합적으로 이 지역 전체의 활성화와 지역경쟁력을 강화하고 있다.

주거동은 도로를 건너, 프라이버시 확보가 가능한 가구블록에 형성되어 있다(좌). 레지던스 주거동으로 연결되는 스카이브릿지(우).

26 스테이션 타워 프로젝트

2023년 10월에 완공한 스테이션 타워는 토라노몽 힐스 지구의 완결판이다. 모리타워(2014년 완공), 비즈니스 타워(2020년), 레지덴스 타워(2022년)에 이은 네 번째 초고층 복합개발 프로젝트이다. 인접한 토라노몽 힐스 역(히비야선)과 통합적으로 개발하면서 교통 결절점의 장점을 극대화하면서 글로벌 업무지구의 위상을 확보하기 위한 초고층 복합개발 프로젝트이다. 네델란드 출신의 세계적인 건축가 렘 콜하스(OMA)가 설계한 프로젝트로도 유명하다.

스테이션 타워는 지하 4층, 지상 49층, 높이 약 266m에 이른다. 토라노몽 힐스 지구에서는 가장 높은 건축물이다. 최상층에는 수영장, 그 아래층에는 시가지를 전망할 수 있는 개방 홀도 배치되어 있다. 최신 첨단 오피스공간, 상업시설, 레스토랑, 갤러리, 호텔 등 다양한 용도의 시설물이 입지하고 있다. 부지면적은 약 7.5ha이다. 45-49층에는 연면적 1만m2 가량의 정보발신기지 '도쿄 노데(TOKYO NODE)'가 설치되어 있다. 비즈니스, 아트, 엔터테이먼트 등 다양한 이벤트를 개최할 수 있는 공공개방공간이다.

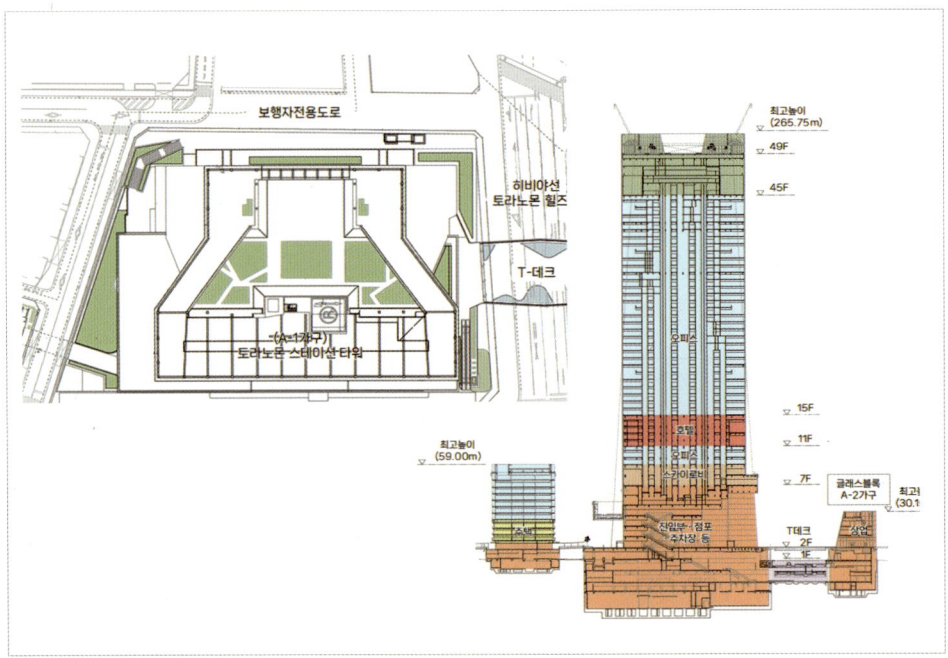

스테이션 타워 배치도(좌) 및 단면도(우)

이 프로젝트의 가장 큰 특징 가운데 하나는 전철 히비야선 토라노몽 힐스역과 통합적 일체적 개발을 추진한 점이다. 토라노몬 지구는 국가전략특구로 지정되어 있어, 교통 결절점을 강화하기 위해 새로운 역의 개설을 결정했다. 지하철과 연계되는 지하 공간과의 연계를 위해 3층 규모의 개방형 지하광장 '스테이션 아트리움'을 조성하고 있다. 상층부에서 채광 빛이 내려쬐는 지하광장인데 지하라고 생각되지 않을 만큼 밝은 공간이다.

또한 토라노몬 지구 전체를 연계하는 지하 보행자 네트워크를 구축하고 있다. 스테이션 타워의 지하광장으로 지하철 개찰 공간도 인접해 연결된다. 지하철 출입공간에는 대규모 광고 싸인을 설치해 빌딩 지하부와 위화감 없는 연계 동선을 연출하고 있다.

지하공간과의 연계를 위해 3층 규모의 개방형 지하광장 '스테이션 아트리움'이 만들어졌다. 상층부에서 채광 빛이 내려쬐는 지하광장은 지하라고 생각되지 않을 만큼 밝은 공간이다.

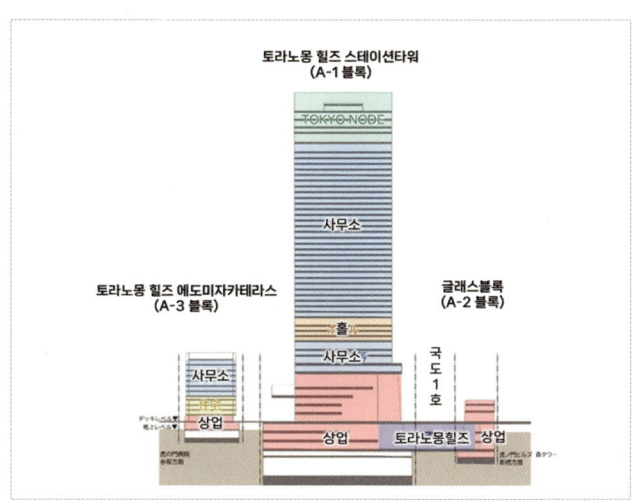 

스테이션 타워 단면도(좌) 및 타워 전경(우). 네델란드 출신의 세계적인 건축가 렘 콜하스(OMA)가 설계한 스테이션 타워는 토라노몬 힐즈 지구 개발계획의 완결판이다.

지하연계 및 지하철연계 보행자 공간(좌). 지하철 출입공간에는 대규모 광고 싸인을 설치해 빌딩 지하부와 위화감 없는 연계 동선을 연출하고 있다(우).

한편, 보행자용 스카이 데크인 'T-데크'는 토라노몽 힐스 지구 전체의 회유성을 촉진하는 역할을 하고 있다. 항상 교통량이 많은 국도 1호선(사쿠라다 거리) 상부에 폭원 20m의 거대한 보행자 데크를 설치했다. 지상 6m 높이에 설치된 데크는 전체 길이가 35m에 이른다. 지하 4층, 지상 49층의 스테이션 타워, 지하 3층 지상 4층의 '글래스 록'을 지상 2층 레벨에서 연결하고 있다. 이 데크 공간은 통로로서 연결기능 뿐만 아니라 광장으로서의 역할을 하고 있다.

게이트 역할을 하는 '글래스 록'을 거쳐 T-데크를 따라가면 스테이션 타워의 2층 로비에 도달한다. 도로 상부에 이런 대규모 데크를 설치하는 경우는 일본에서도 흔치 않은 사례이다. T-데크를 통해 토라노몽 힐스 타워 도로 상부 공중정원, 비즈니스 타워, 레지던스 타워 등 토라노몽 힐스 지구 전체가 공공공간을 통해 하나로 연결되며 일체화되어 있다.

보행자용 스카이 데크인 'T-데크'는 토라노몽 힐스 지구의 회유성을 촉진하고 있다. T-데크를 통해 토라노몽 힐스 타워 도로상부 공중정원, 비즈니스 타워, 레지던스 다워 등 토라노몽 힐스 지구 전체가 공공공간을 통해 하나로 연결되며 일체화되어 있다.

오피스 상층부에는 '도쿄 노데(TOKYO NODE)'가 설치되어 있다. 비즈니스, 아트, 엔터테이먼트 등 다양한 이벤트를 개최할 수 있는 공공개방공간이다.

건축물의 경관은 보는 방향에 따라 달라지는 다양한 표정을 자아내고 있다. 특히 도시의 '축선'을 의식해 데크에서 보행자 동선을 빌딩 내로 끌어들이는 다양한 형상을 연출하면서 인접 가구 블록으로 보행자 공간을 연장하고 있다. 건축물과 도시공간의 적극적이고 유기적인 연계를 보여주는 도시건축물이라 하겠다.

스테이션 타워 야간경관(좌). 타워빌딩은 보는 방향에 따라 달라지는 다양한 표정을 자아내고 있다(우).

특히 상층부의 'TOKYO NODE'는 스테이션 타워를 특징짓는 장소로 상층부에 아트센터와 전망대의

신바시역 123

기능을 합친 공공공간(public space)이다. 최첨단 기술을 구사해 창조적 이벤트 기능을 포함한 전시회를 개최할 수 있는 공간이기도 하다. 도쿄에 세계적인 명소를 연출할 수 있는 건축물 내 창조공간 창출을 목적으로 하고 있다.

도시의 '축선'을 의식해 데크에서 보행자 동선을 빌딩 내로 끌어들이는 다양한 형상을 연출하고 있다(좌). 상층부 오피스 빌딩의 주 출입구는 별도의 진입 로비에서 상층부 스카이 로비 연결된다(우).

상층부 스카이 로비 전경.

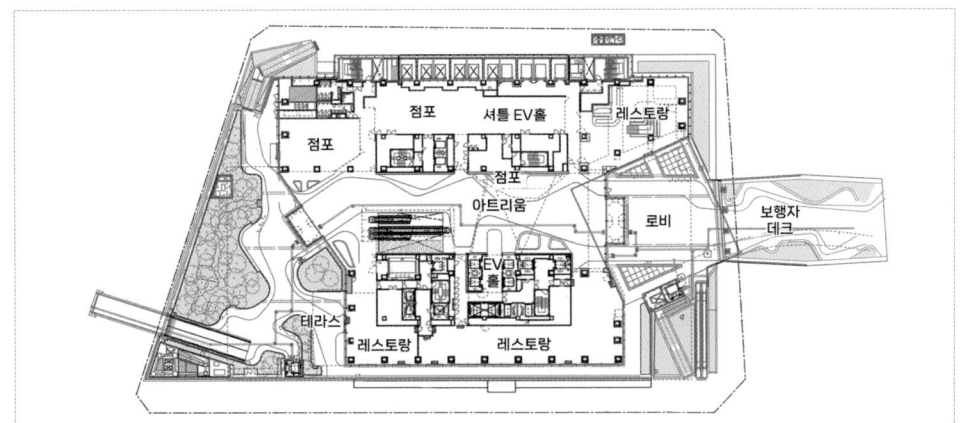

스테이션 타워 데크층 평면도

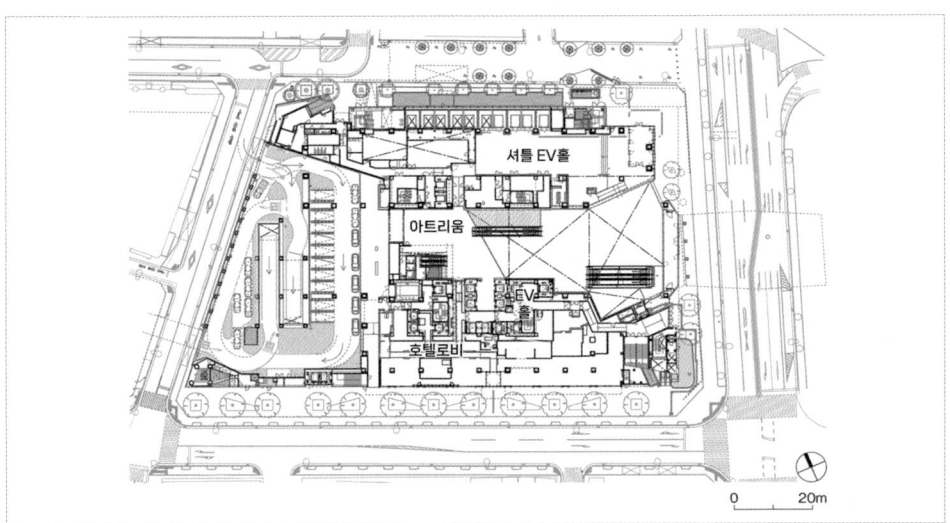

스테이션 타워 1층 평면도

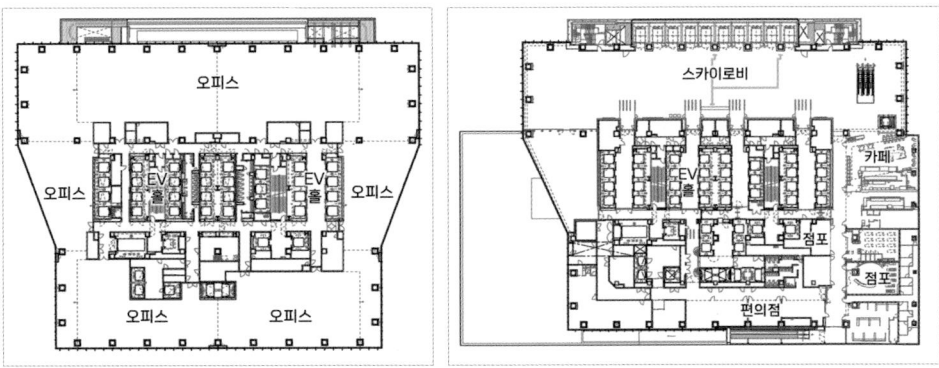

스테이션 타워 기준층 평면도(좌) 및 스카이로비층 평면도(우)

3-3 아타고 그린 힐스 지구

> **<답사 포인트>**
> 1. 아타고 그린 힐스 프로젝트는 도심부에서 사찰, 공원 등 역사적 건축물과 자연환경을 보전하기 위해 주변을 초고층 건축물로 해결한 매우 역발상적인 프로젝트이다. 역사적 공간과 초고층의 현대적 타워형 주거의 공존 가능성을 보여주는 개발사례이다.
> 2. 아타고 산의 구릉을 이용해 저층부 가로점포 시설을 배치하고 구릉의 녹지공간을 최대한 확보하고 있다. 가로경관의 활성화를 시도하면서, 일반 시민들이 에스컬레이트 등을 통해 기존 구릉 녹지공간으로 쉽게 접근할 수 있도록 하고 있다.
> 3. 2개동의 초고층 빌딩의 설계는 세계적인 유명건축가 시저 펠리가 담당하면서 경관 건축의 가능성을 제시하고 있다. 도심부에서 역사적 경관과 현대적 경관의 조화의 가능성을 보여주고 있는 초고층 건축물이다.

지구 개요

토라노몽 힐스 지구에 인접한 곳에 아타고 그린 힐스 지구가 입지하고 있다. 도심의 귀중한 역사경관 자원(사찰, 공원 등)을 보전하면서, 사찰 주변을 현대적인 초고층 건축물로 개발한 매우 역발상적인 개발프로젝트이다.[15] 사찰(역사공간) 주변의 기존의 지권자들에게 충분한 개발권리를 보장하는 동시에 주변 커뮤니티와 자연경관을 적극적으로 보전하는 과감한 역발상의 도시재개발을 추진한 사례이다. 즉 역사공간인 사찰 주변공간에 역으로 초고층 건축물이 들어설 수 있도록 계획제안을 하여 실현한 프로젝트이다.

아타고 그린 힐스 지구에 있는 아타고 산(山)은 에도시대부터 서민들에게 벚꽃이 아름답고 조망이 우수한 구릉으로 유명하다. 높이 26m의 야산에는 淸松寺, 淸岸院, 덴소원이라는 3개의 사찰이 자리잡고 있다. 또 NHK방송국 박물관 등 역사적, 문화적 시설이 밀집해 있다.

---

15) 우리나라에서도 유명 사찰이 도심부에 위치해 있는 경우가 많이 있다. 서울의 봉은사나 조계사 같은 경우이다. 대부분 유명 사찰들은 역사적 건축물로 지정되어 있어, 주변개발 시 각종 개발규제를 받게 되어 주변지역이 제대로 개발을 하지 못하는 경우가 많다. 역사적 경관을 보전하면서 주변개발과의 조화를 이루어 낸 프로젝트로 많은 시사점을 주고 있다고 할 수 있다.

하지만 간선도로에 면해 일부 저층의 상업점포가 산재해 있었다. 清松寺 측에서는 당시 도로변에 위치한 상가건물들이 개별적으로 재개발되기 시작하면 사찰은 물론 주변 야산의 경관이 모두 훼손될 우려가 있다고 느꼈다. 이에 풍부한 녹지자원과 현대적인 도시개발을 융합시키고, 역사적 공간과 커뮤니티 보전을 동시에 실현하기 위한 혁신적인 도시재개발을 과감하게 시도하게 되었다.

27 아타고 그린 힐스 프로젝트

이 프로젝트의 시작은 1990년대 말 전체 사업부지의 약 60%를 차지하는 지권자인 清松寺에서 ㈜모리빌딩에 개발계획 상담을 계기로 시작되었다. 清松寺 주변지역은 도로변에 난립해 있던 상가건축물들이 개별적으로 난립해 있던 상황에서 개별 재건축에 따른 주변의 경관보전 및 난개발 방지를 사전에 방지하기 위해, 대상부지 전체의 재개발마스터플랜을 ㈜모리빌딩 측에 의뢰했다.

아타고 그린힐스 프로젝트 전경(좌). 아타고 그린힐스 재개발프로젝트는 도심의 귀중한 경관자원을 보전활용해 가기 위해 역사적인 공간 주변을 현대적인 초고층 건축물로 개발하는 역발상으로 추진된 재개발 사례이다.

우선 사업자 측에서는 70개 이상이 난립해 있던 주택이나 빌딩부지를 시간을 가지고 정리해가기로 했다. 그곳에 2개의 초고층빌딩을 건설하고 저층부는 오픈 스페이스를 확보해 주변의 자연경관을 보전해가는 방법을 제안했다. 즉 중앙에 위치한 清松寺를 보전하면서 양측으로 주택동과 사무동의 초고층 건축물을 남북으로 배치해 주변 야산의 녹지를 보전해가는 배치안이다.

대상지 중앙에 위치한 清松寺를 보전하면서 양측으로 주택동과 사무동의 초고층 건축물을 남북으로 배치해 주변 야산의 녹지를 보전해가는 배치안을 제안하고 있다.

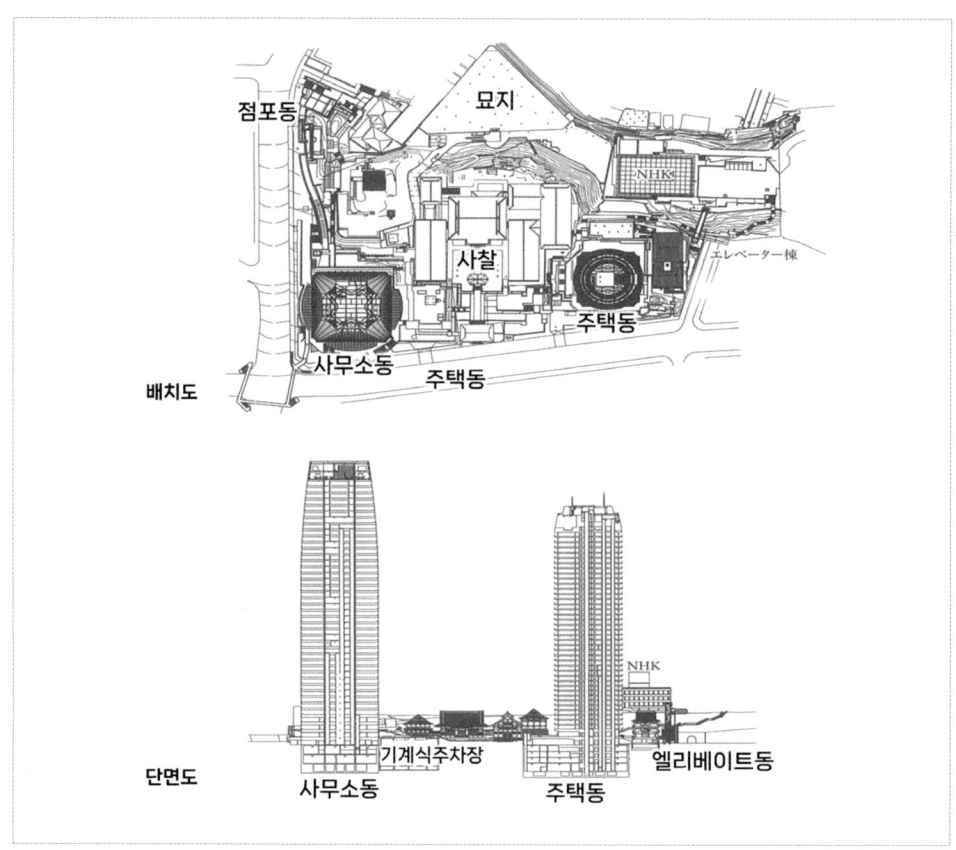

아타고 그린힐스 지구 배치도 및 단면도

주변 일대는 오래된 지역 커뮤니티의 도시풍경을 그대로 남기고 있다. 주변 지역의 도시적 컨텍스터를 고려하면서 시간을 가지고 단계적인 도시개발의 가능성을 제시하고 있다. 또 저층의 점포 건축물에는 옥상녹화를 통해 아타고 산의 녹지가 그대로 흘러내리도록 계획했다. 시민들이 아타고 산을 산책할 수 있도록 엘리베이트를 설치하고 바닥에는 목재 데크를 설치하는 등 공원도 정비했다. 그 외 녹지를 보전하면서 사원(사찰)이라고 하는 전통적인 일본적 공간을 보전하는 데에 주안점을 두면서 도시재개발이 추진되었다. 역사문화지구 내에 자연경관을 포함한 역사문화지구의 보전활용 재생계획에 있어 초고층 타워동의 제안은 매우 역발상적인 개발프로젝트라 할 수 있다.

역사문화지구 내에 자연경관을 포함한 역사문화지구의 보전활용하기 위해 초고층 타워동의 제안으로 현대적 개발계획과 역사공간의 공존을 시도하는 매우 역발상적인 개발프로젝트이다.

부지면적은 약 3만 8천㎡이며, 42층의 오피스 빌딩동과 주택동으로 구성된 2개 초고층 빌딩이 자리 잡고 있다. 총사업비는 약 400억 엔(약 4,000억원)에 이른다. 고층 주거동 타워는 높이 160m, 지상 42층, 지하 5층으로 연면적 약 6만2천㎡, 380호의 임대주택이 제안되었다. 특색 있는 도심주거를 제안하기 위해 여성, 외국인, 고령자형 주거 등 유형별로 주거형태를 달리하고 있다.

건축물을 고층화해 집약함으로써 녹지 풍부한 오픈스페이스를 창출하고 있다(좌). 저층부에는 레스토랑, 점포, 카페 등을 겸비해 주변 지역의 생활지원시설 역할도 할 수 있도록 제안하고 있다(우).

고령자와 장애자용 주거동에는 베리어 프리 계획을 적극 도입하고 있다. 헬스 케어를 위해 42층에는 수영장, 헬스, 라운지 등을 설치했다. 저층부에는 레스토랑, 점포, 카페 등을 겸비해 지역의 생활지원 시설 역할도 할 수 있도록 했다. 건축물을 고층화해 집약함으로써 녹지가 풍부한 오픈스페이스를 창출하고 있다.

고층타워의 디자인은 세계적인 건축가 시저 페리가 담당했으며, '꽃'을 이미지화한 형태로 옥탑부의 실루엣을 통일감 있게 디자인했다. 도쿄의 이미지를 명확화하기 위해 옥탑 디자인의 실루엣에 중점을 두면서 사각 형태의 디자인을 통해 도시 이미지의 방향감을 주고 있다. 이 스카이라인의 실루엣은 인접한 지하철역에서도 볼 수 있어, 실루엣의 방향감을 통해 보행자들에게 도시의 장소성을 보다 명확하게 전해하고 있다.

清松寺의 본당은 원래 모습대로 보전하고 주변의 가람은 재건축했다. 清松寺의 폭원은 양쪽 타워 사이에 위치해 약 100m의 폭원을 가지고 있다. 정면에서 보면 清松寺의 가람이 펼쳐져 조망된다. 경내를 개방하고 부지 내에 전망대, 집회소 등을 설치해 도심의 한적한 작은 공원 공간을 연출하고 있다.

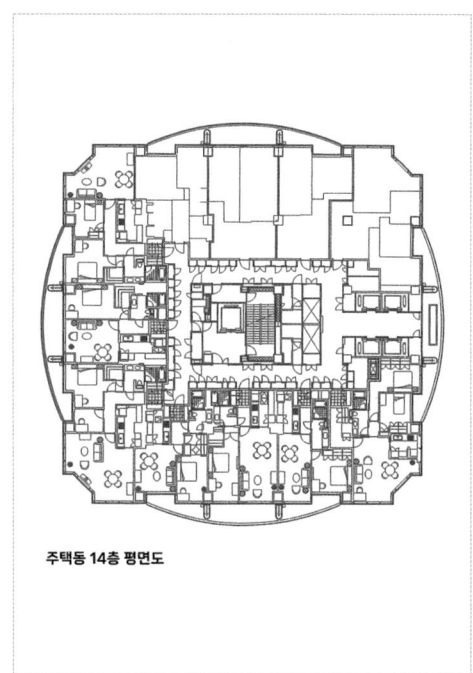

주택동 14층 평면도

고층타워의 디자인은 '꽃'을 이미지화한 형태로 옥탑부의 실루엣을 통일감 있게 디자인했다.

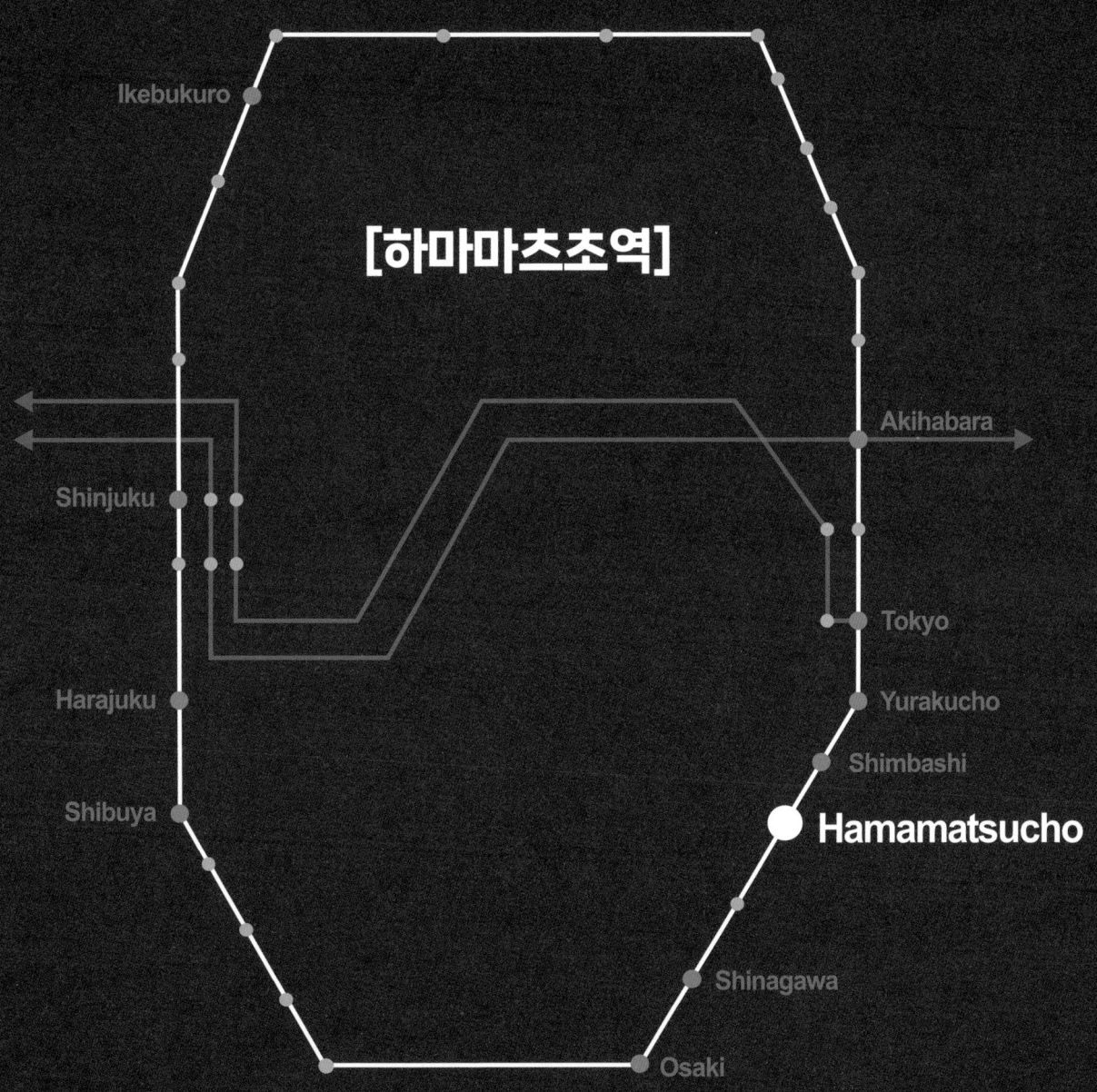

<답사 포인트>

1. 하마마츠초 역세권은 도쿄항 수변지구이다. 최근 수변개발이 가장 활발하게 일어나고 있는 역세권 가운데 하나이며, 다양한 개발프로젝트가 예정되어 있어 향후 도쿄항 수변경관의 많은 변화가 예상되는 지구이기도 하다.
2. 우선 하마마츠초역에서 구)시바별궁(芝離宮) 정원을 끼고 스카이 데크를 따라 걷다 보면 도쿄 '포트시티 다케시바' 프로젝트가 나온다. 도쿄도가 소유하고 있는 부지에 민간사업자가 70년간 임대해 개발사업을 추진한 프로젝트이다.
3. 포트시티 다케시바 프로젝트는 저층부 상업시설과 상층부 업무시설을 계획하고 있다. 여기에 더해, 도쿄도 소유의 공공부지라는 지구 특성을 감안해 전시장, 갤러리, 회의실 등 도쿄도가 요구하는 전시(MICE)산업 관련 시설을 도입하고 있다.
4. 또한, 고층 타워 저층부를 테라스 데크 형태로 디자인해 공개공지, 공개공원 등 일반 시민들을 위한 녹지, 휴게 공간을 풍부하게 설치하고 있다. 상층부 오피스 로비는 6층에 스카이 로비가 별도로 입지하고 있다.
5. 도시계획도로 건너편 모노레일 역(다케시바역)에 면한 가구블록에는 주거 타워동을 배치하고 보행자 동선을 스카이 데크로 일체화하고 있다. 스카이 데크는 수변으로 이어진다.
6. 수변공원을 따라 걷다 보면, 유람선 선착장을 끼고 '히-노데' 프로젝트가 보인다. 도쿄도에서는 선착장 시설을 정비하고, 항만시설(수변창고 등) 지역에 민간사업자를 유치해 카페, 레스트랑, 커뮤니티시설, 공개공지, 공원 등을 설치하고 있다.
7. 히-노데 프로젝트의 경우, 민간사업자는 시설투자 후 일정 기간 시설을 운영하게 된다. 또 수변지구 활성화를 위해 다양한 이벤트를 기획하고 운영하도록 민간사업자에게 요구하고 있다. 공공시설에 민간사업자 참여를 통해 지역 활성화를 도모하는 대표적인 사례이다.

지구 개요

하마마츠초역 주변지구는 시나가와 역세권과 더불어 향후 도쿄 역세권 가운데 가장 많은 변화가 예상되는 곳이다. 특히 하마마츠초역 서측지구는 도쿄항에 면한 수변지구로 도쿄 워터 프론트 수변개발의 거점인 지역이다. 또 JR 야마노테선 이외에도 도쿄 모노레일(유리카모메), 버스터미널, 택시 승하차장, 각종 지하철 등이 교차하면서 교통 환승 거점역의 역할을 하게 될 것이다.

하마마츠초역 주요 역세권 재개발사업으로는, (구)시바별궁(芝離宮) 정원을 둘러싸고 하마마츠초 2초메, 다케시바, 시바우라 등 3곳의 재개발사업이 추진되고 있다. 이미 완공한 '도쿄 포트시티 다케시바' 프로젝트에 이어, 하마마츠초 2초메 4개 블록과 시바우라 1초메에는 장기적으로 도쿄항의 수변경관을 크게 변화시킬 대규모 개발 프로젝트이다.

또 하마마츠초 지구의 랜드마크였던 세계무역센터빌딩의 재개발도 추진하고 있다. 2029년 완공을 목표로 '도시재생 특별지구'로 계획 지정하고 교통결절점 강화와 더불어, 도심형 MICE 거점시설, 외국인 장기체류자 지원시설, 관광시설 등을 계획하고 있다. 세계무역센터 본관 빌딩에는 상층부에 호텔을 추가해 높이가 235m까지 높아진다. 도쿄 모노레일 건물도 새롭게 개축될 예정이다.

하마마츠초역 서측지구 전경. 도쿄항에 면한 수변지구로 도쿄 워트프론트 수변개발의 거점지역이다.

한편, 노무라부동산은 구)도시바(東芝) 빌딩을 해체하고 인접지에 2031년을 완공 목표로 대규모 쌍둥이 빌딩을 계획하고 있다. 일본의 유명건축가 마키후미히코가 설계한 초고층 건축물이다. 이처럼 3개의 초고층 건축물은 높이가 약 235m에 이르는 초고층 빌딩군을 형성하면서 도쿄항 수변의 경관을 크게 변모시키게 될 것이다.

도심 속 풍부한 녹지인 시바리큐온시 정원(좌). 하마리큐온시 정원 등에서 역사적이며 문화적인 경관을 느낄 수 있다. 구)도시바 빌딩이 235m의 거대 쌍둥이 빌딩으로 변신하게 된다. 2031년 완공 예정으로 도쿄항 의 수변 랜드마크가 될 것이다(우).

하마마츠초 역세권 주요 개발프로젝트 현황

28. 도쿄 포트시티 다케시바 프로젝트
29. 히-노데 부두터미널 프로젝트

28 도쿄 포트시티 다케시바 프로젝트

2021년, 도쿄도에서는 다케시바 지구 약 28ha를 대상으로 체계적 단계적인 미래도시개발 방향을 정책적으로 지원하기 위해 '다케시바 도시계획 가이드라인'을 책정했다. 이 지구에 위치하고 있던 3개의 도쿄도 소유 시설물(도쿄도 공문서관, 도쿄도 계량검증소, 도립산업무역센터)의 이전계획에 따라 1.5ha의 이적지에 대해 민간사업자에 의한 통합적 활용방안 공모사업이 추진되었다.

이후 사업자 공모에 선정된 개발업체가 도쿄도로부터 사업부지를 약 70년간 토지를 임대해 새로운 도립 산업무역센터 및 민간복합시설(업무, 상업, 주택 등)의 정비를 추진하게 되었다. '포트시티 다케시바' 재개발 프로젝트이다.

'포트시티 다케시바' 재개발 프로젝트 전경. 사업자 공모에 선정된 개발업체가 도쿄도로부터 사업부지를 약 70년간 토지를 임대해 새로운 도립 산업무역센터 및 민간복합시설(업무, 상업, 주택 등)의 정비를 추진하게 되었다.

구체적으로는 크게 3가지 개발 방향을 포함하고 있다. 첫째는 컨텐츠산업의 연구개발, 인재육성, 비즈니스 기능을 강화하는 것이다. 영화, 음성인식 네트워크 등의 첨단 컨텐츠 산업의 인재육성과 기술개발을 위해 일본의 명문사학인 게이오대학교와 미국 스텐포드대학교 등과 연계해 일본 최초의 컨텐츠 공동연구기관을 설치하고 있다. 창업지원, 비즈니스 매칭지원, 사업확대지원 등 산업지원활동을 전개하고, 다케시바 지구를 컨텐츠 산업의 거점으로 발전시키고 있다.

둘째는 신산업무역센터와 민간시설의 융합적 정비이다. 공공과 민간건축물을 융합적으로 개발해, 산업무역센터의 전시기능과 민간시설인 비즈니스 지원기능을 복합적 효율적으로 개발하고 있다. 또 지금까지 산업무역센터에는 없었던 컨벤션 시설기능을 대폭 보완하고 있다.

셋째는 '다케시바 도시협의회'가 2013년 설립되어 민관 파트너십에 의한 타운매니지먼트를 추진하고 있다. 지역활성화와 방재대책 등 타운매니지먼트 활동을 실시하고, 다케시바 지구의 매력증진을 위해 조직적이며 체계적으로 지구를 관리하고 있다.

JR 야마노테선 하마마츠초역에서 구)시바별궁(芝離宮) 정원을 따라 설치되어 있는 보행자데크를 따라 다케시바 부두 쪽으로 걷다 보면 '타케시바 포트시티' 대상지 북쪽에 도착하게 된다. 하마마츠초에서 출발하는 모노레일(유리카모메)을 이용해 다케시바역에 도착할 수도 있는데, 이때는 포트시티 남측에 도착한다. 포트시티 프로젝트는 크게 북측의 업무동과 남측의 주택동으로 구성된다. 두 지구는 3층 레벨의 보행자 스카이 데크로 연결되어 있다.

하마마츠초역에서 보행자 데크 전경(좌). 다케시바 포트시티에 접근할 수 있다. 또한 남측 다케시바역에서 진입하는 스카이 데크 전경(우). 하마마츠초에서 출발하는 모노레일(유리카모메)을 이용해 다케시바역에 도착할 수도 있다.

고층 오피스빌딩 저층부는 세련된 테라스 데크를 제안하고 있다. 공개공지, 공개공원 등 일반시민들도 자유롭게 이용할 수 있는 테라스공간이다.

북측 업무동의 저층부 1층에는 도쿄 도립 신산업무역센터 관련시설이 배치되어 있다. 2층에는 전시공간이 입지하고, 3층 스카이데크 레벨에는 상업 및 편의시설의 주출입구가 형성되어 있다. 상가점포시설은 1층에서 3층에 걸쳐 입지한다. 4층과 5층에는 전시 및 컨벤션 관련 시설이 입지해 있으며,

저층부는 전용 에스컬레이트 및 엘리베이트로 연결된다. 저층부는 스킵 플로우 형태의 테라스 공간으로 계획되어 저층부의 다양한 데크 및 베란다 공간, 녹지 및 오픈 스페이스를 연출하고 있다.

일반 시민들에게 개방적인 야외 테라스 공간은 외부광장과 연계하며 풍부한 녹지공간을 창출해 내고 있다. 상층부의 업무동 오피스는 별도의 진입부를 따라 오피스 스카이 로비에 진입하게 된다. 스카이 로비에서는 주변의 공원과 수변지역을 조망할 수 있다.

4, 5층 전시 켄벤션 시설. 4층과 5층에는 전시 및 컨벤션 관련 시설이 입지해 있으며, 저층부는 전용 에스컬레이트 및 엘리베이트로 연결된다.

저층부 상업시설. 상가점포시설은 1층에서 3층에 걸쳐 입지한다(좌). 또 6층 오피스 빌딩 스카이 로비. 상층부의 업무동 오피스는 별도의 진입부를 따라 오피스 스카이 로비에 진입하게 된다(우).

한편 남측 주택동은 다케시바역과 다케시바항에 면해 배치하고 있다. 주택동 은 모노레일 역사에 인접해 별도의 주거가구 블록을 형성하면서 업무 및 상업동과는 분리되어 있다. 수평의 발코니 공간을 입면 요소로 활용하면서 심플하고 세련된 집합주택 건축물이다. 저층부 1층 레벨에서 별도의 주거동 진입공간을 마련해 거주자들의 프라이버시를 최대한 확보하면서, 3층 레벨의 스카이 데크로도 직접 출입이 가능하도록 계획하고 있다.

주택동 지역은 모노레일 역사에 인접해 별도의 주거가구 블록을 형성하면서 업무 및 상업동과는 분리되어 있다. 저층부 1층 레벨에서 별도의 주거동 진입공간을 마련해 거주자들의 프라이버시를 최대한 확보하면서 3층 레벨의 스카이 데크로도 직접 출입이 가능하도록 계획하고 있다.

29 히-노데(Hi-NODE) 부두터미널 프로젝트

2019년 8월, 도쿄도 미나토구(港區)에 도시바(東芝) 부동산에서 개발한 '히-노데' 부두터미널 프로젝트가 완공되었다. 도쿄도 항만국과 연계해 지자체(도쿄도) 소유 부지에 사용허가를 받아 지역 및 운하 활성화를 위한 공공시설인 부두터미널을 건설했다. 민간부문이 주도해 설치한 '민관협력' 개발 프로젝트이다. 민간사업주는 NREG 토시바 부동산이다. 도쿄도는 히-노데(Hi-NODE) 전면부 수역(水域)에 공영시설인 3개의 부교(浮橋)를 설치해 히-노데 부두로 사용하고 있다.

히-노데 부두터미널은 공공복합시설로, 도쿄도 항만국에서 추진 중인 히-노데 부교(浮橋)사업과 연계해 선객 대합실, 카페 레스토랑, 이벤트 야외광장 등으로 구성된다. 히-노데 프로젝트의 사업 대상 부지는 도쿄항 관리사무소 이적지이며 주차장, 창고 등으로 사용되고 있던 곳이다. 사무소 이전 후 주변 지역 재개발 프로젝트와 연계해 민관협력사업으로 정비가 추진되었다.

히-노데(Hi-NODE) 부두터미널은 공공복합시설로, 도쿄도 항만국에서 추진 중인 히-노데 부교(浮橋)사업과 연계해 선객 대합실, 카페 레스토랑, 이벤트 야외광장 등으로 구성된다.

도시바 부동산은 도쿄도로부터 운하 활성화를 제시받았고, 이에 부두터미널 자체로 매력적이고 활성화될 수 있는 시설로 정비되었다. 2층 건축물로 계획되어 1층에는 선객 대합실과 바베큐를 즐길 수 있는 테라스, 카페, 레스토랑 등이 입점해 있다. 2층에는 파티나 바베큐 등으로 대여할 수 있는 장소이다. 또 사람들이 모이는 장소로 야외 잔디광장을 설치하고 있다. 특히 잔디광장에서 이벤트를 통해 수익을 창출하고, 그 수익금을 터미널시설의 유지관리나 이벤트운영에 충당하도록 협정을 맺고 있다.

구체적인 민관협력 사업방식 정리하면 다음과 같다. 2017년 6월 도쿄도와 도시바 부동산 간의 부교(浮橋)활성화 협정을 체결했다. 협정에서는 사업기간을 15년으로 하고 도쿄도 소유의 일부를 유상으로(364엔/m2), 또 일부는 무상으로 민간사업자에게 임대했다. 민간사업자는 부두터미널의 정비, 운영을 통해 주변지역 활성화와 운하의 활성화를 도모하는 사업방식이다.
유상으로 임차한 곳은 히-노데 건물이 세워져 있는 곳으로 약 860m2 규모의 부지이다. 레스토랑 등 민간사업자 수익시설이 입점해 있다. 한편 무상으로 임차한 곳은 잔디광장 약 1,358.m2 규모의 공간이다. 공공 개방광장으로 지역활성화에 공헌하는 이벤트를 정기적으로 개최하는 것을 조건으로 무상 임차해 주고 있다.

도시바 부동산은 매년 1회 도쿄도에 운영결과를 보고해야 한다. 한편, 하마마츠초역에서의 접근성을 높이기 위해 행정협의를 거쳐 횡단보도를 이설하고, 지금까지 폐쇄되어 있던 히-노데부두와 다케시바 부두를 연결하는 연계 부교(浮橋)를 도쿄도 항만국 예산 1억8,800만 엔(약 18억 원)을 들여 설치했다.

또한 히-노데 전면 수역에 기존 2개의 부교 이외에 3번째 부교를 설치해 관광선박 수상 버스가 접안할 수 있도록 정비했다. 새로운 부교(浮橋)는 길이 40m, 폭 9m로 소규모 크루즈 등이 언제든지 접안할 수 있는 규모이다. 향후 다양한 형태의 선박 취항도 포함해 보다 많은 이용객이 이용할 수 있도록 계획되었으며, 향후 연간 약 150만 명의 이용자 수를 목표로 하고 있다.

유상으로 임차한 곳은 레스토랑 등 민간사업자 수익시설이 입점해 있다.

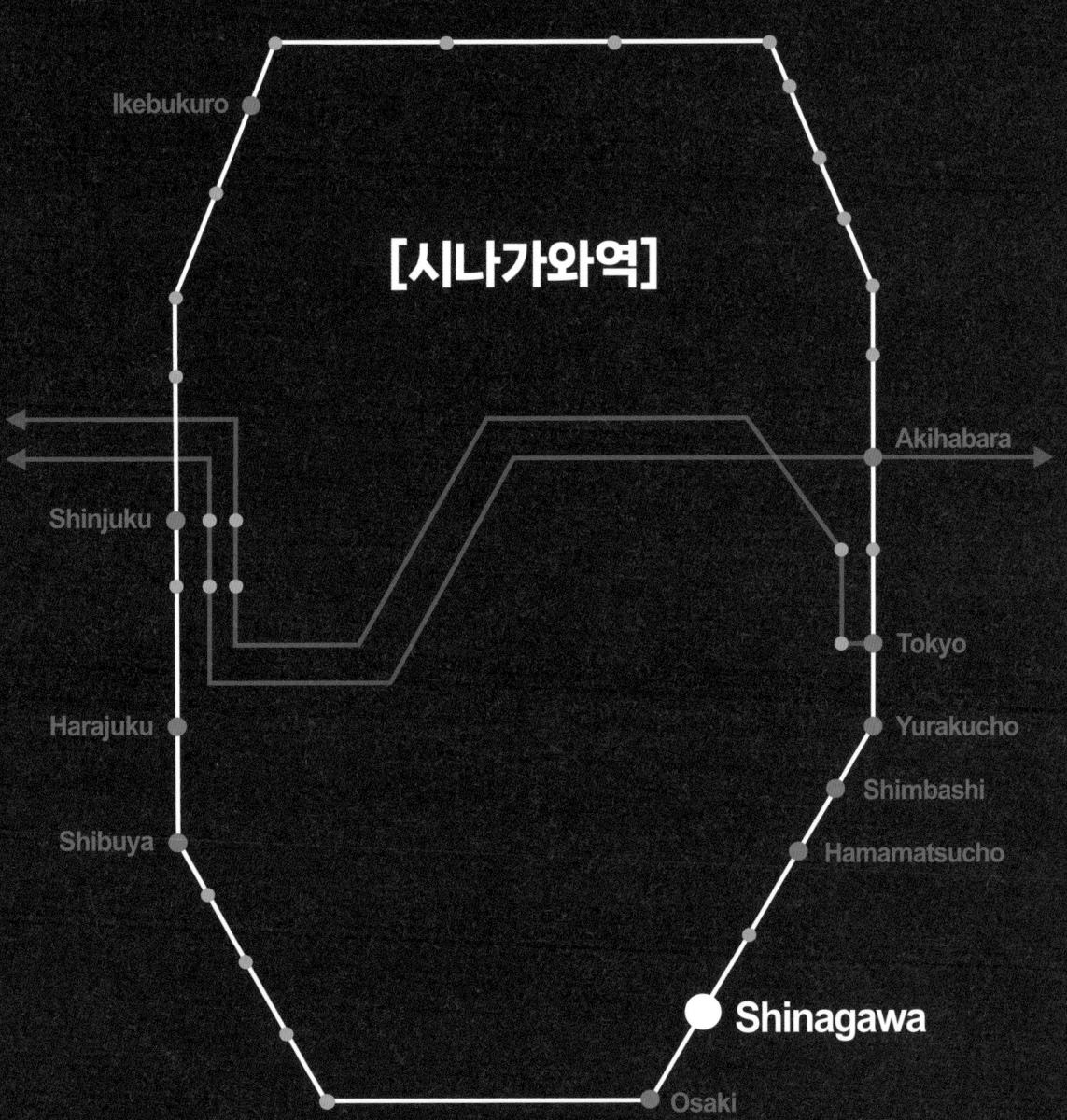

5 시나가와역

<답사 포인트>

1. 시나가와역은 도쿄역에 이어 새로운 도쿄의 '신관문'역으로 현재 다양한 역세권 도시공간 개조계획이 추진되고 있다. 최근 완공한 인접역 JR 다카나와 게이드웨이 역과의 사이에는 철도역사 전면부지 개발이 한창 이루어지고 있다. 초고속 철도(리니어 신칸센)가 완성되면, 새로운 출발역이 될 것이다.
2. 현재 완공되어 있는 시나가와 역세권 주요 프로젝트로는, 시나가와역에 인접해 철도부지 이적지에 개발한 역세권 '시나가와' 프로젝트와 '시나가와 시즌테라스' 프로젝트가 있다.
3. 시나가와 프로젝트는 9개의 개별 필지를 통합적으로 계획해, 중앙부에 공개공지 중앙공원(센트럴 가든), 도시계획도로 지하화, 지구 전체를 연결하는 스카이 데크 브릿지 등을 형성하고 있다. 사업주체 간의 협업이 있어야 가능한 도시설계 프로젝트이다.
4. 시나가와 시즌테라스 프로젝트는 기존의 물재생센터를 지하화하고 상부를 공원화하면서, 상부에 민간복합개발 프로젝트를 유치해 물재생센터 지하화 재원을 확보한 혁신적인 프로젝트이다. 입체도시계획제도 도입으로 실현되었다. 입체도시계획제도가 없는 우리나라에는 실행될 수 없는 프로젝트라는 점에서, 향후 법제도 도입의 필요성을 검토하는 데 충분히 참고할 만한 의미 있는 프로젝트이다.

지구 개요

시나가와역 역세권은 도쿄 도심부와 도쿄항만 워터프론트 지역이 교차하는 위치에 입지하고 있다. 도쿄역과 신주쿠, 시부야 등 부도심을 이어주는 연계지역에 해당한다. 최근 인접해 있는 하네다 공항의 정비 및 국제화에 따른 거점역세권을 형성하고 있다. 특히 일본이 개발 중인 초고속 신칸센(리니어 신칸센)철도의 출발역으로 지정되는 등 수도권과 지방을 연계하는 도쿄의 미래 '신관문'으로서 광역교통 핵심지역으로 부상하고 있다. 또 워터 프론트의 지역 특성을 살린 매력적인 주거환경 창출, 저이용 용지를 활용하기 위한 민관협력사업 등이 활발하게 추진되고 있다.

2014년 도쿄도에서 '시나가와 주변지역 도시계획 가이드라인'을 책정해 '향후 일본을 견인할 국제교류거점' 시나가와를 표방했다. 시나가와역 재정비, 시나가와역 서측 광장 공간개조, JR 야마노테선 신설역(JR 다카나와 게이트웨이 역) 건설 등 최첨단 기술거점의 전초기지 형성을 목표로 다양한 도시개조 프로젝트를 추진하고 있다. 특히 신설된 JR 다카나와 게이트웨이 역 전면부 JR차량기지 이적지에 5개 동의 고층빌딩이 2024년도에 완공될 예정이다.

향후 시나가와 역세권에서 특히 주목해야 할 개발은 크게 3가지인데, 리니어 신칸센 지하개발, 전철(급행)역의 평지화 그리고 시나가와역 서측 광장 보행 데크화 등이다. 시나가와역 서측 광장은 전철역으로 분단된 시나가와 동서지역을 연결하는 스카이데크 건설사업을 말한다. 데크부, 지상부, 지하부의 3층 구조로 연결된다.

신설된 JR 다카나와 게이트웨이 역

신설된 JR 다카나와 게이트웨이 역

30 시나가와 역세권 복합개발 프로젝트

시나가와역 동쪽 지구에 인접한 약 16.2ha 대규모 역세권 개발프로젝트이다. 시나가와역 중앙개찰구에서 동측으로 이동하면 보행자 데크로 바로 연결된다. 보행자 데크, 도로 지하화 및 공개공지(공원) 조성 등을 통해 9개로 나누어진 개별 블록을 통합적으로 개발한 프로젝트이다. 1998년 창설된 재개발지구계획제도가 처음으로 적용된 지구이기도 하다.

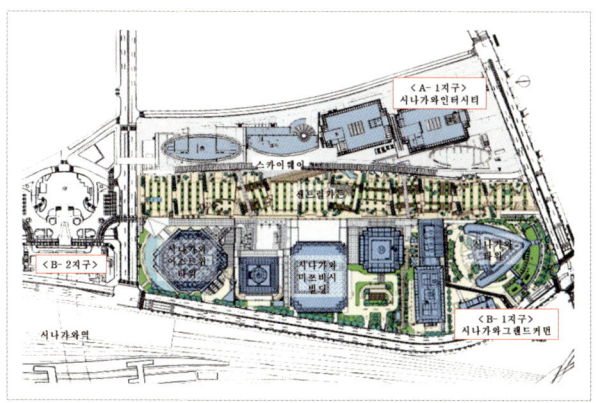 

시나가와 여세권 복합개발 프로젝트 배치도(좌). 프로젝트 전경(우). 시나가와역 동쪽 지구에 인접한 약 16.2ha 대규모 역세권 개발프로젝트이다. 9개로 나누어진 개별 블록을 통합적으로 개발한 프로젝트이다.

중앙부 공원(센트럴 가든)을 중심으로 A-1지구(시나가와 인터시티)와 B-1지구(시나가와 그랜드커먼)로 구성되어 있다. A-1 지구는 약 4.0ha의 부지에 오피스 3개동, 쇼핑과 레스토랑 건물, 대규모 공공홀 등이 입지하고 있다. B-1지구는 약 5.2ha의 부지에 대기업 본사 오피스 건물 5개동, 임대주택 1개동, 분양주택 1개동이 입지하고 있다.

중앙부 공원(센트럴 가든) 전경. 센트럴 가든을 중심으로 A-1지구(시나가와 인터시티)와 B-1지구(시나가와 그랜드커먼)로 구성되어 있다.

1984년 3월 쿄와(興和) 부동산이 구)국철 야드 및 차량기지를 취득한 후 민간개발사업자에 의한 개발사업이 시작되었다. 1992년 6월 '시나가와역 동쪽 출입구 지구 재개발지구계획 제도'가 결정되면서 지구의 통합적인 개발을 위해 지구계획 협의회가 조직되었다. 개발방침으로는 토지이용의 기본방침, 공공시설 등의 정비방침 등이 정해져 있으며 보행자 네트워크, 지하주차장 설치, 주변지구와 연계된 공공공간 정비 등을 주요 내용으로 하고있다.

이 프로젝트의 가장 큰 특징은 양측 지구(시나가와 인터시티 지구, 시나가와 그랜드커먼 지구) 중앙에 대규모로 조성된 공원(폭45m, 길이 400m의 공간)인 '센트럴 가든'으로 불리는 중앙녹지공간이 조성되어 있는 점이다. 9개의 개별 가구블록 사업주체들이 협의체를 구성해 각각의 공개공지를 통합해 센트럴 가든을 창출했다. 이 과정에서 단지 중앙을 관통하던 도시계획도로는 지하화했다. 각 필지의 공개공지를 하나로 묶어 조성한 공공공간으로 주변지역과 연계한 지역인프라로서의 도시 오픈 스페이스공간을 형성하고 있다.

또 하나의 특징은 시나가와 역에서 출발해 각 지구의 건축물동에 이르는 동선은 폭 2.5m-12m, 총연장 1.5km에 이르는 보행자 전용통로 (스카이 데크)로, 지구 전체 건축물을 하나로 연계하는 시스템을 형성하고 있다. 9개의 개별사업주체가 협의하고 동의하지 않으면 실현할 수 없는 내용이다.

시나가와 역에서 출발해 각 지구의 건축물동에 이르는 동선은 폭 2.5m-12m, 총연장 1.5km에 이르는 보행자 전용통로 (스카이 데크) 전경.

고층건축물은 150m의 일정한 높이를 가지며 스카이라인의 통일감을 유지하면서, 건축물 간의 일정한 간격유지를 통해 모여있는 빌딩군의 시각적 압박감을 해소하고 있다. 대규모 고층빌딩군의 밀집한 중앙부에 조성된 센트럴 가든은 7개의 테마 공간(폴리)으로 조성되어 있다. 공원의 하부에는 지하차로 및 지역 냉난방시설이 설치되어 있는데, 7개의 폴리는 그 출입부로서의 기능도 하고 있다.

또한, 고층건물군의 저층부는 다양한 프로그램의 도입, 고층건축물의 일체감을 주는 스카이 데크 설치 등을 시도하고 있다. 고층건축물의 저층부 디자인에 있어서도 건축 매스의 분절, 다양한 형태디자인 등을 통해 중앙공원의 보행자에게 휴먼 스케일의 보행자 공간을 형성할 수 있도록 하고 있다.

고층건축물 전경(좌). 150m의 일정한 높이를 가지며 스카이라인의 통일감을 유지하면서 건축물 간의 일정한 간격유지를 통해 모여있는 빌딩군의 시각적 압박감을 해소하고 있다. 센트럴 가든과 출입부인 폴리(우).

평면배치로는 대상지 중심에 유입된 보행자 대공간(보행가로)을 중심으로 각 건물의 로비에는 공공시설, 상업시설 등이 설치되어 있다. 2층부의 스카이 데크에 면해서도 각 건축물의 전시공간, 별도 로비, 상업공간 등이 배치되어 있다. 즉, 1층부와 2층부의 다양한 공간연계를 통해 중앙공원에 면한 저층부가 공공성을 가지는 활성화된 도시공간을 형성하고 있다. 단면적 배치는 저층부의 상업시설과 상층부의 업무 및 숙박시설이 입지하고 있으며, 업무와 상업의 전이 지대에는 공공홀, 쇼룸이나 커뮤니티 시설 등을 조성하고 있다.

오피스빌딩 저층부 로비공간(좌). 각 건물의 로비 등에는 공공시설, 상업시설 등이 설치되어 있다. 2층부의 스카이웨이에 면해서도 각 건축물의 전시공간, 별도 로비, 상업공간 등이 배치되어 있다(우).

주거영역의 프라이버시보호를 위한 주거 진입구의 위치를 공간의 위계에 따라 단계적 구분해 설치하고 있다. 즉, 주거부의 경우 중앙공원 혹은 스카이웨이에서 일단 중정 혹은 전정을 거쳐 주거 진입부에 이르도록 계획되어 있다.

주택동의 경우 중앙공원 혹은 스카이웨이에서 일단 중정 혹은 전정을 거쳐 주거 진입부에 이르도록 계획되어 있다.

한편, 보행자 전용공간(스카이웨이) 및 중앙공원에서의 가로경관 활성화를 위해 건축물의 연접부는 대규모 공공홀, 판매시설, 음식점, 카페 등을 설치하고 있다. 특히, 휴일 등에는 야외 벼룩시장이 개최되어 공원과 일체화된 야외 이벤트시설의 중요한 장을 마련하고 있다.

건축물의 연접부 공개공지에는 야외 벼룩시장이 개최되어 공원과 일체화된 야외 이벤트시설의 중요한 장을 마련하고 있다.

31 시나가와 시즌 테라스 프로젝트

도쿄 시나가와역 인근지역에 도시계획시설인 하수도시설과 초고층 오피스건축물이 복합적으로 재개발하면서 대규모 공원까지 정비한 재개발프로젝트가 2015년 완성되었다. 도시기반시설(도시계획시설)인 하수도 시설의 정비를 계기로 '민관협력' 사업의 일환으로 개발된 프로젝트이다.

지금까지 활용하지 못하고 있던 하수도 시설의 상부를 새로운 도시공간으로 탈바꿈시킨 사례로서, 도시기반시설과 도시개발의 융복합 개발 사례라 할 수 있다. 즉 지하공간에는 매일 하수를 모아 정화 처리하는 하수도시설이 입지하고, 지상에는 151m의 초고층 오피스빌딩과 주변부에 3.5ha에 이르는 넓은 공원이 조성되어 있는 일본에서도 매우 이례적인 개발프로젝트이다.

시나가와 시즌테라스 전경. 시나가와 역세권에 위치한 시나가와 시즌테라스 개발프로젝트는 도시계획시설인 물재생센터를 복합적으로 활용하는 개발사례이다.

도쿄도 하수도국이 관리하는 '시바우라 물재생센터'는 도심부(치요다구/추오구/미나토구)의 하수처리를 담당하고 있는데 1931년부터 가동되고 있어 시설이 매우 노후화되어 단계적으로 정비가 필요한 도시계획시설이었다. 하지만 도쿄도 하수도국이 물재생센터를 정비하는 데에는 많은 재원이 필요한 상황이었다.

한편 물재생센터가 입지한 시나가와역 인근지역(미나토구)은 하네다공항과 가깝고 장기적으로는 초특급 신칸센(리니어 신칸센)의 시발역이 예정되어 있어 잠재력이 매우 뛰어난 곳이다. 이러한 입지적 장점을 최대한 살리면서 민간부문의 재원을 활용한 도시개발방안이 제안되었다. 도쿄도가 사업자 공모를 통해 민간사업자와 연계하면서 하수도 시설의 재구축과 상부의 개발을 일체적으로 추진하기로 한 것이다.

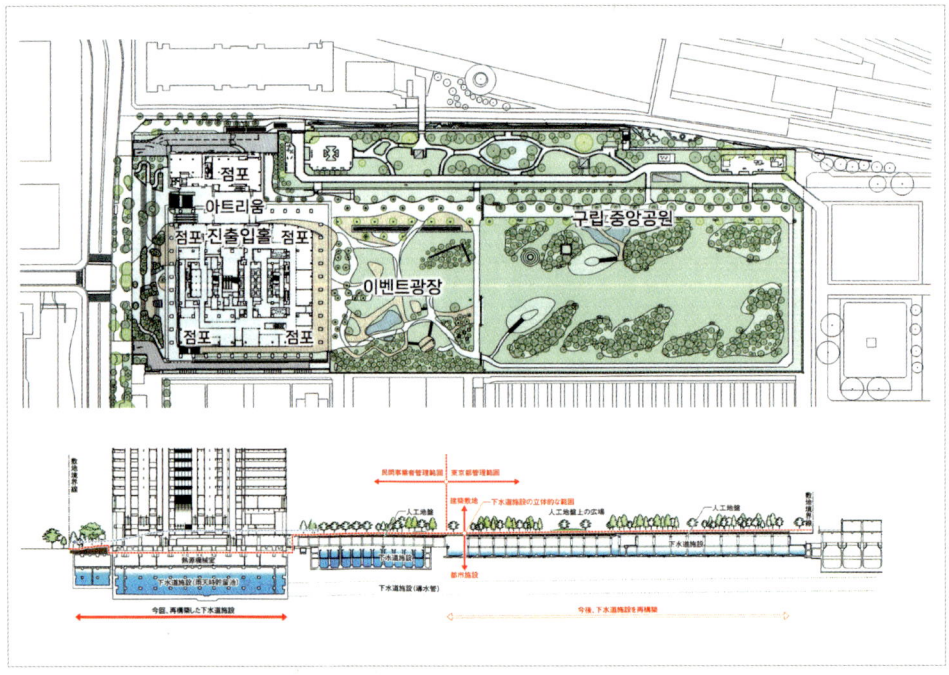

시나가와 시즌테라스 배치도 및 단면도. 물재생센터를 지하화하고 상부에 공원 및 오피스 시설을 도입하는 일본에서도 매우 이례적인 개발프로젝트의 하나이다.

부지의 남측으로는 최대 7만 6,000m²의 미처리 우수나 하수를 담아놓을 수 있는 우수 저류조를 신설하면서 상부에 공원과 오피스 빌딩을 복합개발했다. 특히 기존의 하수도시설 상부에는 지구계획의 '공공공지'로 지정해 인공지반으로 정비해 녹화를 하고 있다. 도쿄도로서는 물재생센터 상부의 오피스 빌딩 건설비를 전혀 부담하지 않고 하수도시설의 재생비용보다 훨씬 많은 수입을 민간사업자로부터 받아낼 수 있었다. 대상지 전체에 인공지반을 구축하고 공간을 지표면 상하부를 분리해 지하공간만 도시계획시설로 지정하고 있다. 지상부는 부지면적 약 5만m2에 대한 400%의 용적률의 부지를 도시계획시설과는 별도의 부지로 활용할 수 있다.

물재생센터 상부 공원 및 민간 오피스빌딩 전경. 지금까지 활용하지 못하고 있던 하수도 시설의 상부를 새로운 도시공간으로 탈바꿈시킨 사례로서, 도시기반시설과 도시개발의 융복합 개발 사례라 할 수 있다.

결국 도쿄도가 부담한 공사비는 부지 남측 우수저류조 신설비용 133억엔, 기존 하수도시설 상부에 신설한 인공지반 및 공원정비 비용 약 78억엔, 합계 211억엔이 소요되었다. 반면 민간사업자에게서 받은 수익구조를 살펴보면, 우선 정기차지권 설정비(민간에게 땅을 임대하고 받는 수익금)는 30년간 계약으로 848억엔(사업현상을 통한 낙찰경비)이다. 일부는 등가교환방식으로 도쿄도가 오피스 빌딩의 일부공간을 구분소유하는 형태를 취하고 나머지는 임대료로 매년 받기로 했다. 빌딩 지상부의 건설비는 전액 민간사업자가 부담했다. 결과적으로 오피스빌딩에 의한 수익을 통해 하수도 요금을 억제할 수 있었으며 다른 하수도 시설의 수선비 등으로 충당했다.

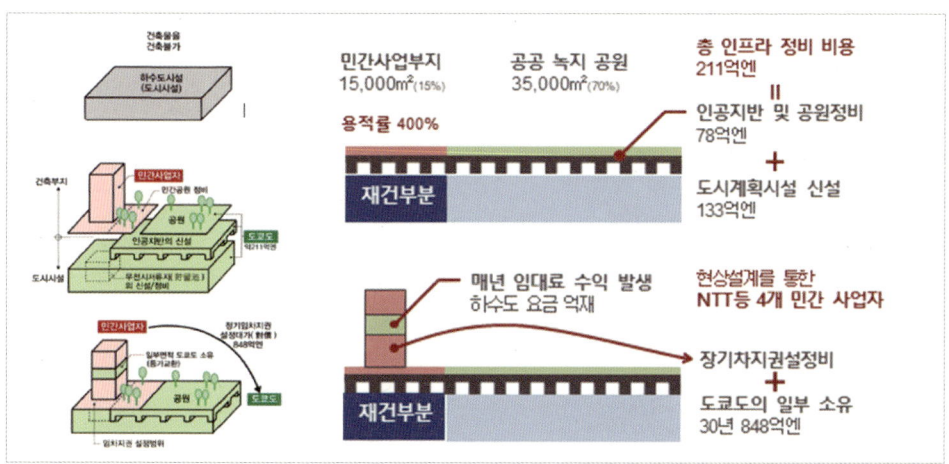

도시계획시설을 입체적으로 개발해 지하에 저류기능과 상부에 민간 오피스빌딩을 설치했다. 정기 차지권(토지임대권) 설정비 848억엔의 일부는 도쿄도가 빌딩 바닥면적을 구분소유하는 형태로 등가교환하고 나머지는 토지임대료로 매년 받게 된다.

상부공원 전경. 도시계획시설 상부에 민간 오피스빌딩을 도입함으로서 결과적으로 도쿄도는 물재생센터 상부의 오피스 빌딩 건설비를 전혀 부담하지 않고 하수도시설의 재생비용보다 훨씬 많은 수입을 민간사업자로부터 받아낼 수 있었다.

시즌테라스 프로젝트 오피스 복합개발 프로젝트 전경.

이러한 개발사업이 가능한 것은 '입체도시계획제도'를 이용할 수 있었기 때문이다. 일반적으로 도로나 하천, 공원 등 도시계획법 상 '도시계획시설'로 지정된 부지 내에서는 건축 가능한 건물이 제한되어 있다. 하수도 시설이라는 도시계획시설의 상부에 민간 오피스를 건설하기 위해서는 도시계획법 11조3항에 의한 '입체도시계획제도'를 이용할 수밖에 없다.[16] 하수도 시설이 입체도시계획제도의 적용을 받은 것은 일본에서도 최초의 사례이다. 부지 동측에 위치한 기존의 하수도시설 또한 이론적으로는 같은 제도의 도입을 통해 개발이 가능하게 되었다.

한편, 지상의 초고층 오피스빌딩과 지하의 하수도시설의 복합개발을 위해서는 기술적으로 해결해야 할 여러 가지 문제가 있다. 우선 지상과 지하 간의 면진(지진의 내구성 확보)장치를 도입해야 한다. 지

---

16) 입체도시계획제도를 적용받기 위해서는 적정하고 합리적인 토지이용계획이라는 점을 도시계획위원회에서 판단하게 된다. 이 경우는 하수도시설의 정비, 인근 시나가와 역 주변의 대규모 개발재생의 필요성, 지역주민들의 공원 정비에 대한 요청 등을 고려해 입체도시계획 제도가 승인되었다.

상 고층빌딩의 내진 성능을 충분히 확보하고 지하에의 영향을 억제하기 위한 내진설계가 요구된다. 또 하수의 악취를 방지하기 위해 3차원 모델을 사용해 악취 시뮬레이션 시스템을 통해 결정하고 있다. 특히 건축과 토목시설 간에 구조 재료 간의 허용 응력도에 따른 설계방법의 차이가 많이 발생하는 문제도 있다. 지하부분의 구조와 재료를 결정하는 데에는 전문가의 세심한 검토가 이루어졌다.

원칙적으로는 우선 건축설계기준을 고려하고 나아가 토목설계기준까지 충분히 고려한 세심한 구조적 검토가 이루어졌다. 또 상부의 초고층 오피스빌딩의 개발에 있어서는 새로운 친환경건축물의 모델사업이 될 수 있는 업무시설을 제안하고 있다. 대상지인 시바우라 물재생센터 지구는 차세대 환경 모델도시로 지정되어 있는 지구이다. 따라서 건축물 또한 '친환경 모델건축물'이 될 수 있는 환경성능이 요구되고 있다.

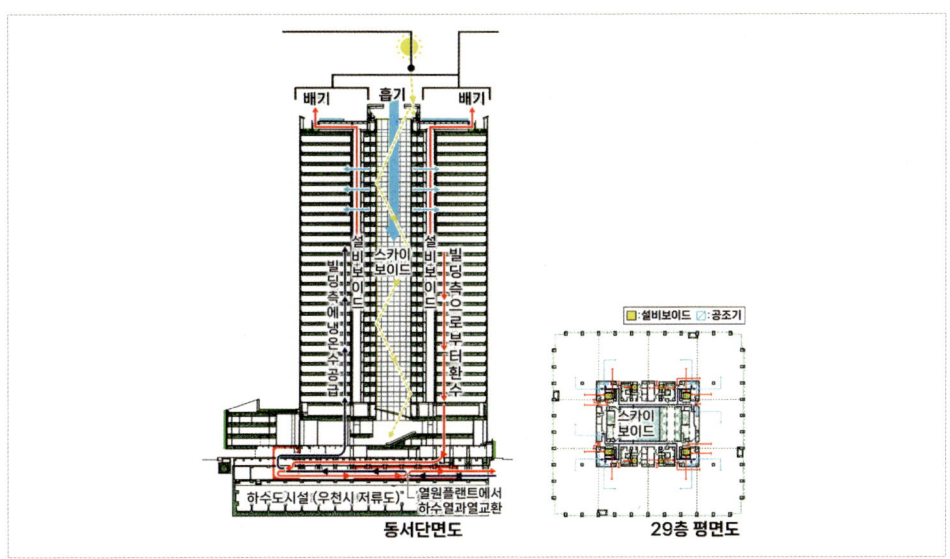

민간 오피스빌딩의 단면도 및 평면도. 오피스빌딩 계획에는 다양한 친환경적인 계획요소를 적극적으로 도입하고 있다.

도쿄 역세권 재개발 프로젝트

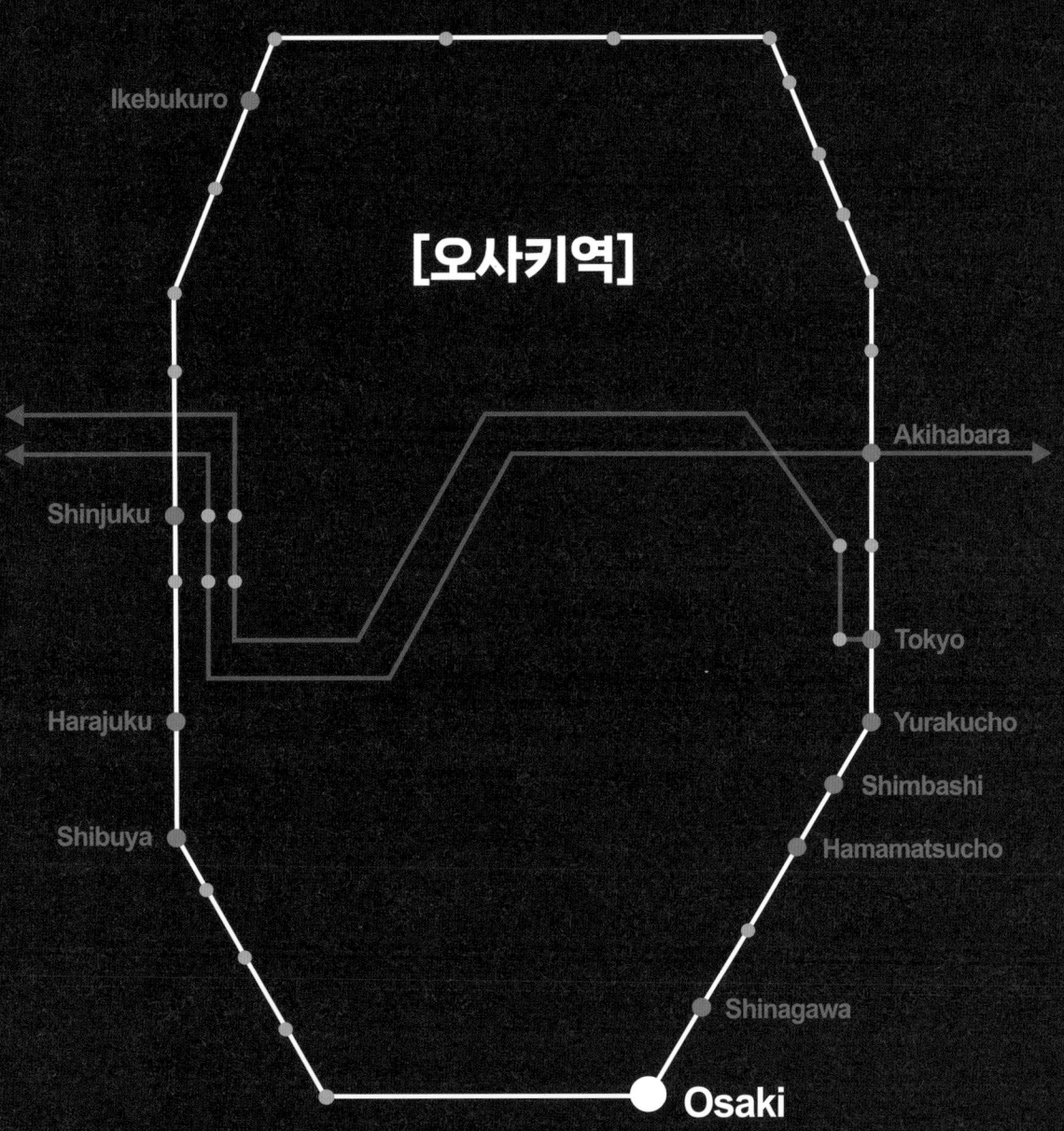

6 오사키역

<답사 포인트>

1. 오사키 역세권은 1980년대부터 역세권 재개발이 활발하게 추진되기 시작, 2011년경 대부분의 재개발이 완성되었다. 특히 최근 2000년대 이후 재개발된 역세권 서측 지역은 다양한 역세권 재개발의 새로운 가능성을 보여주고 있다.
2. 역세권을 중심으로 다양한 도시개발 프로젝트들이 보행 스카이 데크로 연결되어 소위 '데크 시티'를 형성하고 있다. 보행자 데크를 따라 공공시설인 풋살장, 근린공원 등이 이어진다. 보행자 데크 브릿지가 지구 전체를 연결하고 있는 것이다.
3. 역세권 서측 전면부에는 '씽크 파크(THINK PARK)' 복합개발 프로젝트가 입지해 있다. 스카이 데크 레벨에는 업무빌딩 오피스 로비가 입지하고, 데크와 연계한 오피스 로비에는 카페 등 데크 레벨 활성화를 위한 상가 시설이 도입되어 있다.
4. 데크 하부 지층 레벨에는 가로공원, 레스토랑 등 각종 부대시설을 설치하고 있다. 가로 및 인접 근린공원 활성화를 위한 오픈 카페 등도 자리하고 있다. 또한 저층부 중정 선큰 공간을 둘러싸고 의료지원시설, 상가점포 등 세련된 업무지원시설이 계획되어 있다.
5. 2011년에는 소니 신사옥이 완공했다. 스카이 데크를 따라가면, 소니빌딩 및 데크 연접 부대시설로 북카페가 입지하고 있다. 데크 하부 지상 레벨에는 버스터미널, 지역보건소 등 지역주민 서비스 시설이 입지하고 있다.
6. 웨스트 시티 타워즈 프로젝트의 경우, 1,000세대가 넘는 2개의 고층 주거 타워동을 중심으로 저층부에 각종 주민편의시설, 업무시설 연계시설, 상가점포 등이 설치되어 역세권 도심주거의 새로운 가능성을 제시하고 있다.

지구 개요

오사키 역세권은 일찍이 1982년부터 도쿄도에서 JR 오사키 역세권 및 주변지역을 부도심으로 설정하고, 약 30년에 걸쳐 대대적인 역세권 정비를 추진해왔다. 자치구인 시나가와구(品川區)에서도 원래 공장지대였던 오사키역을 새로운 첨단산업 거점으로의 변화를 시도하고 있다.

이러한 기조하에, 1980년대 후반부터 '게이트 시티 오사키'를 비롯한 동측개발이 추진되었다. 하지만 일본의 거품경제 후유증으로 오랫동안 후속 개발이 이루어지지 못했다. 2000년대 들어 새롭게 역세권 서측 지역의 재편 움직임이 활발하게 나타나기 시작했다. 2002년 도시재생특별법에 근거해 '도시재생 긴급정비지역'으로 지정되어 약 60ha에 이르는 지역이 적용되었다. 긴급정비지역 지정으로 용도지역 적용의 예외규정, 자유로운 계획제안이 가능해짐에 따라 혁신적인 개발프로젝트 제안이 가능해졌다.

용도지역에 따른 규제에서 벗어나 자유롭게 계획제안을 가능하게 됨으로서 다양한 개발프로젝트가 추진되었다. 대표적인 것이 '씽크 파크(THINK PARK)' 프로젝트이다. 이후 오사키 웨스트 시티 타워즈 등이 계속해서 개발되었고, 2011년에는 소니 신사옥이 준공되어 역세권 첨단 업무지구의 모습을 갖추게 되었다.

특히 서측 지구는 2000년대 이후 비교적 새롭게 개발된 지역으로 씽크 파크 타워, 소니 타워 등 기업 본사들이 들어섰고, 웨스트 시티 타워 등 주택동 개발이 이루졌다. 그리고 버스터미널, 구민센터, 지역보건소 등 다양한 공공시설도 입지해 있다. 또, 동측으로는 1990년대부터 개발된 다소 시간이 경과한 게이트 시티 프로젝트가 최근 리노베이션을 통해 업그레이드 되고 있다. 하천 건너편으로는 재개발복합단지로 '오사키 프라이드 타워 복합단지'가 입지하고 있다. 오사키 프라이드 타워는 주거 복합개발의 초고층 주택동 개발로, 오피스와 주택이 동일 슈퍼블록 내에 공존하고 있다.

오사키 지구에서 가장 큰 특징은 오랜 시간 블록별 개발이 추진되면서, 여러 블록들이 단계적으로 보행자 데크로 연결되고 있는 점이다. 오사키역을 중심으로 동, 서 지구 전체를 보행자 데크로 연결해 오피스, 주거, 상업 등이 혼재한 여러 개의 가구블록들을 관통하고 있다. '데크 시티'라 부를 수도 있게 되었다. 보행자는 차량동선과 입체적으로 분리되어 교차를 피하면서 역에서 자연스럽게 각 블록으로 접근할 수 있다. 공공용지 내에서는 자치구 도로(區道)로써, 민간 부지 내에서는 도시계획시설로 연결되는 것으로, 보행자 공간을 형성하고 있다.

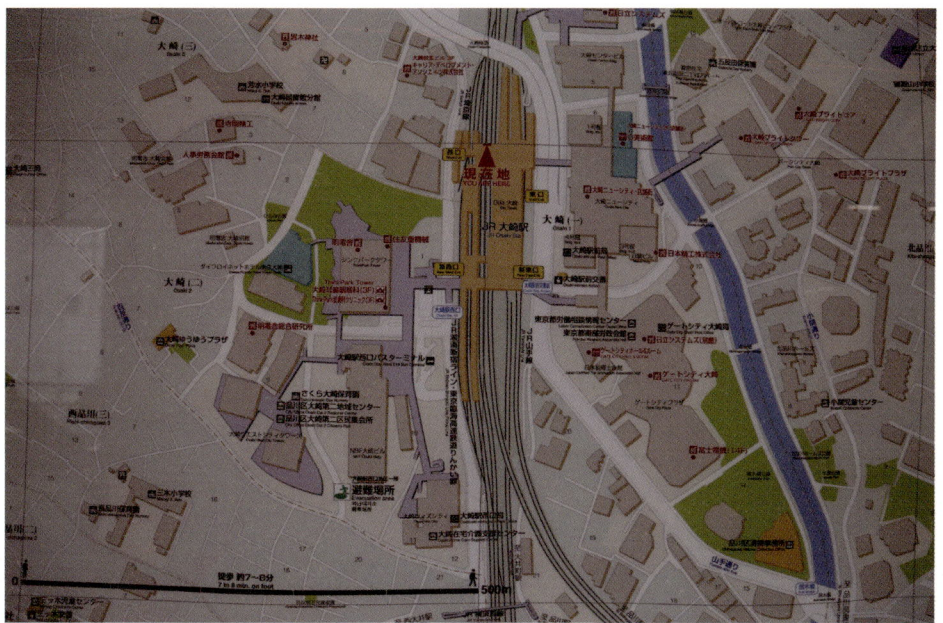

오사키 역세권 지구현황. 일찍이 1982년부터 도쿄도에서 부도심으로 지정해 역세권 주변지역 정비를 추진하고 있다. 특히 2002년 도시재생특별법에 근거해 '도시재생 긴급정비지역'으로 지정되어 약 60ha에 이르는 지역이 적용되었다.

시나가와역에서 단지 전체를 연결하는 스카이 브릿지(보행자공간) 전경. 오사키역을 중심으로 동, 서 지구 전체를 보행자 데크로 연결해 오피스, 주거, 상업 등이 혼재한 여러 개의 가구블록들을 관통하고 있다.

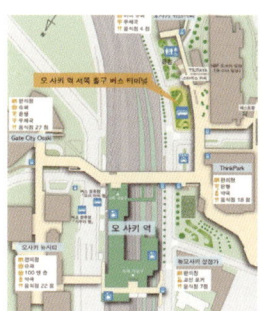 

오사키 서측지구 현황(좌). 오사키역 서측 지구는 2000년대 이후 비교적 새롭게 개발된 지역으로 버스터미널, 구민센터, 지역보건소 등 다양한 공공시설도 입지해 있다(우).

오사키 역세권 주요 프로젝트 현황

32 오사키 씽크 타워(THINK TOWER) 프로젝트

오사키 역 서측 보행 데크를 나오면 정면에 대규모 오피스빌딩인 씽크 타워가 들어서 있다. 보행자 데크 하부층(1-2층)은 업무지원시설로서 상가점포, 카페 레스토랑 등이 입점해 있다. 데크 레벨에서 3층부에 위치한 오피스 로비공간으로 연결된다. 1층 그라운드 레벨에는 가로공원 내에 휴식공간과 풋살장이 설치되어 있다.

가로점포 전면에는 오픈테라스 오픈카페가 설치되어 있어 가로공원, 가로경관 활성화를 도모하고 있다(좌). 서측 진입부에는 씽크 파크 가로공원에 풋살장이 있다(우).

가로점포 전면에는 오픈 테라스 카페가 설치되어 있어 가로공원과 더불어 가로경관 활성화를 도모하고 있다. 특히 저층부에는 '메디컬 프라자'라는 병원시설이 집적해 있다. 부지 주변부에 다양한 녹지공간을 형성해 오피스 근무자들에게 충분한 휴식공간을 제공하고 있다.

오사키 메디컬 프라자 전경. 씽크 파크 빌딩 저층부에는 '메디컬 프라자'라는 병원시설이 집적해 있다(좌). 메디컬 프라자 진입부 전경(우).

33 오사키 웨스트 시티 타워즈 프로젝트

이 지구는 원래 목조주택 밀집지로 오랫동안 재개발사업이 추진되었다. 약 18년간의 재개발사업 추진결과, 2009년 '웨스트 시티 타워즈'가 완공했다. 용적률 300%에서 650%로 완화조치를 받아 실현할 수 있었다. 39층의 초고층 맨션빌딩 2개동 등 총 1,084호의 주택을 공급하고 있다. 약 1.8ha 부지 내에 사무동과 지역공헌시설 등이 설치되어 있다. 연면적은 약 13만m2에 이른다. 지역공헌시설로는 구민집회소, 보육원, 지역 방범센터가 있다.

고층맨션 티워 주동은 오피스 빌딩이 밀집해 있는 주변지역을 경관 컨텍스트를 고려해 유리 커튼 월로 입면을 구성하고 있다. 또 저층부 옥상을 녹화하고 1층부 주차장 벽면은 벽면녹화를 통해 가로녹화 경관을 연출하고 있다. 타워주동 저층부에는 주거동을 배치하고 가로점포를 통해 가로 활성화를 도모하고 있다. 저층부의 옥상은 녹화하고, 업무빌딩은 커튼 월에 물을 뿌려 냉난방부하를 낮추고 있다.

또 1층 주거동은 직출입구 주동을 계획해 가로에서 단절 없이 주택지가 연속성을 가진다. 가구블록 내에 공공보행통로를 설치해 가로연결의 연속성을 가지도록 계획하고 가로광장, 중앙광장 등 체계적으로 오픈 스페이스를 제안하고 있다. 또 저층부 상가 및 오피스 진출입부는 데크 레벨에서 직출입이 이루어지도록 동선체계를 분리하고 있다.

방범 시스템에도 특별한 고려를 했다. '나이스 비전'이라 불리는 감시시스템을 채용했다. 의심스러운 사람을 자동감지해 방재센터에 보고하는 시스템이다. 이 시스템은 방범 이외에도 고령자 케어 시스템으로도 활용하고 있다.

2009년 완공된 '웨스트 시티 타워즈'. 용적률 300%에서 650%로 완화조치를 받아 39층의 초고층 맨션빌딩 2개동 등, 총 1,084호의 주택을 공급하고 있다(좌). 주택지 주변 가로에 면해서는 가로점포를 설치하거나, 가로 직출입 세대를 제안해 가로경관의 단절 없이 가로 활성화를 도모하고 있다(우).

공공보행통로와 중앙광장 전경(좌) 및 1층 주차장 벽면녹화 전경(우). 가로녹지경관의 연속성을 창출해내고 있다.

공공보행통로와 중앙광장 전경(좌) 및 1층 주차장 벽면녹화 전경(우). 가로녹지경관의 연속성을 창출해내고 있다.

34 오사키 소니 사옥 프로젝트

오사키 웨스트 시티 타워즈에 면한 가구블록에는 '소니 신사옥'이 입지해 있으며, 시나가와역에서 보행자 데크로 연결된다. 소니 신제품 개발 거점이 되는 소니 신사옥은, 연구개발 체제에 유연하게 대응하기 위해 층별 사무면적을 3,000m2의 기둥이 없는 무주(無柱)공간으로 계획하고 있다. 빌딩 구조는 철근철골구조로 지하 2층, 지상 25층의 면진 구조이다. 건축면적은 약 1만m2이며, 연면적은 약 12만4,000m2에 이른다.

소니 신사옥 빌딩(연구개발형 오피스)의 가장 큰 특징은 친환경 입면계획이다. 도시열섬 현상(히트 아일랜드)을 억제하기 위해 외장 시스템인 '바이오 스킨'을 도입하고 있다. 빌딩의 파사드에 파이프형상의 도기 재료의 루버를 폭 140cm, 높이 120m의 '차양' 형태로 계획하고 있다.

파이프형 루버에 찬물을 흘리면 모세관현상으로 물이 스며들고, 물이 증발하면서 기화 현상으로 주위의 공기가 차갑게 되는 원리이다. 1g의 물이 1도 상승하는데 .1cal(4.2J)를 필요로 하는데, 증발 시에는 그 600배에 달하는 열을 주위에 흡수하게 된다. 다만, 초고층 빌딩에서 물을 발수할 수는 없다. 따라서 TOTO와 더불어 도기 재질의 루버를 개발해 물을 흘리고 있다.

오사키 웨스트 시티 타워즈에 면한 가구블록에는 '소니 신사옥'이 입지해 있으며, 시나가와역에서 보행자 데크로 연결된다.

오사키역 163

도쿄 역세권
재개발 프로젝트

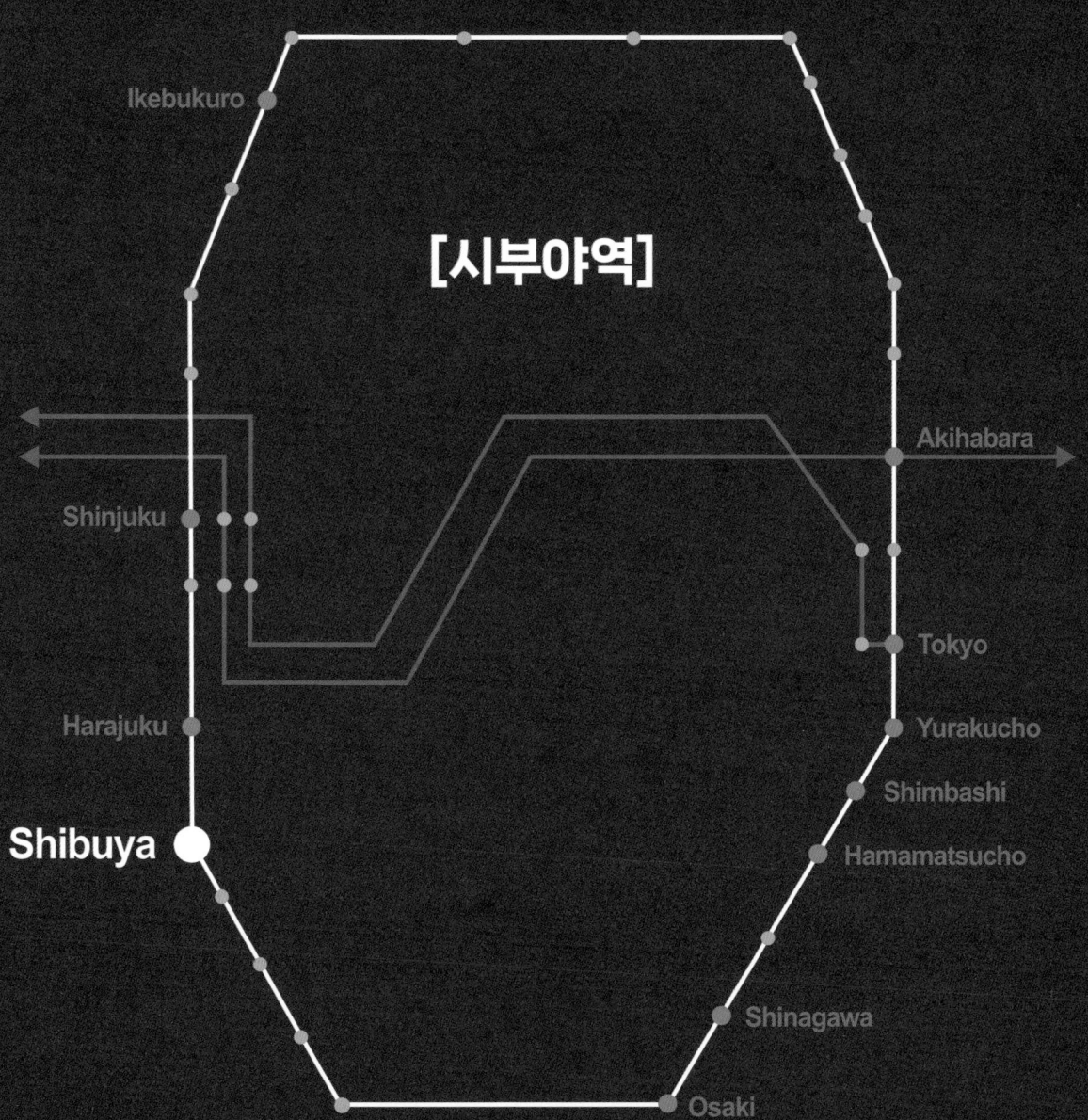

7 시부야역

<답사 포인트>

1. 시부야 역세권은 도쿄 대개조를 상징하는 역세권이다. 100년 만에 한 번 있을 만한 역세권 공간개조가 추진되고 있다. 지하철, 전철, 하천 등 역세권 도시 인프라 정비시기와 맞물려, 도시개발과 도시 인프라 정비가 동시에 정비되고 있다.

2. 특히 도시개발사업에 인센티브를 부여하는 공공기여 방식으로 도시 인프라 정비의 많은 부분을 민간재원으로 활용하고 있다. 즉 역세권 주변 5개 가구블록을 '도시재생 긴급정비지구'로 지정해 용적률 인센티브를 부여하고, 개발이익 환수 차원에서 민간사업자가 도시 인프라를 정비하도록 하고 있다.

3. 도시개발을 담당하는 '건축'부문(민간)과 도시 인프라를 정비하는 '토목'부문(공공)이 융합적으로 사업을 추진하면서 사업의 시너지효과를 내고 있다. 도시 인프라 시설로서 철도, 지하철 역사, 역 앞 광장, 버스터미널, 하천정비 등이 있다.

4. 5개 선도지역뿐만 아니라 종전 도시개발 프로젝트까지를 묶어 공공보행자 데크(보행자 스카이 브릿지)로 연결해 역세권 전체 보행 네트워크를 정비하고 있다. 그 외 버스터미널, 다양한 생활서비스 시설의 정비도 동시에 추진하고 있다.

5. 각 가구 블록별로 블록 특성에 따른 개발계획을 수립하고 있다. 저층부에는 상업시설을 유치하고, 상층부에는 오피스, 호텔 등의 용도를 도입하는 전형적인 역세권 복합개발이다. 또한 공공기여시설로 공유 오피스, 갤러리, 문화공연장 등 젊은 층이 함께 할 수 있는 시설 프로그램을 적극적으로 도입하고 있다.

6. 시부야 역세권에는 공원시설의 혁신적인 정비가 추진된 곳이기도 하다. 즉 철로 변에 방치되어 있던 공원시설을 복합개발한 사례가 '미야시타' 공원이다. 주택가 근린공원인 '키타야'공원의 경우 브랜드 카페(블루 보틀)를 유치하고 파크 메니지먼트를 통해 다양한 공원 활성화 프로그램을 운영하고 있다. 공원이 지역의 새로운 활력 거점이 되고 있다.

지구 개요

시부야 지구는 도쿄의 부도심 지역으로 젊은 층의 문화가 발달한 지역이다. 도쿄에서 대표적인 젊은 층의 동네로서, 상업시설은 물론 극장, 라이브하우스, 갤러리, 레스토랑, 카페 등 패션과 문화콘텐츠를 발산하는 젊은이들의 활동무대라 할 수 있다. 또 도심 번화가의 장점을 살린 고급 도심 주거지로서도 인기 있는 지역이다. 또 시부야는 해마다 외국인 관광객의 방문이 항상 1위를 차지하며 대표적인 도심 관광지의 역할도 하고 있다.

최근 시부야 역세권은 '도쿄 대개조'를 상징하는 장소라고 할 만큼 대규모 도시재개발 사업이 활발하게 추진되고 있다. 시부야 역세권은 도시 인프라 정비가 가장 시급하게 요구되고 있는 역세권이기도 하다. 지하철, JR 철도, 하천, 도시공원, 버스터미널 등 도시 인프라시설이 노후화되고 있어 대대적인 정비가 시급한 상황이었다.[17]

하지만 인프라시설 정비를 위해서는 엄청난 공공재원이 필요하다. 재원확보에 어려움을 겪고 있었다. 또한 시부야 역세권은 원래 계곡이 있던 지역으로 지대가 낮아 항상 침수의 우려가 있는 곳이다. 철로 노선 노후화에 따른 구조적 문제와 방재에도 취약한 문제가 제기되고 있었다. 대도시 거점 역세권 지역에서 이와 같이 복잡하게 얽혀있는 도시기반시설, 철도시설, 보행자 연계공간 등의 도시 노후화 문제는 통합적인 도시정비를 통해 한꺼번에 정비하지 않으면 근본적인 도시재개발의 대책을 수립하기가 매우 어렵다.

결국, 역세권 도시개발과 도시인프라 정비를 연계해 추진하는 '민간'주도형 도시개발 수법을 추진하게 되었다. 즉 역세권 도시개발에 개발 인센티브를 부여하고, 개발이익 환수 차원에서 민간 개발사업자가 도시인프라 정비를 동시에 추진하게 하는 사업방식을 도입했다.[18]

때마침, 2000년대 들어 지하철 도요코선(東橫線)의 지하화가 결정되었고 이를 위해 (구)도큐(東急) 문화회관이 해체되면서 시부야역 일대의 대대적인 도시 대개조계획의 계기가 찾아왔다. 지하철 도요코선(東橫線) 지하화를 계기로 공공과 민간을 포함하는 관련 관계자를 중심으로 '시부야 대개조계획'

---

17) 시부야역은 4개의 철도회사에서 운영하는 8개의 철도 노선이 교차하는 역세권 부도심지역이다. 그러나 이 지역은 지하철 환승 동선이 매우 복잡하게 얽혀있고 환승 광장 등이 협소해 보행공간이 매우 불편한 상황이었다.
18) 도시재생특별법에 근거한 '도시재생 특별지구', '도시재생 긴급정비지역' 등의 지정을 통해 민간사업자에게 인센티브를 부여할 수 있다.

을 논의하기 시작했다. 이후 시부야 지구 도시개조에 대한 지속적인 논의가 이루어졌으며, 2005년 12월에는 시부야역을 중심으로 한 시부야역 주변 지구가 도시재생특별법에 근거한 '도시재생 긴급정비지역'으로 지정되면서 재개발사업이 본격화했다.

시부야 지구 전경. 도쿄의 대표적인 부도심 지역으로 젊은이들의 문화가 발달한 대도시 거점역세권 지역이다.

 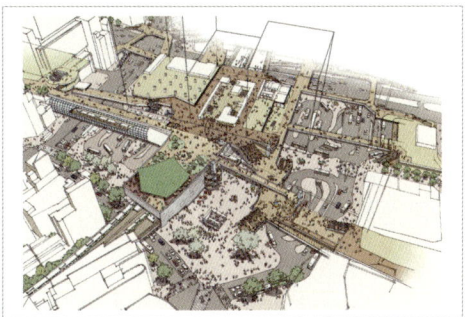

시부야 지구 공간개조 조감도. 2000년대 들어 지하철 도요코선(東橫線) 지하화가 결정되면서 시부야역 일대의 근본적인 도시 대개조계획의 계기가 찾아오게 되었다. 시부야 역세권 도시재개발 사업의 특징은 도시 기반인프라 정비와 가구블록 재개발을 동시에 추진했다는 점이다.

2007년부터는 '시부야역 가구블록 기반정비 검토위원회'를 설치했고, 2009년에는 주요 도시기반시설 정비와 토지구획 정비사업이 도시계획으로 결정되었다. 인접 가구블록에서도 재개발의 움직임이 본격화되기 시작했다. 2014년에는 '도시재생 특별지구'를 활용한 역세권의 5개 가구 블록에 대한 대규모 재개발프로젝트가 토지구획정리사업, 철도개량사업과 연계하면서 본격적으로 추진되었다.[19]

이와 같이, 시부야 역세권 도시재개발사업의 특징은 도시기반 인프라 정비와 가구블록 재개발을 동시에 추진했다는 점이다. 이는 도시기반시설 정비를 위한 공공재원 마련에 한계가 있어, 도쿄도 차원

---

19) 개별 도시가구블록의 재개발사업의 성공도 중요하지만, 시부야 지역 전체의 활성화를 목표로 5개 가구블록 관계자들이 많은 논의를 거듭하면서 공간 대개조 프로젝트가 추진되었다.

에서 도시개발사업에 적극적인 용적률 인센티브 등을 통해 기반시설 확보를 공공기여로 해결했다. 한편, 계획설계 상의 특징으로는 사전에 공공(자치구 및 도쿄도)부문에서 제시한 재개발 가이드라인 등에 근거해 도시계획설계의 방향성을 공유하면서 각 가구블록이 가지는 지역특성을 최대한 반영하고 있다. 즉 개별블록의 독자성을 유지하면서 지구전체의 정비효과를 극대화하고 있다.

예를 들면 도시기반정비와 연계되는 공공보도통로나 보행자 데크 등 주변가로와 이어지는 보행자 네트워크를 체계적으로 정비하고 있다. 또 지형의 고저차를 해결하기 위해 엘리베이터나 에스컬레이트 등을 설치해 다층적인 도시기반시설 정비 시스템을 구축했다. 이처럼, 약 5.2ha에 이르는 시부야 역세권 지구는 협의의 도시설계 시스템 속에서 역세권 대개조계획이 추진되었다.

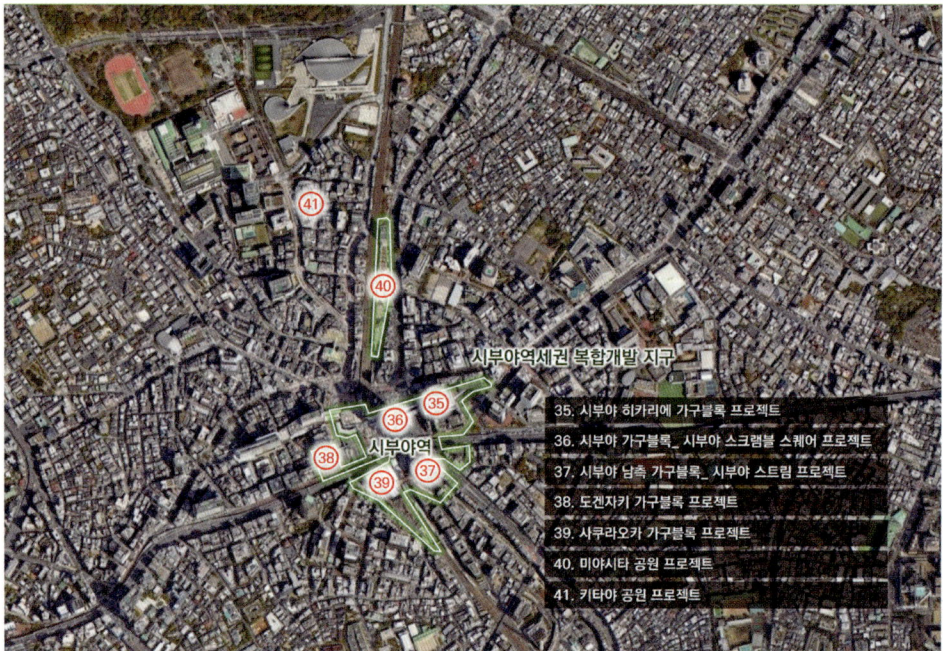

시부야 역세권 주요 프로젝트 현황

35 시부야 히카리에 프로젝트

5개 가구블록 중 가장 먼저 재개발사업이 추진된 히카리에 프로젝트는, 2008년 3월 도시재생 특별지구로 지정되면서 (구)도큐(東急) 문화회관 이적지 및 주변 지구를 공동사업으로 추진해 2012년 완공했다. 부지면적 약 9,640㎡, 연면적 약 144,000㎡, 최고높이 182.5m(지상 34층)의 복합용도 고층 빌딩 프로젝트이다.

지하 3층은 각종 지하철역과 시가지를 직접 연계하는 보행자 네트워크를 형성하고 있다. 상층부의 오피스(7-34층)는 지하철에서 직접 연계되는 엘리베이터가 설치되어 있다. 저층부는 도시활성화를 위해 상업시설을 도입하고 있다. 특히 지하철 역사는 일본이 자랑하는 세계적인 건축가 안도 타다오가 지하철 역사설계를 담당했다. 도시 인프라정비에 유명건축가를 기용해 도시개발의 일환으로 지하철 역사를 개조한 대표적인 사례이다.

시부야 히카리에 프로젝트는 2012년 (구)도큐(東急)문화회관 이적지 및 주변지구를 공동사업으로 재개발해 완공된 재개발 프로젝트이다.

일본의 유명건축가 안도 타다오가 설계한 지하철 역사. 도시 인프라정비에 유명건축가를 기용해 지하철 역사를 개조한 대표적인 사례이다.

또한, 저층부 상업부와 고층 오피스시설 중간부에 지역 공공시설 및 문화시설을 배치하고 있다. 2,000석 규모의 뮤지컬극장과 다양한 규모의 임대회의실, 예술가들을 위한 크리에이티브 라운지(Creative Lounge, 젊은 예술가들이 단기로 예술작업, 사무공간 등으로 임대해 사용할 수 있는 공간) 등을 설치해 젊은이들의 문화예술 허브 공간으로 활용되고 있다. 또 오피스는 시부야 지역 특성을 살린 IT 네트워크 계열 기업 등이 입주해 문화예술의 전진기지로서 거점 역할을 하고 있다. 상층부 오피스 진출입은 별도의 동선을 마련하고 스카이 오피스 로비가 설치되어 있다.

상층부 오피스와 저층부 상업시설 중간부에 위치한 문화교류 시설

저층부 상업부와 고층 오피스 시설 중간에 지역 거점시설인 공유 오피스(크리에이티브 라운지, 회의실 등)를 배치하고 있다.

36 시부야역 가구블록_ 스크램블 스퀘어 프로젝트

시부야역 가구블록(일명, 스크램블 스퀘어)프로젝트는, 시부야역 토지구획정리사업 시행 구역 내에 위치한 시부야역 현관 부분에 해당하는 가구블록이다. 도쿄지하철 주식회사 3개 회사가 공동사업으로 추진한 재개발사업이다. 부지면적 약 15,300㎡, 연면적 약 270,000㎡, 최고 높이 약 230m(지상 46층)이다. 2013년 6월 '도시재생 특별지구'로 지정되었다.

2012년, 대규모 건축물에 관한 환경영향평가 절차를 시작으로 인접한 도겐자카(道玄板) 가구블록과 통합해 도시계획이 결정되었다. 일부가 철도 상부에 위치하고 있기때문에 실제로 공사를 진행하기가 매우 어려운 여건이었다. 이러한 제약조건을 극복하고 장기간의 공사 기간을 거쳐 공사가 진행되었다. 지상 47층, 높이 230m의 초고층 오피스동은 연면적 7만㎡로 시부야 지역에서는 최대규모의 빌딩이다.

시부야역 가구블록은 시부야역 토지구획정리사업 시행 구역 내에 위치해 시부야역의 현관 부분에 해당하는 가구블록 재개발 프로젝트이다.

오피스빌딩의 진출입 로비는 상업시설과는 별도의 동선으로 명확하게 동선분리하고 있다. 또한 별도의 엘리베이트 시설을 갖춘 옥상 전망대는 새로운 시부야의 관광명소가 되고 있다. 저층부에 위치한 상업시설 또한 단일 건축물로는 최대 규모(임대 연면적 7만㎡)로 계획했다. 또 JR철도역 상부에는 새로운 광장공간을 배치해 시부야역의 중심공간 역할을 하고 있다.

저층부는 지하철 동선과 연계하면서 보행자 네트워크를 형성하고 있다.

이 프로젝트의 특징으로는, 대규모 터미널 역의 교류 결절점 역할을 강화해 편리하고 안전한 역세권을 형성하고 민간부지를 활용한 입체교통광장을 정비하고 있다는 점이다. 또 인접 가구블록과 지하 보행 네트워크를 연결하고 있다. 나아가, 지하철 긴자선(銀座線)의 시발점인 시부야역을 상징적인 역사건축으로 개조했다.

일본에서 인프라 토목시설 건축가로 유명한 나이토 히로시를 기용해 세련된 역사건축 디자인을 구사하고 있다. 한편, 국제적 경쟁력을 가진 다양한 도시기능 프로그램을 도입하고 있으며, 창조산업의 집적, 성장을 촉진하는 기능, 정보발신기지, 관광자원 기능의 도입 등을 포함하고 있다.

시부야역 가구블록은 국제적 경쟁력을 가진 다양한 도시기능 프로그램을 도입하고 있는데 창조산업의 집적, 성장을 촉진하는 기능, 정보발신기지, 관광자원 기능의 도입 등을 포함하고 있다.

* 긴자선 시부야역 개조계획*

2020년, 도쿄 메트로 긴자선(銀座線)에 새로운 시부야역이 탄생했다. 도시계획도로 상부에 건설된 길이 110m의 지하철 고가역이다. 당초 7개의 선로를 3개의 선로로 압축하고, 구 역사로부터 약 130m를 이동했다. 종전에는 백화점 내에 전철역사가 자리하고 있어 오랫동안 역사 개축을 할 수 없었다. 이번 시부야 가구블록 재개발을 계기로 전철 역사 개조가 실현되었다.

긴자선 시부야역 정비. 유명건축가 나이토 히로시가 설계한 지하철 역사로 도시 인프라시설의 수준 높은 정비 사례라 할 수 있다.

선로를 축소하면서 플렛폼의 폭을 12m 확장했다. M형 철강 아치 구조가 약 2.5m 간격으로 45개를 설치해 무주공간(기둥이 없는 공간)을 연출하고 있다. 일본의 유명건축가 '나오토 히로시(內藤廣)'가 설계를 담당했다. 히카리에 가구블록 지하철 설계에 안도타다오가 담당했듯이, 최근 일본에서는 지하철 역사 설계에 유명건축가들이 많이 참여하고 있다.

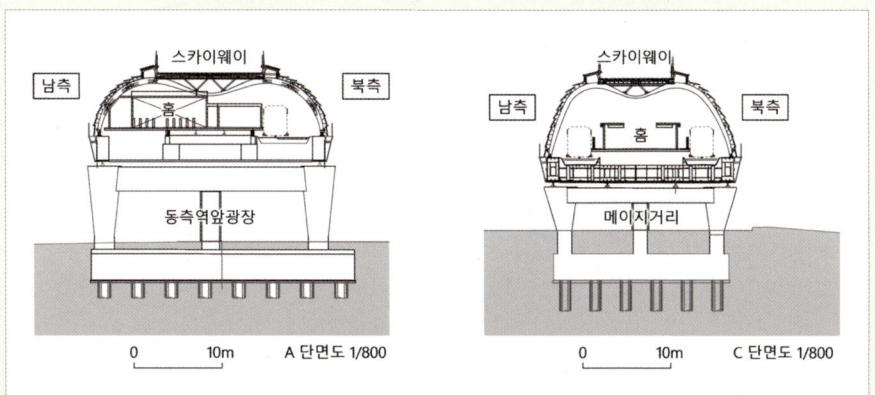

긴자선 단면도. 도시계획도로 상부에 건설된 길이 110m의 지하철 고가역이다.

37 시부야역 남측 가구블록_ 시부야 스트림 프로젝트

도큐(東急) 도요코선(東橫線) 시부야역 지하화에 따라 형성된 노선 이적지를 활용해 인접한 지권자들과 공동으로 시행한 공동개발사업 프로젝트이다. 일명 '시부야 스트림' 프로젝트라고 한다. 토지구획정리사업에 의한 시부야역 남측 가구블록의 재편을 시도하고 있다.

시부야역 남측블록 재개발 프로젝트(시부야 스트림)는 지하화된 도큐(東急) 도요코선(東橫線) 시부야역의 노선 이적지를 활용해 인접한 지권자들과 공동으로 시행한 공동사업으로 토지구획정리사업이다.

부지면적 약 7,100㎡, 연면적 약 114,600㎡이며, 최고높이 약 170m(지상 32층)로 2013년 6월 '도시재생 특별지구'로 지정되어 2018년 완공되었다. 연면적 4만5천㎡의 오피스, 중층부에는 호텔, 저층부에는 홀과 상업시설 등을 배치하고 있다. 일하면서 즐기는 젊은층을 지원하는 다양한 시설들이 집적해 있다.

저층부의 상업시설은 예전의 지상 전철 선로를 남기면서 철로변 노선상가의 이미지를 모티브로 디자인했다. 다양한 문화시설과 더불어 약 180실 규모의 호텔이 저층부와 상층부 사이에 입지하고 있다. 젊은 층들의 일자리 성지로서 미국 IT기업 구글의 일본지사도 입지해 있다. 14층에서 35층에 총 연면적 약 4만 6천m2의 오피스 공간이다.

저층부 상업점포시설은 예전의 지상 전철 선로를 남기면서 철로 변 노선 상가를 모티브로 한 상가점포들이 들어서 있다.

구글 도쿄 사무실 로비 전경. 젊은이들의 일자리 성지로서 미국 IT기업 구글의 일본지사가 입지해 있다(좌). 또한 저층부 상가점포 상층부 오피스 하층부 사이에는 호텔이 입주해 있다(우).

한편, 인접한 시부야 하천을 따라 산책로를 정비하고 있는 점도 특징이다. 하천 산책로에는 오픈카페, 가로점포를 설치하고 하천공간을 활용한 가구블록 활성화를 도모하고 있다.

시부야 하천을 정비하고 하천상부 데크 공간에는 다양한 공공오픈스페이스를 설치하고 있다.

38 도겐자카(道玄坂) 가구블록_ 시부야 후쿠라스 프로젝트

도겐자카(道玄坂) 시가지재개발 조합이 추진한 시부야역 서측 도큐(東急)플라자와 주변지를 통합해 재개발한 프로젝트로, 2018년을 완공했다. 도큐부동산이 사업협력자로 참가해 지권자조합과 협력하면서 재개발사업을 추진했다.

부지면적 약 3,300㎡, 연면적 약 59,000㎡, 높이 200m(지상 17층)로 2013년 6월 '도시재생 특별지구'로 지정되었다. 고층부에는 오피스, 중 저층부에는 상업시설이 입지하고 있으며, 옥상에는 광장이나 비즈니스 지원시설이 있다. 1층에는 국제공항으로 직접 갈 수 있는 공항 리무진 버스터미널도 설치하고 있다.

도겐자카(道玄坂) 가구블록은 시가지재개발조합이 추진하는, 시부야역 서측 도큐(東急) 플라자와 주변지를 일체화한 재개발 프로젝트이다.

도켄자카 프로젝트의 특징은 우선 민간부지 일부에 도심 터미널 기능을 도입하고 보행자 우선도로 및 지하 차로 네트워크를 정비하고 있다. 또 소규모 오피스를 제안해, 벤처 업무를 수행하는 소규모 창업기업을 유치하고 옥상정원 등을 설치해 외국계 기업의 유치도 적극적으로 추진하고 있다.

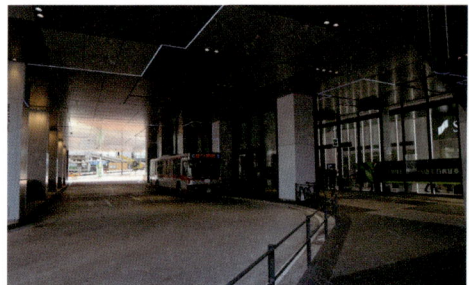

1층에 국제공항으로 직접 갈 수 있는 공항 리무진 버스터미널 설치하고 있다.

저층부에는 다양한 상업시설을 도입하고 있다.

소규모 오피스를 제안해 벤처업무를 수행하는 소규모 창업기업을 유치하고 있다(좌). 옥상정원 등을 설치해 외국계기업의 유치도 적극적으로 추진하고 있다(우).

39 사쿠라오카 가구블록 프로젝트

시부야역 주변지구 여러 개의 가구블록을 개발하는 전형적인 가구블록 재편형 재개발 프로젝트이다. 지권자 조합이 시행하고 도큐(東急)부동산이 협력해 재개발하는 방식으로 2020년 완성했다. 부지면적 약 17,000㎡, 연면적 약 241,400㎡, 최고높이 180m(지상 36층-A1동)로 2014년 '도시재생 특별지구'를 신청해 지정받았다.

사쿠라오카 가구블록 프로젝트는 전형적인 가구블록 재편형 재개발 프로젝트이다.

A,B,C 세 개의 세부 가구블록으로 구성되어 있는데, A블록은 오피스, 점포, 창업지원시설, B블록은 주택, 사무소, 점포, 생활지원시설, C블록은 교회 등이 입지한다. 터미널 역과의 교통 결절 기능을 강화하고, 편리성과 안전성을 향상하기 위해 지하 차로 네트워크를 정비하고 있다.

각 세부블록(A, B, C 블록)이 만나는 중앙부에는 데크 중앙광장을 설치하고 있다. 스카이 보행통로와도 연계하면서 창의적인 계단디자인, 철로변 데크 연계, 조각작품 등을 설치해 광장 디자인을 특화하고 있다. 또 광장에 면해 카페 등 광장 활성화 프로그램도 도입하고 있다.

공공보행통로를 통해 후면의 공원과도 연결하고 있으며, 저층부 상업시설과의 연결 브릿지, 주변 기성 시가지로의 연결계단 설치 등 보행자 회유 동선을 계획적으로 제안하고 있다. 또한 장기체류형 호텔 레지던스, 외국인 비즈니스 근무자를 위한 생활지원시설도 갖추고 있으며, 창조산업과의 연계를 통한 창업지원 기능을 유치하고 있다.

상층부 오피스 빌딩으로의 접근은 별도의 에스컬레이트를 통한 진출입부 동선을 확보하고 스카이 로비공간을 통해 업무공간의 차별화를 도모하고 있다. 또 오피스에 주거맨션 기능을 복합적으로 개발해 거주환경의 충실을 도모하고 있다. 경사지를 활용한 다양한 외부공간, 주거지 후면부 가로공원 등은 재개발 가구블록의 수준 높은 공간환경을 창출하고 있다.

사쿠라오카 가구블록 재개발 프로젝트 타워 전경(좌). 저층부 입면 디자인 차별화(우).

각 세부블록(A, B, C 블록이 만나는 중앙부에는 데크 중앙광장이 설치되어 있다. 스카이 보행통로와도 연계하면서 창의적인 계단디자인, 철로변 데크 연계, 조각작품 등을 설치해 광장 디자인을 특화하고 있다.

거주자들을 위한 후면부 가로공원 등은 재개발 가구 블록의 수준 높은 공간환경을 창출하고 있다(좌). 또한 상층부 오피스 빌딩에는 별도의 스카이 로비가 설치되어 있다(우).

저층부 가로변 상업시설 전경. 주변 기성 시가지로의 연결계단 설치 등 보행자 회유 동선을 계획적으로 제안하고 있다.

40 미야시타(宮下) 공원 프로젝트

시부야 JR역 인근에 약 1만 800m2 규모의 도시형 입체공원이 만들어졌다. 최근 우리나라에서도 다양한 언론에서 소개되고 있는 '미야시타 공원'이다. 공원부지 저층부에 각종 민간수익 상업시설을 유치하고 옥상부를 공중정원으로 입지시키는 획기적인 발상의 공원계획이다.

이러한 입체공원은 법제도적으로 뒷받침되지 않으면 실현할 수 없으며, 단순한 물리적 입체공원에 머무를 수밖에 없다.[20] 일본에서는 '입체도시계획제도' 와 더불어 도시공원에 민간수익시설을 확보할 수 있도록 하기 위해 2017년 도시공원법을 개정해 'Park-PFI제도(공원시설 공모제도)'를 도입해 실현

---

20) 구체적으로는 공원이라는 도시계획시설을 입체적으로 시설지정을 하고, 저층부에 민간이 상업시설을 유치할 수 있도록 법제도가 필요하다. 현재 우리나라 법 제도에서는 입체도시계획시설제도가 없으며, 도시공원법에서도 공원시설에 대규모 민간상업시설을 유치할 수가 없도록 되어 있다.

해가고 있다.[21]

미야시타 입체공원은 시부야천(하천)에서 하라주쿠(原宿), 요요기공원 방면으로 철로변 공원이 이어지는 공원녹지시설이 입지하고 있다. 이 공원녹지시설의 일부를 입체화해 주차장, 상업시설, 호텔 등 상업시설을 유치하고, 공원은 상업시설 옥상부에 설치했다. 상업시설 옥상부는 공원시설(도시계획시설)로 지정하고 각종 공원 프로그램을 도입하고 있다. 옥상 공원에는 공원활성화를 위한 카페(스타벅스)도 설치되어 있다. 공원 북측에 고층의 호텔 로비, 호텔 카페 등과도 자연스럽게 연계하고 있다.

미야시타 입체공원 전경(좌). 시부야천(하천)에서 하라주쿠(原宿), 요요기공원 방면으로 철로변 공원이 이어지는 공원녹지시설 일부를 입체화해 주차장, 상업시설, 호텔 등 상업시설을 유치하고 있다(우).

공원시설 1층부 간선가로에 면한 가로상가는 고급 브랜드 명품상가도 입지해 있어 시부야 역세권에 어울리는 가로경관을 연출하고 있다. 또 기성시가지 이면가로에 면한 골목길에는 일본의 전통적인 상가 골목길(요코초, 横丁)을 연상케 하는 음식점 거리가 형성되어 있다. 가로공간의 역사적 경관이

---

21) Park-PFI제도(공원시설 공모제도)는 공원에 민간수익시설을 유치해 공원의 유지관리 및 활성화를 도모할 수 있도록 사업자 공모를 할 수 있는 제도이다. 일본에서는 2017년 도시공원법 개정으로 추진하고 있다.

미지를 계승하고 있다고 하겠다. 공원의 북측 호텔 구역 밖으로는 여전히 철로 변 녹지공원이 그대로 남아 있는 것을 볼 수 있다. 참고로 철로 녹지 공원에는 시부야구의 일련의 공중화장실 프로젝트의 일환으로 건축가 안도타다오가 설계한 공중화장실이 있다.[22]

철로변 공원이 이어지는 옥상 공원녹지 하부에는 다양한 민간수익 상업시설을 유치하고 있다.

옥상 공원에는 공원 활성화를 위한 카페(스타벅스)도 설치하고 있으며(좌), 공원 북측의 고층 호텔 로비 층, 호텔 카페 등과도 자연스럽게 연계하고 있다(우).

---

22) 시부야구에서 추진하고 있는 일련의 공원화장실 프로젝트의 일환이다. 시부야구에서는 근린공원에 유명건축가가 설계한 공원화장실을 설치하고 있다. 시부야구애서 추진중인 공공화장실 프로젝트의 하나이다. 현재까지 약 16개의 공원(공공)화장실이 시부야구 곳곳에 설치되어 있다.

공원시설 1층부 간선 가로에 면한 가로상가는 고급 브랜드 명품상가도 입지해 있다(좌). 또 기성시가지 이면가로에 면한 골목길에는 일본의 전통적인 상가골목길(橫丁)을 연상케 하는 음식점 거리가 형성되어 있다(우).

철로녹지 공원에는 시부야구의 일련의 공중화장실 프로젝트. 건축가 안도 타다오가 설계한 공중 화장실이다.

이 프로젝트를 추진하는데 있어, 시부야구(區)는 2015년 공모형 제안방식으로 미츠이(三井)부동산을 사업자로 지정했다. 민간사업자는 시부야구와 협약을 통해 공원 수익시설에서 일정 부분을 시부야구에 납부하고 있다. 특히 공원수익을 활용해 공원의 유지관리는 물론 공원 활성화를 위한 다양한 파크 메니지먼트 활동도 추진하고 있다.

도심에 방치되어 있던 공원녹지시설을 민간재원을 활용해 정비하고, 지역활성화를 위해 민간시설의 수익금으로 지역활성화 메니지먼트(파크 메니지먼트)를 추진하고 있는 것이다.

41 키타야(北谷)공원 프로젝트

키타야공원은 시부야역에서 요요기 공원 방향으로 가는 중간에 이면 주택가 언덕에 위치하고 있다.

전면도로에서 좁은 골목길로 접어드는 이면가로에 입지해 있어 전면도로에서는 잘 보이지 않는다. 주변은 저층의 건축물들이 늘어서 있고 상점, 음식점, 주택 등이 혼재해 있는 주택가 지역이다. 시부야 공회당(LINE CUBE SHIBUYA)이나 대형상업시설(시부야 PARCO) 등이 도보 3분 거리에 위치해 있다.

키타야 공원은 2021년 4월에 새롭게 리모델링 해 오픈했는데, 공원면적은 약 960m2로 큰 규모의 근린공원은 아니다. 광장, 식재, 벤치, 조명 등을 재정비하고 특히 새롭게 2층 규모의 카페시설을 도입했다.

키타야 공원은 복잡한 시부야 중심지역에서 조금 벗어난 곳으로 비교적 인적이 적고 조용한 분위기로 차분하게 공원을 즐길 수 있는 곳에 자리 잡고 있다. 주택가 근린공원으로 도심 주택가의 오아시스와 같은 장소이다. 2층 규모의 카페 건축물은 목조건축으로 비교적 심플하면서 세련된 디자인으로 만들어졌다. 특히 최근 블루 보틀(BULE BOTTLE) 커피전문점이 입점해 젊은이들 사이에 핫플로 인기를 모으고 있다.

키타야공원 전경. 복잡한 시부야 중심지역에서 조금 벗어난 곳으로 비교적 인적이 적고 조용한 분위기로 차분하게 공원을 즐길 수 있는 곳에 자리 잡고 있다.

블루 보틀(BULE BOTTLE) 커피점이 입점해 젊은이들에게 핫플로 인기를 모으고 있다.

근린공원의 설치 및 운영은 Park-PFI제도(공모설치 관리제도)를 통해 민간사업자를 공모했다. 선정된 민간사업자가 공원의 정비 및 운영관리를 주도적으로 담당하고 있다. 공원 활성화를 위해 야외전시, 플리 마켓(장터) 등 다양한 이벤트를 기획하고 있다. 특히 일본에서 대형설계사무소로 유명한 니켄(日建) 건축설계사무소가 운영사업자로 참여해 화제가 된 곳이기도 하다. 니켄 건축설계사무소로서도 파크 매니지먼트의 경험을 축척하기 위한 실험적 사업참여로 이해할 수 있다.

근린 활성화를 위한 다양한 이벤트(플리마켓, 커뮤니티 행사 등)를 실시해 근린지역의 활성화 거점으로 근린공원을 활용하고 있다.

운영주체는 도큐(東急)를 대표기업으로 하는 '시부키타 파트너스'가 Park-PFI사업의 지정관리자가 되었다. 시부야구는 2020년 8월, 지정관리자를 공모하였고, 같은 해 12월 25일에 시부키타 파트너스를 선정되었다. 시부키타 파트너스(관리회사)는 도큐기업과 함께 광고, 이벤트기획 등을 취급하는 CRAZY AD(시부야 소재)와 건축설계를 담당하는 니켄(日建) 건축설계사무소를 포함해 3개 회사로 구성된다. 지정관리 기간은 2021년 4월 1일부터 2025년 11월 30일까지 4년 8개월간이다.

주택가의 크지 않은 근린공원에 민간운영 회사를 공모를 통해 선정하고, 민간수익시설(카페)을 통해 수익을 창출하고 있다. 또한 그 수익금으로 근린활성화를 위한 다양한 이벤트(플리 마켓, 커뮤니티 행사 등)를 실시해 근린지역의 활성화 거점으로 근린공원을 활용하는 사례이다.

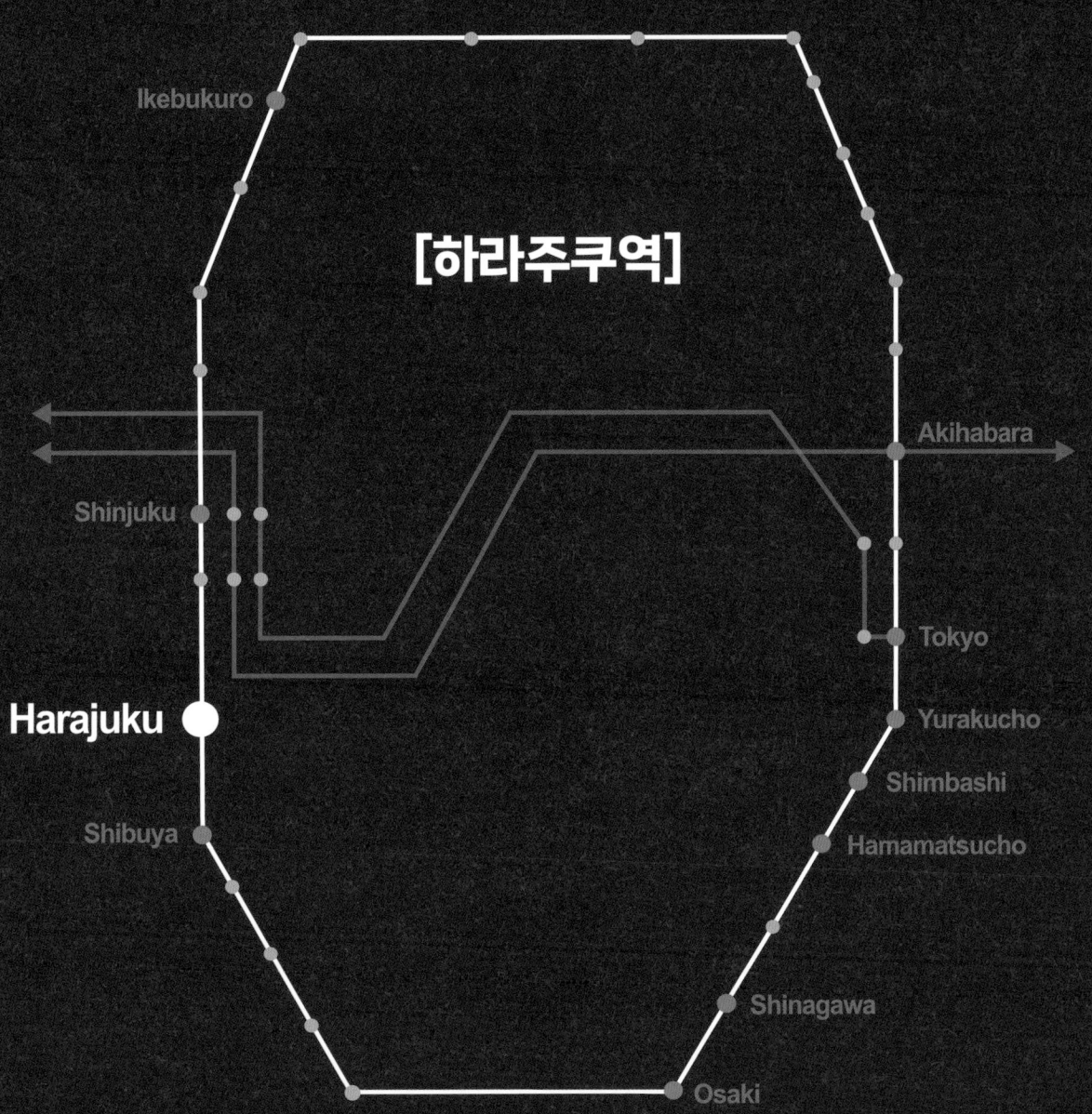

<답사 포인트>

1. 하라주쿠역은 메이지 신궁이라는 역사적인 공간과 오모테산도의 첨단패션 거리, 그리고 타케시다 거리(젊은이들의 거리)가 함께하는 매우 흥미로운 역세권을 형성하고 있다.
2. 하라주쿠역 전면에 최근 개발된 '위드 하라주쿠' 프로젝트는 유명건축가 이토 토요가 설계했으며, 저층부 중정을 감싸면서 중정형 공공보행통로가 후면부 다케시다 거리와 연계되고 있다. 규모는 크지 않지만, 저층부 경사지를 활용한 다양한 각 층별 레벨계획이 특징이다. 상층부 주거시설과는 별도로 하라주쿠 방문객들을 적극적으로 끌어들이는 매력적인 공공공간을 창출해내고 있다.
3. 오모테산도 기리는 건축전시관을 방불케 하는 유명건축가가 설계한 건축물이 늘어서 있다. 그 가운데에서도 안도 타다오가 설계한 오모테산도 힐즈는 일련의 '힐즈' 시리즈를 상징하는 프로젝트이다. 가로경관을 고려해 높이를 낮추면서 지하 상업공간을 혁신적인 가로 테라스 공간으로 제안하고 있다.
4. 최근 개발된 상업시설(도큐 프라자 빌딩)의 두 곳의 재개발 프로젝트는 사거리 교차부에 자리하고 있다. '하라카도', '오모카도' 라 불리는 두 프로젝트는 상업복합시설이 어디까지 파격적이며 혁신적일 수 있다는 것을 보여주고 있다. 최근 온라인 상거래 활성화로 인해 위축된 오프라인 상업시설의 위기를 극복하기 위해 파격적인 상업빌딩 디자인을 구사하고 있다.

지구 개요

하라주쿠는 젊은이들의 패션거리로 유명하다. 하라주쿠역에서 오모테산도역까지 이어지는 거리는 '참배의 길(參道)'로, 메이지 신궁에 이르는 상징적인 가로이다. 도쿄 상제리제로 불릴 만큼 넓고 아름다운 도로가 메이지신궁까지 뻗어있다. 이 오모테산도의 이면 길이 하라주쿠의 유명한 '다케시다(竹下)' 골목길이다.

1912년 메이지 천황이 서거하자 1920년 하라주쿠에 거대한 신사인 '메이지신궁'이 만들어졌다. 메이지 신궁의 전면(오모테, '表') 참배의 길(참도, '參道')로 오모테산도가 탄생했다. 1919년 길이 1,020m, 폭 36m의 거리에 버드나무 가로수 약 200개를 심었다. 오늘날 오모테산도 거리를 형성하는 출발이었다.

당시 비교적 큰 규모의 구획부지가 많았던 이 지역에 교회, 문화시설, 집합주택, 오피스 등이 들어서게 되었고, 전후(1945년)에는 인근 요요기 지역에 미군 가족 주택단지가 들어서면서 자연스럽게 독특한 국제적인 분위기의 거리가 형성되어 오늘날에 이르게 되었다.

하라주쿠 역세권 주요 프로젝트 현황

현재 오모테산도는 도쿄에서 가장 세련되고 아름다운 거리로 알려져 있다. 오모테산도 거리를 따라 세계 각국의 유명건축가가 설계한 상가건축물이 늘어서 있는 점도 특징이다. 1970년대 말부터는 하라주쿠가 젊은이들의 패션 메카가 되어 세계적으로 유명세를 알리게 되었고, 오늘날에 이르고 있다.

하라주쿠역에서 오모테산도 거리를 따라 걷다 보면, 건축가 안도타다오가 설계한 오모테산도 힐즈 프로젝트가 있다. 2006년에 완공된 프로젝트이지만, 여전히 오모테산도 거리의 랜드마크로 자리잡고 있다. 또 최근에는 하라주쿠역 바로 앞에 '위드 하라주쿠'복합개발 프로젝트가 완공되어 하라주쿠 역세권의 새로운 랜드마크가 되고 있다. 2010년 개발한 도큐프라자 오모테산도 하라주쿠 (오모카도) 프로젝트, 최근 완공된 '하라카도' 프로젝트 등이 있다.

42 위드 하라주쿠 프로젝트

JR 하라주쿠역 전면에 위치한 2020년 완공한 '위드 하라주쿠' 복합개발 프로젝트는, 1959년 준공한 하라주쿠 아파트를 포함해 몇 개의 부지를 통합해 재개발한 프로젝트이다. 하라주쿠역에서 '다케시타(竹下)거리'로 연결되는 위치해 자리하고 있다. 개발 프로젝트 저층부에서 자연스럽게 다케시타 거리로 연결되는 공공보행통로를 조성하고 경사지를 활용해 다양한 레벨에서 연결통로를 정비하고 있다.

'거리의 건축'을 테마로 일본 최초로 대규모 목재 프레임을 채용한 복합개발 사례이다. 상부에는 공동주택을 배치하고 있으며, 일본이 자랑하는 유명건축가 이토 토요가 설계를 담당했다. 지하 3층 지상, 10층으로 연면적은 약 2만7천m2이다.

위드 하라주쿠 복합개발 프로젝트는, 1959년 준공한 하라주쿠 아파트를 포함해 몇 개의 부지를 통합해 재개발한 프로젝트이다.

주 출입부인 목재 게이트를 지나면 공공보행통로와 함께 지하층의 중정 아트리움이 설치되어 있다. 지형의 단차를 이용해 자연스럽게 후면부의 낮은 지하층으로 에스컬레이트를 이용하도록 하고 있다.

지상부 공공보행통로 및 발코니 테라스 공간을 따라 저층부 상가점포들이 입주해 있다.

또한 지상부 2개층은 상업시설을 배치했으며, 에스컬레이트 이동공간을 중심으로 전, 후면으로 테라스 공공공간을 설치해 하라주쿠역 및 시부야 시가지 전경을 조망할 수 있도록 하고 있다.

저층부의 개방성과 공공성을 확보하기 위해 공공보행통로, 중정 아트리움, 발코니 테라스 등 다양한 동선 시스템 및 휴식공간을 확보하고 있다. 특히 이러한 공공공간과 연계해 다양한 상가점포를 배치하고 있다. 상층부의 주거동 부분은 저층부의 상업공간과는 분리해 별도의 진출입부를 형성하고 있다.

주출입구를 상징하는 목재 게이트(좌). 주 출입부 목재 게이트로 지나면 공공보행통로와 함께 지하층 중정 아트리움이 설치되어 있다(우).

지형의 단차를 이용해 자연스럽게 후변부 다케시다 거리와 연계하고 있다(좌). 2층 레벨에는 테라스 공공공간을 설치해 하라주쿠역 및 시부야 시가지 전경을 조망할 수 있도록 하고 있다(우).

43 오모테산도(表參道) 힐즈 프로젝트

오모테산도 힐즈 개발프로젝트는 1927년에 건립된 도준카이(同潤會) 아파트단지가 입지해 있던 곳으로 주변지구의 도시적 컨텍스트에 맞춰 개발한 대표적인 프로젝트이다.[23] 사업주체는 (주)모리빌딩을 포함한 아파트지권자 등으로 구성된 재개발조합이며 2006년 2월 준공했다. 설계는 일본을 대표하는 건축가 안도 타다오가 현상설계를 통해 선정되었고, 오모테산도 가로의 버드나무 가로수와 조화된 복합건축물 계획에 주안점을 두고 디자인된 점이 높은 평가를 받았다. 즉 개발사업으로 인한 고층화를 피해 건축물의 최고높이를 23.3m로 낮추었는데 시가지의 상징인 가로수의 높이와 맞추어 주변환경과의 조화를 강조하고 있다.

대상지 면적은 1.2ha로 비교적 소규모이지만 일본을 대표하는 상징가로(오모테산도)에 270m나 면해있는 장방형의 대지형상으로 주변지구에 미치는 영향이 매우 큰 대지형상을 가지고 있다. 건축물은 지상 6층, 지하 6층의 복합건축물로 상업시설과 주택으로 구성되며 총사업비는 토지비를 제외하고 약 181억엔(약 1,800억원)이 소요되었다.

도쿄 오모테산도 가로전경. 도쿄에서 오모테산도 지구는 젊은이들의 첨단패션을 리드하는 곳이며, 도쿄 샹제리제 거리로 불린다. 메이지 신궁(神宮)으로 이어지는 가장 상징적인 가로이다.

---

23) 도준카이 아오야마(靑山)아파트로 유명한 이 주거단지는 1920년대 관동대지진 이후 내화건축물로 건설된 일본의 초기 모더니즘을 대표하는 아파트 단지였다. 도쿄올림픽이 개최되던 1968년부터 재개발에 대한 논의가 시작되어 무려 35년이라는 세월을 거쳐 재개발계획이 논의되었다. 그 동안 많은 재개발계획이 진행되었지만 실현되지 못했는데, 그 이유는 아파트건축물 10동의 부지가 하나의 필지로 묶여 있어 토지소유자인 도쿄도(東京都)로부터 토지를 불하받기 위해서는 관계자 전원의 합의를 필요로 했기 때문이다.

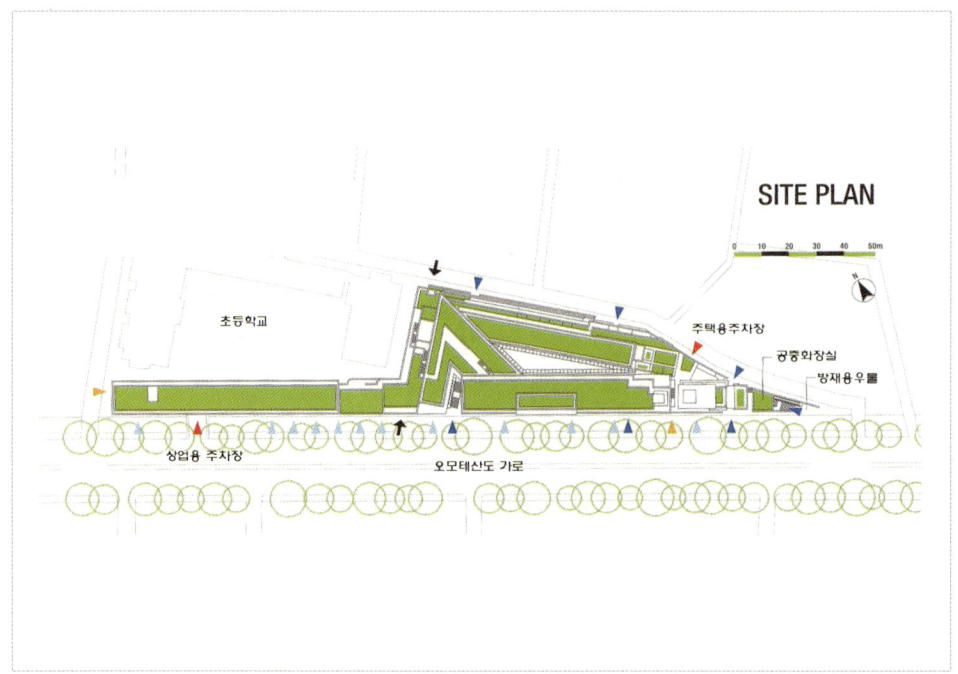

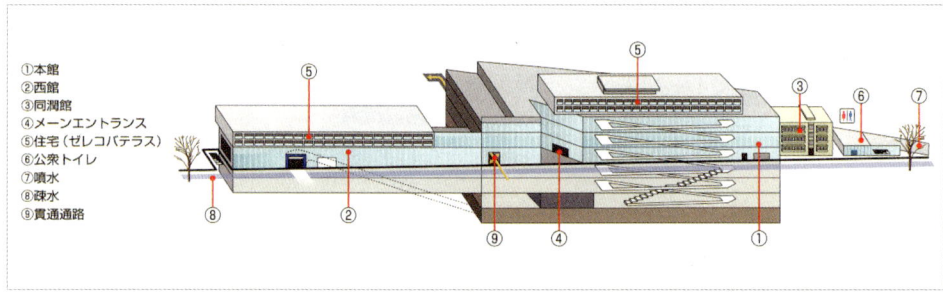

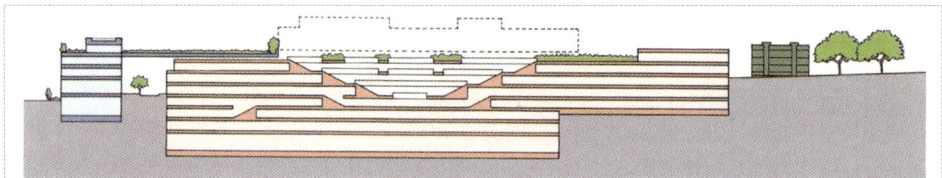

오모테산도 힐즈 재생프로젝트 배치도 및 단면도. 대상지는 도쿄를 대표하는 상징가로(오모테산도)에 270m나 면해있는 장방형의 대지 형상으로 주변 지구에 미치는 영향이 매우 큰 대지 형상을 가지고 있다.

1990년 초 고베지진의 영향으로 주민들 사이에서 아파트 재개발의 필요성이 급속히 대두되었다. 이후 관리조합에 의해 개발컨설팅 사업자로 일본을 대표하는 부동산 개발회사인 '(주)모리빌딩'이 승인되면서 재개발계획이 본격화되었으며 1998년 도쿄도로부터 토지를 불하받게 되었다. 1999년까지 약 2년간은 계획안을 검토하면서 계획이 진행되었다.

설계자 안도 타다오는 초기단계에 인접한 초등학교, 아오야마 아파트, 도쿄보건회관 부지 등을 일체적으로 정비하는 계획안을 제안하였다.[24] 도시계획에 근거한 구체적인 환경정비의 사례로는 대상지 중앙부분에 전면가로(오모테산도)와 북측의 도로를 연결하는 보행자전용 통과도로(폭4m) 정비를 들 수 있다. 또 전면가로를 따라 건축물을 1m 벽면 후퇴시켜 쾌적한 보행자공간을 확보하였다. 북측 이면도로에 대해서도 보도정비, 전신주의 지중화 공사 등이 실시되었다.

오모테산도라는 일본에서 가장 상징적인 도로에 270m가 면한 주상복합 용도개발 프로젝트로, 전면가로에 면해 유리면의 벽면 파사드가 연속적으로 전개된다. 상업시설로서는 너무 간결한 느낌을 줄 수 있지만, 오히려 복잡할 수 있는 전면 도시가로에 차분하게 들어서 전체적으로 통일감을 보여주고 있다. 유리면은 버드나무 가로수에 대한 배경 건축을 형성하고 오모테산도라는 상징가로의 매력을 높이는 장치물로 작용하고 있다. 전면가로의 중앙부에 설치된 주출입부는 전면에 큰 삼각형의 가로광장을 형성하고 광장 상층부에 처마형태로 드리워진 주택동이 출입문의 역할을 하고 있다.

오모테산도라는 일본에서 가장 상징적인 도로에 270m가 면한 주상복합 용도개발 프로젝트로, 전면가로에 면해 유리면의 벽면 파사드가 연속적으로 전개된다.

한편, 상업시설의 내부에 들어서면 드라마틱한 내부개방공간이 연출된다. 가로변의 심플한 외부 파사드와는 대조적으로 상부 채광부(top light)를 통과한 자연광이 대공간의 지하 공간까지 비추면서

---

24) 일체적 계획안의 특징은 옥상교정을 포함하는 초등학교 부분의 부지는 자치구의 소유로 하고 옥상교정 아래의 부분에 대해서는 자치구 소유로 하되 민간에게 임대하는 형태(구분지상권)로 제안되었다. 하지만 실행단계에 주민들의 반대의견이 많았으며, 빠른 시일내에 재건축을 원하는 의견이 많아 결국 논의가 실현되지 못하고 현재의 계획안으로 결정되었다.

건물 내부에 사람들이 모일 수 있는 개방적인 중정공간을 창출해내고 있다.

특히 이러한 개방적 공간을 둘러싸고 '스파이럴 슬로프(spiral slope)'라 불리는 경사도 1/20의 구배를 가진 경사로를 형성하고 있다. 이는 외부 전면가로인 오모테산도 가로의 경사도와 같은 경사도와 보도포장을 통해 외부의 가로를 내부까지 끌어들이면서 판매, 식음 등의 점포가 늘어서 있다. 전체길이 700m로 상업공간의 공공성과 가로공간의 도시성을 의도적으로 연출해 '제2의 오모테산도' 가로를 재현하려는 시도이다. 중앙부 삼각형의 대계단은 지하3층 부분까지 연결되어 약 500m2의 넓이를 가진 다목적 공간으로 상부 오픈된 대공간과 함께 정보발신의 중심공간이 되고 있다. 대규모 내부계단은 이벤트로 사용 가능한 무대장치로 방문하는 사람들에게 자신이 무대연출의 출연자가 된 듯한 느낌을 가지게 한다.

상부 채광부(top light)를 통과한 자연광이 대공간의 지하 공간까지 비추면서 건물 내부에 사람들이 모일 수 있는 개방적인 중정공간을 창출해내고 있다.

또한 주택부분은 상업시설 상부에 위치하고 있으며 서쪽동은 지상3-4층, 동측동은 지상4-6층으로 배치되어 가로수와 거의 같은 높이로 계획되었다. 주거동의 진출입은 상업시설과는 별도로 전면가로에서 직출입할 수 있도록 계획했다. 주거자들을 위한 옥상녹화 및 테라스 녹화공간을 통해 저층부의 상업공간과는 구분되어 차별화된 주거공간을 형성하고 있다. 주택은 전부 38호이며, 이 가운데 임대주택이 12호, 나머지는 원룸과 1LDK가 대부분이다. 월룸 주택으로 주택면적은 약 45-65m2의 작은 주택평면을 구성하고 있다.

주택부분은 상업시설 상부에 배치되어 가로수와 거의 같은 높이로 계획되었다(좌). 또 저층부의 상업공간과는 구분되어 주거공간 진입부를 형성하고 있다(우).

44 도큐플라자 하라카도 프로젝트

2024년 4월, 옥상 테라스와 다면적인 유리 외장으로 디자인된 도큐플라자 오모테산도 하라주쿠(일명 '하라카도' 프로젝트)가 탄생했다. 메이지거리와 하라주쿠가 교차하는 사거리 코너부에 위치하고 있다. 많은 사람들이 교차하는 상징적인 사거리 교차점이다. 계단형태의 옥상 테라스가 교차점을 향해 크게 열려있고, 곡선의 다면체 유리 블록 외장이 주변 풍경을 담아내고 있다.

옥상 테라스와 다면적인 유리 외장으로 디자인된 도큐플라자 '하라카도' 프로젝트 전경. 메이지거리와 하라주쿠가 교차하는 사거리 코너부에 위치하고 있다.

하라주쿠 역세권의 새로운 랜드마크인 '하라카도' 프로젝트에는 많은 내국인과 해외 관광객을 포함해 다채로운 방문객들이 모이고 있다. 방문객에게 가장 매력적인 요소의 하나가 풍부한 식재공간을 가진 옥상 테라스이다. 교차점 대각선으로 같은 형태의 옥상 테라스를 가진 도큐 프라자 오모테산도(오모카도 프로젝트)가 있다.

옥상 테라스, 오모테산도 가로수를 비롯해 주변의 녹지가 네크워크를 형성하고 있다. 이는 계획의 초기단계부터 계획한 것이다. 또한 옥상을 포함해 옥외공간의 교차점이나 주변 가로와 연계해 입체적인 교차부를 형성하고 있다. 교차부에 열린 옥상 테라스를 의도적으로 설치하고 있다.

건축물 외관상의 특징 가운데 하나는 '도시를 엮다'라는 컨셉으로 유리 파사드를 제안하고 있다. 실타래를 엮듯이 유리 조각을 파사드에 엮어 입면을 구성하고 있다. 유리 외장은 3각형의 유리 조각을 입체적으로 엮는 '우미(umi)'와 4각형 유리를 평탄하게 엮은 '시마(shima_' 부분으로 구성된다. 계절이나 기후변화에 반응하면서 각각의 면이 사람들의 움직임이나 하늘, 수목 등을 비추고 있다.

시마(shima)에는 비교적 투명도가 높은 유리를 사용해 실내를 투명하게 볼 수 있도록 하고 있다. 고급 테넌트 입주자를 염두에 둔 1층부는 테넌트가 자유롭게 인테리어를 디자인할 수 있도록 일반적인 알루미늄 샷시를 사용하고 있다.

건축물 외관상의 특징 가운데 하나는 '도시를 엮다'라는 컨셉으로 유리 파사드를 제안하고 있다.

상업복합건물이지만 창조적 공간 시설을 추구하고 있다. 예를 들면 3층의 '크리에이터 플랫폼'의 경우 디자인사무소, 회원제 라운지, 스튜디오, 점포 등 창작과 발표의 장소가 공존한다. 입주한 디자인사무소는 창작학원이나 디자인 공간을 설치하고 방문객과 새로운 무언가를 창작하는 활동을 지향하고 있다.

교차부에 면한 2층의 중층공간 '커버(COVER)'는 약 3천 권의 잡지가 있는 도서관이다. 출판사와 연계한 이벤트가 수시로 개최되고, 교차점에 면한 대형 창문을 통해 거리의 사람들과 소통하고 있다.

3층에는 '크리에이터 플랫폼'을 설치하고 있다. 디자인사무소, 회원제 라운지, 스튜디오, 점포 등 창작과 발표의 장소로 활용하고 있다.

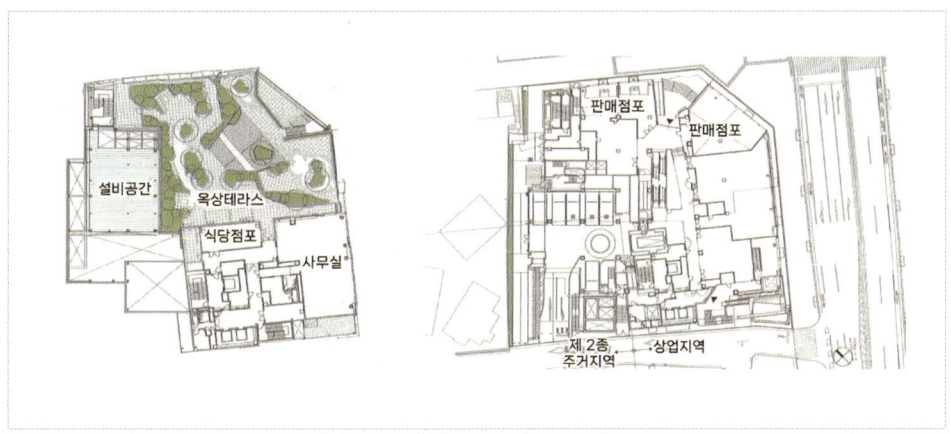

옥상층 및 1층 평면도.

특히 지하 1층에는 대중목욕탕이 입지하고 있다. 일본의 동네 목욕탕 문화를 지역주민과 방문객들에게 체험할 수 있도록 설치하고 있다. 목욕탕 운영회사는 파트너 기업 4곳과 연계해 건강, 미용 등을 테마로 체험장소를 제공하고 있다.

지하 1층에 위치한 대중목욕탕. 일본의 동네 목욕탕 문화를 지역주민과 방문객들에게 체험할 수 있도록 하고 있다.

옥상 테라스의 경우 다양한 기업이 수시로 이벤트를 개최하는 등 새로운 정보발신, 소통의 역할을 하고 있다. 또한 대각선 건너편의 오모카도 건물 벽면에 디지털 사인의 광고판을 설치했다. 하라카도와 연동한 광고영상이나 음악을 광고판에 방영하고 있다. 운영 주체인 도큐부동산도 일반적인 임대사업의 형태를 벗어나 광고나 이벤트에 의한 수익을 최대한 확보 할려고 하고 있다.

옥상 테라스 공간. 다양한 기업이 수시로 이벤트를 개최하는 등 새로운 정보발신, 소통의 역할을 하고 있다.

45 도큐플라자 오모하라 프로젝트

2012년 4월 오픈한 상업복합시설 '도큐플라자 오모테산도 하라주쿠'(일명 오모하라') 프로젝트는 나무와 건축의 관계를 테마로 '이곳에서만 체험 가능한 공간'을 추구한 도시형 상업복합시설이다.

부지는 하라주쿠역의 오모테산도와 하라주쿠역의 가로수가 교차하는 곳으로 옥상 테라스 공간에 녹지공간을 충분히 조성하고 있다. 지하 1층에서 2층까지 하나의 세트 공간으로 구획하고 3개의 패션 브랜드 가게가 입점하고 있다. 상층부에는 판매점, 음식점 등이 입점해 있다.

도큐 프라자 오모테산도 하라주쿠, 일명 '오모하라' 프로젝트는 이곳에서만 체험 가능한 상업공간을 추구한 도시형 상업복합시설이다.

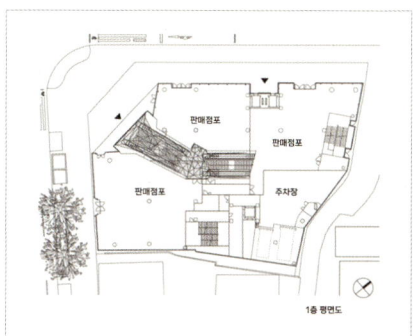
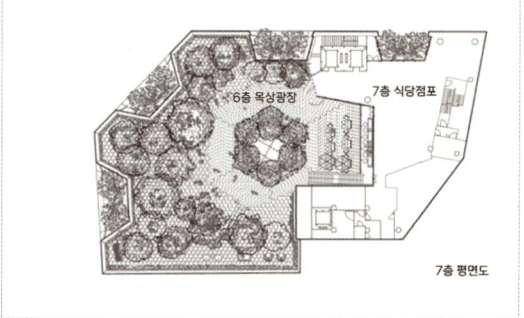

옥상 테라스 공간. 다양한 기업이 수시로 이벤트를 개최하는 등 새로운 정보발신, 소통의 역할을 하고 있다.

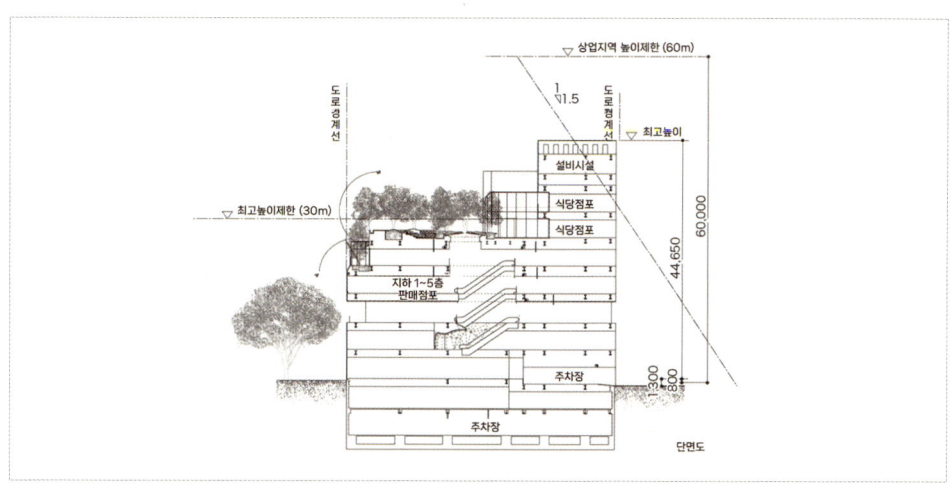

단면도. 저층부에는 판매점포가 입지하고, 상층부 식당 점포는 옥상정원과 연계하고 있다.

하라주쿠역

옥상부 테라스 공간은 누구나 방문할 수 있는 개방공간 '오모하라 숲'을 형성하고 있다. 옥상테라스를 강조해 존재감 있는 테라스 공간을 형성하며 가로의 랜드마크성을 특화하는 디자인을 연출하고 있다.

상업복합건축물에는 상층부까지 어떻게 내방객을 유치할 것인가가 항상 고민거리이다. 지가 상승으로 시민들의 휴식공간이 부족해진 하라주쿠 주변 상황을 고려해, 과감하게 옥상에 숲을 조성해 사람들을 끌어들이고 있다. 특히 최근 SNS를 통한 온라인 상품판매가 급증하고 있는 가운데, 단순히 상품판매를 위한 공간만으로는 도시형 상업시설의 존재감이 없어질 수 밖에 없다. 건축물 자체에 쇼핑의 즐거움을 담아낼 수 있도록 공간을 기획하는 것이 중요해졌다.

사업주인 도큐부동산은 1960년대부터 '도큐플라자'를 운영해왔는데, 브랜드를 새롭게 리브랜딩하면서 상업시설의 리뉴얼도 추진했다. '도시의 광장'으로서 성격을 강화하면서 시민들에게 열린 공간을 제공하고 있다.

옥상부 테라스 공간은 누구나 방문할 수 있는 개방공간인 '오모하라 숲'을 조성하고 있다.

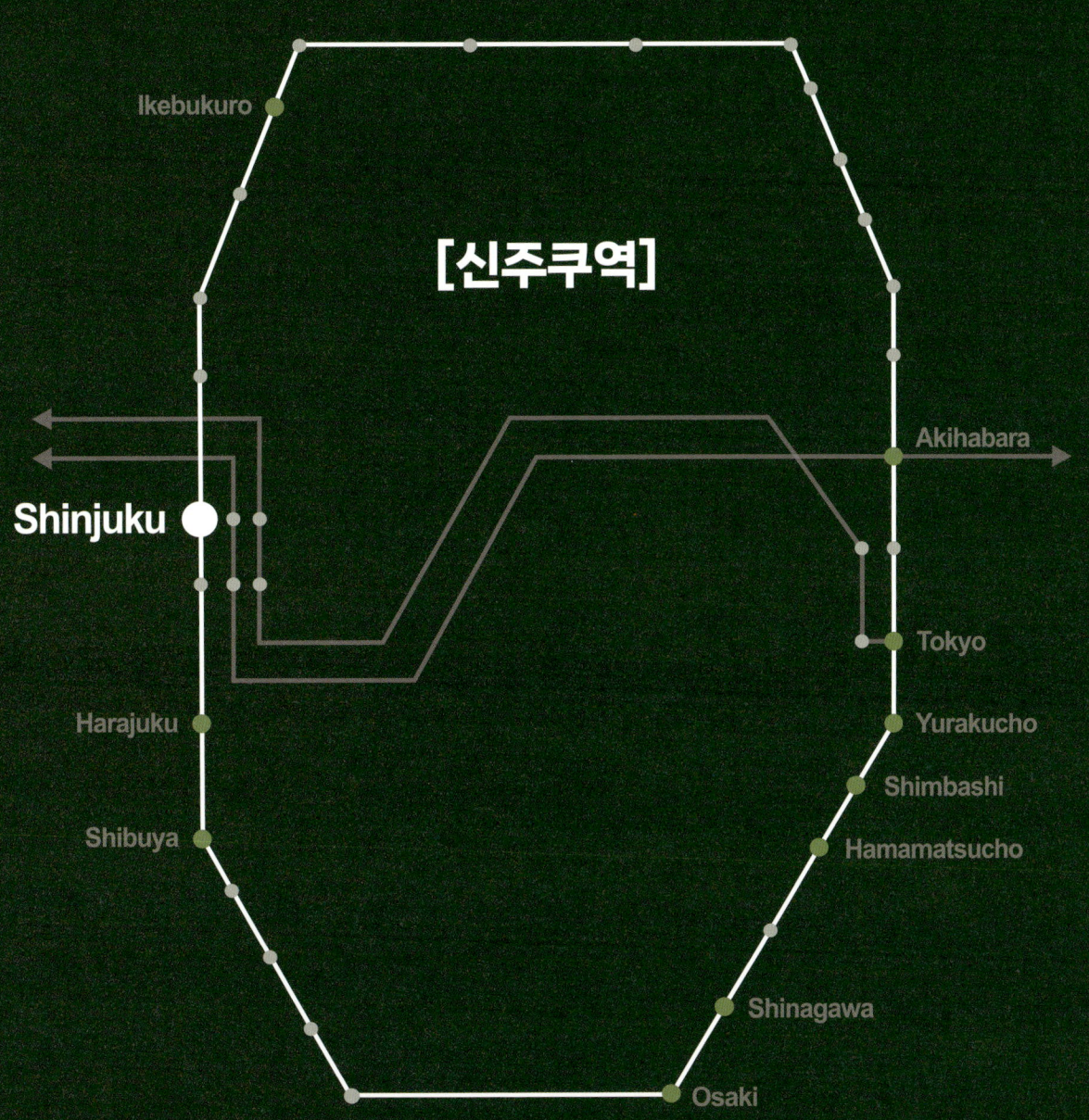

9 신주쿠역

<답사 포인트>

1. 도쿄를 대표하는 부도심인 신주쿠 역세권은 동측, 서측, 남측지구로 나누어 답사가 가능하다. 우선 서측 지구는 초고층 업무지구가 계획적으로 개발된 지구이다. 도쿄도청을 중심으로 서측 역 광장에서 도청, 신주쿠 중앙공원으로 이어지는 중심가로축을 형성하고 있다. 중심가로축을 따라 선큰광장(미츠이빌딩 공개공지), 인접한 스미토모 빌딩 실내공개공지 등 공개공지 활성화 프로젝트가 있다.
2. 신주쿠 중앙공원에는 공원활성화 프로젝트의 일환으로 공원카페를 도입하고 있다. 또 서측지구의 그랜드 타워 프로젝트는 업무타워와 주거타워를 수평적으로 배치해 통합개발한 사례라는 점에서 특징적이다. 업무지구의 공동화를 방지하기 위해 업무빌딩에 주거시설을 적극적으로 도입하고 있다.
3. 신주쿠 남측지구는 철로 싱부를 개발한 바스타 신주쿠 프로젝트가 있다. 최근 우리나라에서도 철도 상부 입체적 개발(용산역사 상부개발 등)이 추진되고 있는데, 참고가 될 만한 사례이다. 고속버스 및 공항버스 터미널 등을 철도 상부에 입체적으로 조성하면서 상업시설 등과 복합적으로 개발하고 있다. 특히 철로 상부 데크 테라스에는 공공 오픈 스페이스 공간이 계획되어 있다.
4. 또한, 철로 변에 개발된 3개 동의 고층 오피스 빌딩은 공개공지를 통합해 테라스 데크를 형성하고 있다. 이것이 미나미 테라스 프로젝트이다. 카페, 레스토랑 등 다양한 공개공지 활성화 시설도 함께 형성되어 있다. 특히 철로 주변에 설치된 테라스 데크를 전체적으로 연결할 수 있도록 보행자동선을 계획하고 있다.

5. 신주쿠 동측지역은 기성시가지로 신주쿠 유흥 환락가(가부키초)로 유명하다. 2000년대 들어 쇠퇴한 구 시가지를 활성화하기 위해 가부키초 지역 재건계획이 추진되고 있다. 대표적인 재개발 프로젝트인, 토호빌딩 개발과 도큐 가부키초 타워 프로젝트, 그리고 이스트 사이드 프로젝트가 대표적이다.
6. 토호빌딩은 원래 가부키초의 랜드마크였던 코마극장을 복합재개발한 프로젝트이다. 또 가부키초 타워 프로젝트의 경우 지역활성화를 위해 대부분의 시설을 엔터테이먼트 용도로 구성하고 있다. 한편, 이스트사이드 프로젝트는 가부키초에서 다소 떨어져 '히가시 신주쿠역'에 입지해 있는데, 오피스빌딩 복합개발로 지역의 업무 비지니스 환경을 창출하고 있다.

지구 개요

신주쿠는 우리나라 사람들에게도 매우 친숙한 곳이다. 도쿄도청 소재지, 도쿄의 중심 환락가(가부키초) 등 도쿄를 방문하면 반드시 찾게 되는 곳이다. 신주쿠역은 JR, 민영전철(私鐵), 지하철이 모여있는 거점 터미널역이다. 하루 350만 명이 이용(환승 이용 포함)하는 세계 최대의 역세권으로 기네스북에도 올라있을 정도이다.

2000년대 이후 거대 터미널 역의 재편과 더불어 도시계획적 과제를 해결하면서 시부야, 이케부쿠로 등과는 차별화된 역세권 재편을 시도하고 있다. 아울러 도쿄도청이 자리하고 있는 신주쿠 서측 초고층 건축물군 정비도 동시에 추진하고 있다.

신주쿠는 역사적으로 에도시대부터 주요간선(甲州街道)의 제1의 숙박지로 출발했다. '新宿(신주쿠)'라는 단어 자체도 새로운 숙박지라는 의미이다. 에도시대부터 많은 사람들이 교류하고 이용하던 거점지역이었다. 1950년대 근대화 과정에 도쿄 도심에서 교외부로 확장하는 철도 노선이 발달하면서, 거점 터미널 역 역할을 하게 되었고 자연스럽게 부도심으로 자리 잡게 되었다.

1960년대 신주쿠 부도심 계획이 결정된 이후 일본 최초의 초고층 건축물군이 형성된 지역이기도 하다. 1980년대는 도쿄도청이 신주쿠로 옮겨오면서 도쿄행정부의 중심지가 되었다. 이러한 도쿄 부도심 지역으로 형성된 이후 반세기가 지난 현재, 초고층 건축물군이 밀집한 서측 지역을 중심으로 도시 경쟁력 제고 차원에서 새로운 도시정비의 움직임이 활발하게 일어나고 있다.

기존의 도시 인프라를 혁신적으로 개선해 최첨단 도시인프라를 조성하고 다문화, 다국적의 거주자들이 모여 새로운 도시경쟁력을 창출해내고 있다. 또한 저탄소화, 다양한 비즈니스 환경조성, 상업, 문화기반 등을 갖춘 미래지향적 도시생활 환경조성에 역점을 두고 있다.

도쿄에서 가장 번화한 지역 가운데 하나인 신주쿠(新宿) 동측 지구는 번화가이자 환락가로 어두운 도시 이미지도 가지고 있다. 특히 가족 나들이보다는 술집과 성인 위락시설이 밀집되어 있다. '가부키초(歌舞伎町)' 지구가 대표적이다. 오랫동안 가부키초는 도쿄 도심의 대표적인 환락가로 많은 유흥업소들이 밀집해 있어 젊은층 여성이나 가족단위의 방문을 망설이게 되는 지역이었다.

이러한 상황 속에서 지구 중심의 오래된 공연장인 '코마극장;의 재개발을 시작으로 가부키초 지구 활성화 프로젝트가 추진되었다. 즉 가부키초 지구 중심부에 '코마극장'이라는 오래된 공연장이 있었는데, 이 공연장이 지역쇠퇴의 상징적인 장소가 되고 있었다. 이러한 상황에서 코마극장 재개발을 추진하면서 이 일대 재개발의 촉진하게 되었다.

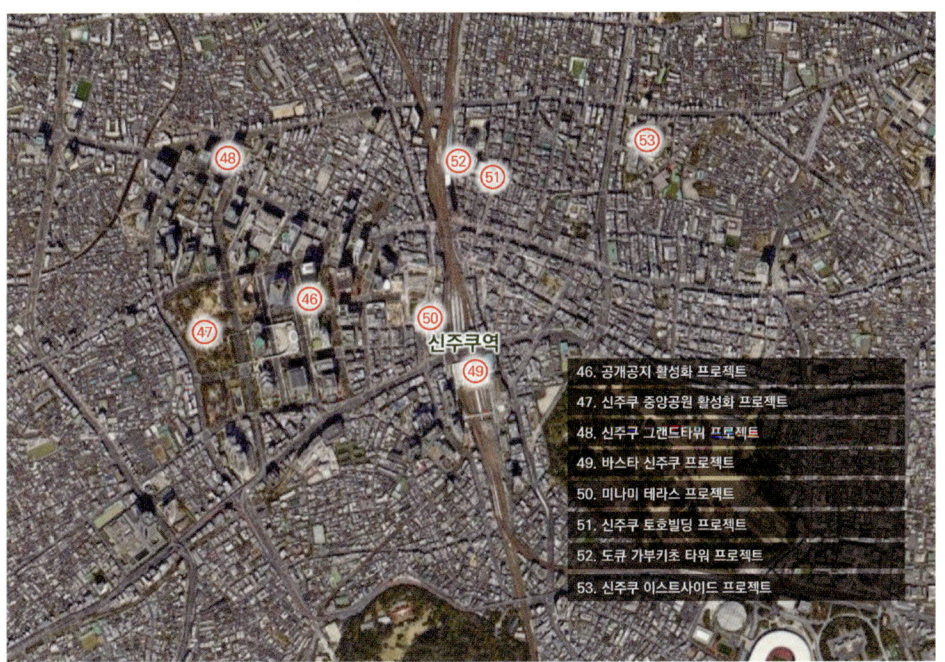

신주쿠 역세권 주요 프로젝트 현황

9-1 신주쿠 서측지구

46 공개공지 활성화 프로젝트

신주쿠 서측지구 보행자 중심축은 신주쿠역과 신주쿠 중앙공원을 연결하고 있다. 중심 보행 가로축을 따라 공개공지 활성화 프로젝트가 추진되었다. 공개공지를 중심으로 사람들이 모여 다양한 활동을 전개할 수 있도록 가로공간 활성화의 일환으로 공개공지가 정비된 것이다.

우선, 미츠이(三井)빌딩 가구블록 선큰 공개공지 정비사례이다. 신주쿠 서측 지역을 초고층 건축물을 개발할 당시, 선큰 공개공지 광장으로 개발했다. 선큰 공개공지가 많지 않은 일본에서 가로 활성화와 더불어 공개공지 활용의 새로운 가능성을 보여주는 사례이다.

미츠이 빌딩 진출입부 전면광장 진입부(좌) 및 공개공지 위치 표지판(우).

일본에서 대표적인 선큰 공개공지인 미츠이(三井)빌딩 선큰 공개공지이다. 신주쿠 서측 지역을 초고층 건축물을 개발할 당시, 선큰 공개공지 광장으로 개발되었다.

또한 중심 보행가로축에 면한 신주쿠 스미토모(住友)빌딩의 실내공개공지 조성 사례가 있다. 공개공지를 대규모의 유리 지붕을 덮어씌워 실내공개공지를 조성하고 있다. 일본에서는 보기 드문 매우 상징적이고 거대한 실내공개공지이다. 이 실내공개공지에는 예술작품 설치를 비롯해, 음식점 및 다양한 점포시설을 배치하고 다양한 이벤트 기획도 이루어지고 있다.

또한 지진 발생 시 일시적으로 집으로 귀가하지 못하는 사람들이 피난할 수 있는 재해 대피시설로서의 기능도 수행할 수 있도록 하고 있다.[25] 따라서 빌딩 주변의 단순한 공개공지 (오픈 스페이스) 개념에서 탈피해, 적극적으로 (실내)공개공지의 활용을 통해 이용하려는 공공공간으로서의 가능성을 제시하고 있다.

신주쿠 스미토모빌딩 전경(좌) 및 빌딩 진출입부(우)

신주쿠 스미토모(住友)빌딩 실내공개공지 전경. 공개공지를 대규모 유리 지붕을 덮어씌워 실내공개공지를 조성하고 있다. 대규모 공연 등을 할 수 있는 실내 공개공지(좌)와 그에 면해 음식점 등 점포가게, 테라스 등이 설치되어 있다(우).

---

25) 이는 매우 일본적인 상황으로 이해된다. 동북지방 대규모 지진 발생 시, 교통인프라 등이 정지된 상황에서 많은 사람들이 귀가하지 못하고 전철역 등에서 노숙하는 상황이 발생했다. 이후 일본에서는 공원, 공개공지 등 공공공간을 재해 대피시설로 활용할 수 있도록 계획하고 있다.

47 신주쿠 중앙공원 활성화 프로젝트

신주쿠 중앙공원은 도쿄도청에 인접한 전형적인 도심공원으로, 신주쿠 서측지역 중심가로축의 도달점에 해당한다. 도심공원 활성화를 위해 '신주쿠 중앙공원' 내에 카페와 요가 스튜디오 등으로 구성된 교류거점시설 'SHUKNOVA'를 조성했다.

2020년 7월 완공하였으며, 운영관리자는 '신도시 라이프 홀딩스'라는 운영관리 전문회사이다. 신주쿠구가 Park-PFI제도(공원시설 공모제도)를 활용해 민간사업자 공모를 통해 선정했다. 시설 오픈에 맞추어 신주쿠구에서 공원 잔디광장도 정비했다.

신주쿠 중앙공원 교류거점시설인 SHUKNOVA는 철골조 2층 건축물로 연면적 약 1,200m2이다. 외장재는 붉은 벽돌과 목재 등 자연친화적인 재료를 사용해 공원시설에 어울리는 편안한 분위기를 연출하고 있다.

사업추진을 위해 신주쿠구는 2018년 9월, 신주쿠 중앙공원 매력증진 플랜을 작성했다. 2019년 9월에는 중앙공원 잔디광장에 교류거점시설 정비사업을 위한 민간사업자 공모를 실시했다. 공모결과, 신도시 라이프홀딩스를 공원관리사업자로 지정하게 된 것이다. 사업추진계획에 따르면 교류광장(물의 광장), 잔디광장, 조망 숲, 어린이광장 등 7개의 존을 구분해 각각 특색있는 공원계획을 제안하고 있다.

공원 교류거점시설인 SHUKNOVA는 철골조 2층 건축물로 연면적 약 1,200m2이다. 이 가운데 880m2가 공모대상 공원시설이다. 1층에는 레스토랑, 카페(스타벅스), 그리고 1, 2층에 피트니스 클럽(PARKS TOKYO)이 입점해 있다. 건축물 1층의 진입 테라스 공간과 2층에 설치된 오픈스페이스(특정 공원시설)로 되어 있다.

이 교류시설의 연간 예상 사용자 수는 약 40만 명을 목표로 하고 있다. 사업 기간은 약 18년 9개월로 이 기간동안 민간사업자가 영업을 하는 조건이다. 특정 공원시설을 포함해 시설사업비 전액을 신도시 라이프홀딩스가 부담하고 있다. 사업자가 자치구에 지불하는 토지사용료는 매달 약 124만 엔(약 천3백만 원)이다. (1m2당 월 단가 약 2,220엔=2만 3천원이다).

시설의 설치전략은 'SHUKUBA RE BORN'으로 하고 있다. 예전 에도시대, 이 지역의 역사와 녹지 풍부한 공원경관, 환경을 살린 시설 개념을 제안하고 있다. 공원시설의 디자인 전략으로는 SHUKNOVA가 신주쿠 서측 지역의 도시경관에 새로운 존재감을 나타내면서 활기찬 공원 분위기를 자아낼 수 있도록 하는 것이다.

디자인 컨셉은 '숲의 EN-GAWA'이나. (일본어로 EN-GAWA는 숲의 가장자리란 의미이다). 건축물은 공원의 수목을 가급적 보전하면서 배치하고, 높이를 최소한으로 낮춤으로써 전체 공원의 경관과 어우러지게 하고 있다. 또 1, 2층부에는 테라스공간을 확보하고 있다. 외장재는 붉은 벽돌과 목재 등 자연 친화적인 재료를 사용해 공원시설에 어울리는 편안한 분위기를 연출하고 있다.

1층에는 프랜차이즈 레스토랑(전 좌석 107석 규모)과 스타벅스 커피전문점(전 좌석 규모 48석)이 입점하고 있다. 일본에서 스타벅스 카페는 우에노공원, 오사카성 공원 등 일본 전역의 많은 공원에 입점해 있다. 2층에 입점한 피트니스 클럽 'PARKERS TOKYO'는 사업주체가 신도시 라이프홀딩스이며, 운영은 BEACHTOWN이라는 운영회사가 담당하고 있다. 사무실과 요가 스튜디오, 라운지, 물품보관소, 샤워실 등 다양한 시설도 자리하고 있다. 자연공원 속에서 건강과 아름다움을 추구하면서 실내, 실외공간을 융합한 트레닝 짐(Gym)으로, 아침 7시부터 영업을 시작하기 때문에 신주쿠 지역의 많은 오피스 근무자들이 편리하게 이용하고 있다.

한편, 신주쿠구에서는 교류시설 SHUKNOVA의 오픈에 맞추어 시설 북측에 벤치 등을 배치하는 등 포켓 파크를 정비했다. 또 시설 서측으로는 공원이나 잔디를 전면적으로 정비해 약 8.500m2 규모의 '잔디광장'을 마련했다. 정비하는 소요된 예산은 약 1억7,640만엔(약 18억원)이다.

1층에 스타벅스 커피전문점(좌)과 프랜차이즈 레스토랑(우)이 입점하고 있다.

신주쿠구에서는 거점교류시설 SHUKNOVA의 오픈에 맞추어 시설 북측에 포켓 파크를 정비했다.

한편, 신주쿠 중앙공원 활성화를 위해 공원카페(스타벅스)를 비롯해 요가교실 등 다양한 민간 상업시설을 도입하고 있다. 2017년 도시공원법 개정으로 공원에 카페 등 상업시설을 유치할 수 있게 되었으며, 이를 위해 이전 2014년부터 신주쿠 중앙공원에서 다양한 이벤트를 기획해 공원활성화를 시도하기 시작했다.

대표적으로 '물과 녹지의 이브닝 바(Evening Bar)' 이벤트에는 오피스 근무자뿐만 아니라 지역의 거주자, 국내외 관광객 등 약 4,000명이 참여하는 대규모 행사가 개최되었다. 특히 이 지역의 다양한 주체들이 참가하는 지역 네크워크 조직 등 생활연계 조직의 강화에도 역점을 두고 있다. 이를 발전시켜 2015년 3월에는 신주쿠구로부터 도시재생추진법인으로 인정받아 타운매지니먼트 주체로서 조직을 더욱 강화할 수 있게 되었다.

48 신주쿠 그랜드타워 프로젝트

신주쿠 서측 지역은 2010년 이후 다양한 복합개발 프로젝트가 추진되었는데, 그 가운데 '니시(西)신주쿠 8초메 재개발 프로젝트'(일명, 그랜드타워 프로젝트)는 업무용도와 주거용도의 '수평적 복합사례'로 매우 특이한 재개발 프로젝트이다. 특히 이곳은 신주쿠 도심부의 공동화 현상이 심각한 지역으로 이를 방지하기 위해, 새로운 도시개발사업에 주거시설 용도를 적극적으로 도입했다.

일반적인 복합개발 프로젝트의 경우, 주거와 업무 용도의 복합은 수직적으로 용도를 복합하게 된다. 하지만 신주쿠 시측 지역의 많은 복합개발 프로젝트에서는 주택과 오피스를 '수평적'으로 배치하고 있다. 이 가운데 가장 대표적인 사례가 '신주쿠 그랜드타워'로, 2011년 12월에 오픈 한 40층 규모의 복합개발 프로젝트이다.

신주쿠 그랜드 타워 배치도(좌) 및 고층빌딩 전경(우).

목조 임대주택이 밀집한 전형적인 신주쿠 도심 시가지 약 2만m2 부지를 개발해, 40층의 초고층 오피스 빌딩건물을 포함해 지권자가 거주하는 주거동, 저층부의 점포시설을 배치하고 있다. 시가지 재개발사업의 일환으로 용적률 완화를 받기 위해 주거용도를 용적률 100%에 해당하는 비율만큼 도입해야만 했다. 그 중 약 50%는 지권자 소유주택으로 중층 주거동을 확보하고, 나머지 50%는 고급 임대주택으로 초고층 건축물동에 수평으로 배치했다.

일반적인 복합개발의 경우 초고층 건축물 상부에 주택을 도입하게 되는데, 그랜드타워에서는 오피스 건축물에 약 102m*25m의 대규모 무주공간(기둥이 없는 공간)을 실현하기 위해 상부에 주택을 설치하기에는 구조적으로 많은 무리가 있었다. 이에 고층 엘리베이트실 한편으로 주택평면을 수평으로 계획해, 한 층에 오피스와 주택이 벽을 사이에 두고 공존하는 평면이 만들어지게 되었다.

중앙부 홀 동을 중심으로 업무시설군과 주거시설군 출입 동선을 구분하고, 별도의 엘리베이트 실을 통해 주거시설군의 프라이버시를 확보했다. 주택과 오피스를 하나의 평면에 배치함으로써 건축물의 용적률과 높이계획에 여유가 생기게 되었고, 주택과 오피스의 피난 경로를 공유할 수 있는 장점도 가질 수 있었다.

전면도로에 면한 오피스빌딩 진출입부(좌) 로비 중앙 홀(우).

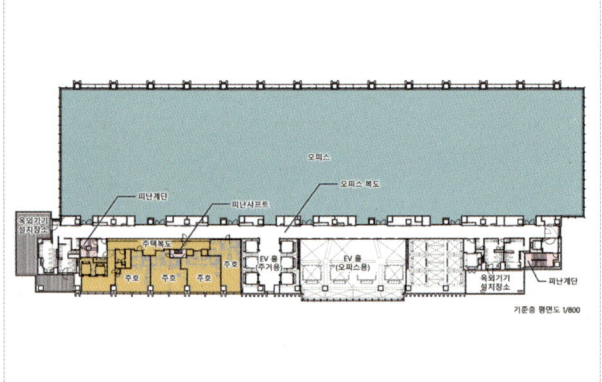

그랜드 타워 프로젝트 단면도(좌) 및 오피스 타워빌딩 기준 평면도(우).

9-2 신주쿠 남측지구

49 바스타 신주쿠 프로젝트

신주쿠역 남측지구는 철도역사 복합개발사례로 '바스타 신주쿠' 프로젝트가 있다. 철도선로 상부에 고속버스 및 공항버스 터미널을 도입하면서 고층타워 오피스 빌딩도 개발되었다. 뿐만 아니라 철도 상부에 오픈스페이스를 조성해 시민들에게 휴식공간을 제공하고 있다. '바스타'는 버스터미널을 줄인 말로 일본식 발음이다.

철도 상부 공간에 탁 트인 철로와 도시경관을 조망할 수 있는 조망 데크 공간이 설치되어 있다. 저층부 철도역사 및 지하철에서 누구나 쉽게 접근할 수 있다. 또한 철도선로에 연접해 조성되어 있는 '미나미 테라스'나 '타임스스퀘어' 백화점 오픈테라스와도 연계하고 있다.

바스타 신주쿠 프로젝트 전경. 철도선로 상부에 고속버스 및 공항버스 터미널을 도입하면서 고층타워 오피스 빌딩건물도 개발했다.

 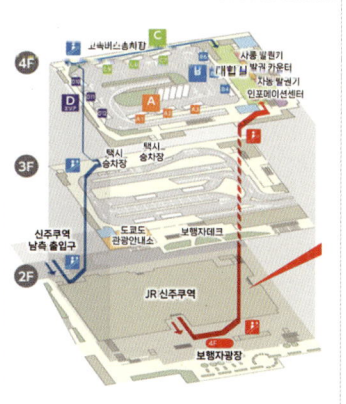

철로 상부를 활용해 버스터미널을 도입하고 시민들의 휴식공간을 제공하고 있다.

한편, 4층에 설치된 버스터미널은 고속버스와 공항버스 터미널이며, 교통거점인 신주쿠역의 지역 특성을 고려해 철로 상부에 도입했다. 저층부 상가점포와도 연계하고 있다. 또 터미널 상부 옥상에는 옥상 가든 형태로 시민 텃밭을 조성하고 NPO 단체에 운영을 위탁하고 있다.

철로 상부 설치된 조망 데크 및 시민 휴식을 위한 공공공간.

4층에 위치한 고속버스 터미널 전경.

50 미나미 테라스 프로젝트

JR 신주쿠역과 지하철 오에도선(大江戶線) 신주쿠역 사이에 위치한 철로 연접지구 3개의 고층건축물 공개공지를 통합해 데크 테라스 공개공지로 조성한 사례이다. 오다큐 사우스 타워, JR동일본 본사 사옥, JR신주쿠 빌딩사옥 등 3개의 오피스 빌딩을 개발하면서, 철도변에 공개공지 데크를 함께 조성했다. 철로 연접부의 특성상 철로 소음 등을 고려해 상부 데크를 설치하고 테라스 형태의 공개공지를 조성했다.

JR 신주쿠역에서 바스타 신주쿠 측면으로 길게 데크 테라스가 조성되어 있다. 데크 테라스에는 녹지 공간뿐만 아니라 스타벅스 카페, 레스토랑, 햄버거 가게 등이 있어 자연스럽게 오픈 테라스를 이용할 수 있다. 또 주말과 휴일에는 플리마켓이 열리면서 가설점포가 들어선다.

이처럼 자칫 분산된 공개공지로서 산만한 공공공간이 될 수도 있는 상황이었으나, 3개 고층빌딩 공개공지를 통합화하고 데크 공개공지 조성을 통해 시민들에게 훌륭한 오픈스페이스를 제공한다. 특히 철로 변이라는 제약을 극복해 테라스 공간을 조성하고 있다. 인접한 다카시마야 백화점(타임스퀘어) 데크 테라스, 그리고 바스타 프로젝트 테크 테라스와도 유기적으로 연계할 수 있도록 하고 있다. 공개공지 조성의 혁신적인 사례라 할 수 있다.

데크 테라스 공개공지에는 스타벅스 카페, 레스토랑 등을 유치하고 있다.

테라스 공간에 면한 빌딩 전면 공개공지 전경. 빌딩 1층부 상점과 연계해 오픈 테라스를 형성해 공개공지 활성화를 도모하고 있다(좌). 또 주말이나 휴일에는 플리마켓 행사를 열고 있다(우).

테크 테라스는 철로상부 보행 브릿지를 이용해 건너편 백화점 데크 테라스와도 유기적으로 연계하고 있다(좌). 또 바스타 프로젝트 철로 상부 오픈스페이스와도 연결된다(우).

9-3 신주쿠 동측지구

51 신주쿠 토호(東宝)빌딩 프로젝트

토호(東宝)빌딩 재개발 프로젝트는 가부키초 지역쇠퇴를 탈바꿈하기 위한 상징적인 재개발 프로젝트이다. 호텔, 저층부 상업시설, 공연장 등을 복합적으로 개발했다. 이를 통해 주변부 가부키초 일대는 물론 신주쿠 역세권까지 포함하는 이 지역 활성화의 촉매 역할을 하는 개발사업이 되었다. 즉 코마극장을 토호빌딩으로 재개발을 하면서 가부키초 지역 전체의 도시 이미지를 혁신하는 프로젝트가 될 수 있도록 계획하고 있다.

가부키초 토호빌딩 재개발 프로젝트 전경. 가부키초 지역 쇠퇴를 탈바꿈하기 위한 상징적인 재개발 프로젝트이다.

2000년대 들어 가부키초 지역의 쇠퇴가 본격화되면서 극장이나 영화관이 폐쇄되고, 치안이 불안해지는 등 도심 유흥가 불량지구 이미지가 형성되고 있었다. 코마극장의 재개발 프로젝트에 지역 커뮤니티, 지역 상가조합 등도 특별한 관심을 가지게 되었던 이유이다.

사업주인 토호(東寶)부동산은 2008년 말 코마극장을 폐쇄하고 지상 30층의 대형상업복합 빌딩을 제안했다. 저층부에는 음식점과 12개의 상영관을 가진 복합영화관, 고층부에는 970실 규모의 호텔을 계획했다. 고층부 판상형 호텔은 신주쿠 역에서 가부키초 방향으로 걸어 들어오면서 가로조망에 시각적 랜드마크를 형성하고 있다.

특히 저층부 옥상에 설치된 고릴라 설치물은 지상 50m 높이의 난간 파라펫에 설치되어 시각적 랜드마크성을 부각하고 있다. 토호빌딩이라는 개별 건축물 재개발 프로젝트이지만 가부키초 지구활성화의 거점 프로젝트로서 지구 전체의 이미지 상승을 기대하고 있다.

토호빌딩 저층부에는 음식점과 12개의 상영관을 가진 복합영화관이 있다.

저층부 옥상에 설치된 고릴라 설치물은 지상 50m 높이의 난간 파라펫에 설치되어 시각적 랜드마크성을 부각하고 있다.

설계에서 계획, 시공에 이르기까지 전체적인 프로젝트의 수행은 토호부동산(사업자 겸 시행자)과 다케나카건설(일본의 대표적인 종합건설회사)이 담당했다. 사업성과 집객 효과를 통한 지역활성화를 모두 실현할 수 있는 사업계획, 도입용도 시설프로그램 검토에 주안점을 두었다.

초기 단계에는 저층부에 대형백화점, 판매시설 등 사업성을 중심으로 한 시설프로그램이 검토되었으나, 지역주민들의 의견을 수렴하면서 저층부에 영화관을 유치하기로 결정하게 되었다. 이는 원래 코마극장이 있던 자리에 극장이 입지했으면 좋겠다는 지역주민들의 의견을 수용한 것이다. 또 고층부에는 호텔유치가 초기부터 검토되었다. 특히 집객 광고효과를 위해 고릴라 장식물은 호텔 로비 층인 8층에 설치했다.

가부키초 지역 활성화를 위해 가장 중요한 요소는 가족동반 방문자와 젊은층 여성 고객을 어떻게 유치할 것인가에 달려있었다. 이를 위해 1층부(지상층)의 상업공간과 오픈스페이스 계획에 주안점을 두었다. 건축물 1층부를 3방향으로 개방하고 상호방향에서 통과하는 통로를 설치해 편안하게 접근 가능하도록 계획했다.

가부키초 방문자들이 자연스럽게 토호빌딩으로 유입되면서 회유성을 높이기 위해서이다. 오랫동안 위치해 있던 코마극장의 역사성, 장소성을 계승하기 위해 극장의 막을 모티브로 한 외관디자인을 제안했다. 높은 광택마감의 금속판넬을 도입해 야간에는 가부키초의 많은 네온사인을 반사함으로써 활기찬 도시의 야간풍경을 연출할 수 있도록 세심한 외장재를 사용하고 있다.

1층부(지상층)는 매력적인 상업공간과 오픈스페이스 계획에 주안점을 두었다(좌). 건축물 1층을 3방향으로 크게 개방하고 공공보행통로를 설치해 편안하게 접근하도록 계획하고 있다(우).

토호빌딩 재개발 프로젝트의 가장 큰 특징은 토호빌딩 재개발을 계기로 가부키초 일대에 도시재생 및 활성화와 연계할 수 있는 '촉매적' 역할을 도모하고 있다는 점이다. 예를 들면 우선 신주쿠 자치구(공공)에서는 토호빌딩 완성을 계기로 주변부 가로정비를 실시했다. 2단계 사업으로 시네시티 광장을 정비했으며, 특히 토호빌딩 벽면에 대형 광고물을 설치해 지구활성화를 위한 재원확보 방안도 제안했다.

신주쿠역에서 가부키초 진입가로에 이르는 횡단보도를 지나면 토호빌딩은 시각적 랜드마크 거점이 된다. 신주쿠 자치구(공공)에서는 약 150m에 이르는 가로(센트럴 로드)를 토호빌딩 완성에 앞서 선제적으로 전면 정비했다.[26]

센트럴 로드의 가로정비사업은 디자인 가이드라인에 근거한 제1단계 사업이다. 제2단계사업은 토호빌딩 측에 위치한 '시네시티 광장'을 정비계획 제안이다. 시네 시티 광장은 길이 50m, 폭 26m의 광장으로 가부키초에서 가장 많은 사람이 모이는 광장이다. 광장 전체를 보행자 전용으로 변경하고 오픈 카페를 실시하고 있다.[27]

한편, 센트럴 로드 가로정비에 따라 토호빌딩 벽면을 광고벽으로 활용하려는 시책이 검토되었다. 고층부의 벽면에 LED조명으로 영상광고판를 설치했다. 가부키초 일대의 도시활성화를 위한 재원마련의 일환으로 광고물 설치가 검토되었다. 즉 도시활성화사업에는 많은 재원이 필요한데 그 재원을 건축물 벽면광고로 충당하려는 혁신적인 시도이다.

신주쿠구와 지역 상가조합이 2005년부터 활동하고 있는 '가부키초 TMO(Town Management Organization)'가 토호부동산으로부터 무상으로 벽면을 빌려 광고를 개재하고 그 수익금을 지역재생 활성화를 위한 재원으로 사용하려는 것이다.[28]

---

26) 가로경관의 정비를 위해 자치구는 현지 상인조합과 함께 2005년부터 '가부키초 르네상스 프로젝트'를 추진했다. 2007년 3월에는 '가부키초 마찌즈꾸리(도시만들기) 유도방침'을 제정했고, 2013년 토호빌딩의 완성을 앞두고 주로 물리적인 가로공간의 개선 및 활성화를 위해 '가부키초 가로경관 가이드라인'을 책정했다.
27) 공공 가로에 카페를 설치하기 위해서는 도로점용허가의 특례제도를 적용할 필요가 있어 2015년 현재 특례제도의 적용하고 있다.
28) 도쿄도 옥외광고물조례에서는 높이 52m를 초과하는 벽면 이용이나 벽면 전체를 사용하는 등의 대형광고물을 금지하고 있다. 따라서 공공성이 높은 도시 활성화를 위한 광고물 개재에 대해 특례허가를 인정받고 있다.

고층부 판상형 호텔은 신주쿠 역에서 가부키초 방향으로 걸어 들어오면서 가로조망에 시각적 랜드마크를 형성하고 있다 (좌). 호텔 저층부 출입부 전경(우).

52 도큐 가부키초 타워 프로젝트

최근 엔터테인먼트를 테마로 한 복합개발 프로젝트인 도큐 가부키초 타워가 2023년 개관했다. 신주쿠 특유의 복잡한 빌딩군 속에 돌출한 분수 모양의 초고층빌딩이 신주쿠구의 새로운 랜드마크가 되었다.

이 부지는 이전에 영화관 '신주쿠 밀라노좌'가 있던 곳이다. 도큐부동산과 도큐 레크리에이션이 8년간 개발을 추진한 사업이다. 일반적으로 도심복합개발의 경우 오피스, 주택 등을 포함하지만, 도큐 가부키초 개발프로젝트의 경우는 오피스나 주택은 전혀 없으며, 빌딩 저층부동 전체가 엔터테인먼트 복합시설로 구성되어 있다.

건축물은 지하 5층, 지상 48층으로 높이 약 225m이며, 지하 및 저층부는 상업 및 엔터테인먼트 복합시설이다. 상층부는 호텔이 입지해 있다. 구체적으로는 지하 1층-4층까지는 수용인원 약 1,500명의 라이브 홀 'Zepp Shinjuku(TOKYO)'가 입점하고 있다. 지하 2층-4층 일부는 나이트 클럽 'ZERO TOKYO'가 입지하고 있다. 새벽 4시까지 영업하는 나이트클럽은 도쿄의 야간활동, 관광의 거점이 되고 있다. 지상 1-5층은 음식점, 위락시설 중심시설이다.

고층부 판상형 호텔 전경

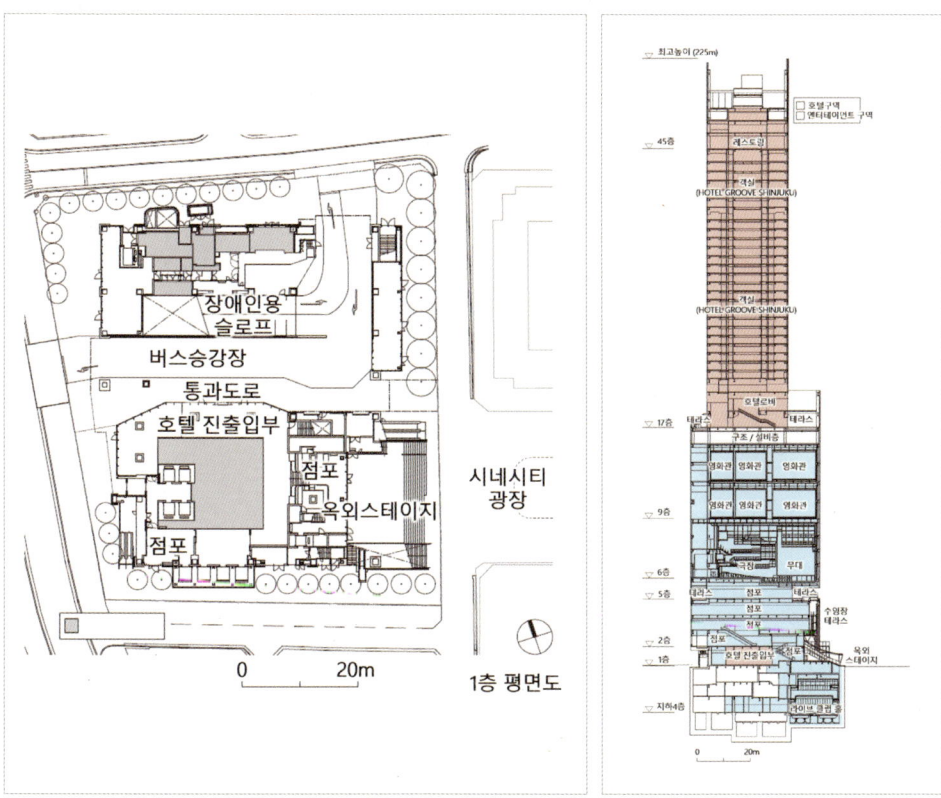

도큐 카부키초 타워 1층 평면도 및 단면도

특히 2층의 푸드 홀이 특징적이다. 약 1,000m2 규모에 10개 점포가 일본의 전통적인 골목길 상가(橫丁, 요코초)를 재현해 놓은 듯한 인테리어 디자인을 하고 있다. 3층의 게임센터와도 연계해, 묘한 가부키초스러운 풍경을 연출하고 있다.

2층은 약 1,000m2 규모에 10개 점포가 일본의 전통적인 골목길 상가('橫丁', 요코초)를 재현해 놓은 듯한 인테리어 디자인을 하고 있다.

6-8층은 다양한 연출이 가능한 설비를 갖추고 있다. 9-10층은 8개의 상영관을 가진 영화관이 입주해 있다. 17층은 '사교장'으로 불리는 음식점들이 개방적인 옥외 테라스와 함께 입지한다.

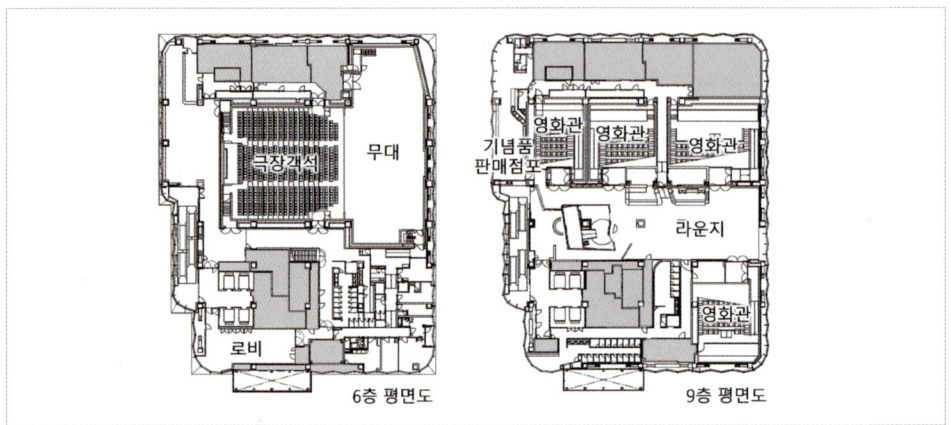

6층 및 9층 평면도. 6층에는 극장이 있으며, 9층에는 영화관이 자리하고 있다.

17층 옥외테라스 평면도. 17층은 '사교장'으로 불리는 음식점들이 개방적인 옥외 테라스와 함께 입점하고 있다.

18층부터는 2개의 호텔 브랜드가 입주하고 있는데, 총 600객실 규모이다. 그야말로 열정 가득한 가부키초다운 복합개발 프로젝트라 할 수 있다.

이 프로젝트는 기획단계부터 '관광'을 키워드로 하고 있다. 외국에서 많은 관광객이 찾는 가부키초에 도심관광의 거점을 만들고자 하는 것이 계획의 원점이다. 특히 이 부지에는 1956년부터 2014년까지 '신주쿠 도큐문화회관'(1996년에 신주쿠 TOKYU MILANO로 개명)이 들어서 있던 장소이다. '신주쿠 밀라노좌'는 가부키초가 영화, 연극, 음악 등 엔터테이먼트 거점으로 발전하는 계기가 된 시설이었다.

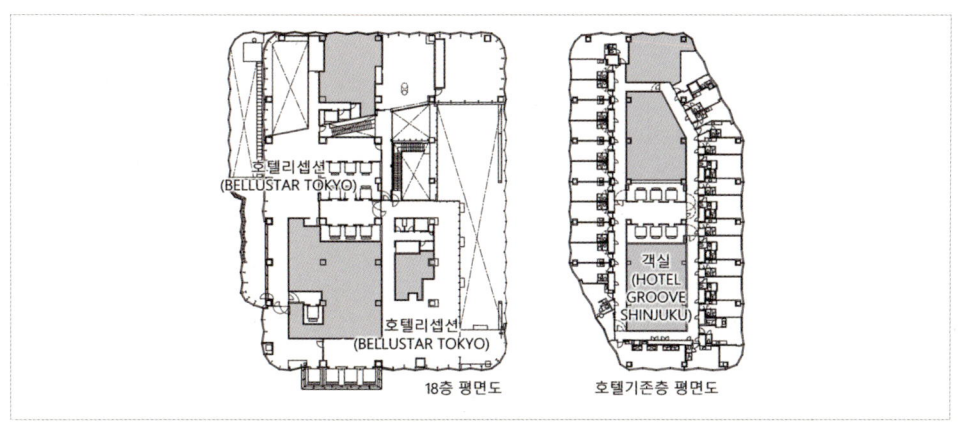

18층 평면도 및 호텔 기준층 평면도. 18층부터는 2개의 호텔 브랜드가 입주하고 있는데, 총 600객실 규모이다.

자치구(도쿄도나 신주쿠구)에서도 가부키초 지역의 관광활성화를 위해 적극적인 지원 정책을 실시했다. 2018년에는 중앙정부로부터 도쿄권 국가전략특별구역으로 특정사업으로 지정하고, 재개발사업에 탄력이 붙기 시작했다. 공공기여방안으로는 인접한 시네시티 광장(구, 코마극장 광장) 활성화를 위한 도시인프라 정비를 실시했다. 개발프로젝트의 저층부 계획으로 광장에 면해 대규모 옥외계단광장을 설치해 광장과 더불어 '옥외 극장형 도시광장'을 형성하고 있다. 또 1층 필로티를 활용해 버스정차장을 설치하고 있다. 2015년에 완공된 인접한 신주쿠 토호빌딩과 더불어 가부키초 지역 활성화의 거점이 되고 있다.

저층 진출입부는 광장에 면해 대규모 옥외계단광장을 설치해 광장과 더불어 '옥외 극장형 도시광장'을 형성하고 있다(좌). 또, 1층에는 필로티를 활용해 버스 정차장을 설치하고 있다(우).

53 신주쿠 이스트 사이드 프로젝트

JR 신주쿠역에서 도보로 15분 거리[29], 가부키초 인근에 층별 면적이 1,800평에 이르는 대규모 오피스 복합빌딩 프로젝트가 2012년 완공되었다. 신주쿠 도심에서는 최대 규모의 오피스 면적을 가진 프로젝트로 개성적인 입면 디자인과 매력적인 지하 선큰 공간을 제안하고 있는 점이 특징이다.

이 프로젝트는 방송국 '일본TV'의 골프 가든 이적지를 재개발한 프로젝트이다. 임대오피스가 주요 용도이며 저층부 선큰공간에 상가점포를 설치하고 있다. 지하 2층, 지상 20층으로, 오피스 층별 면적은 동서 방향 140m, 남북방향 약 45m이다. 특히 층별 면적 약 1,800평으로 도심 최대급이다. 사업주는 미츠비시 지쇼(부동산)을 비롯한 여러 사업자들의 SPC(특수목적법인)회사를 설립해 추진했다.

이스트 사이드 프로젝트 전경. 신주쿠 도심에서는 최대 규모의 오피스 면적을 가진 프로젝트이다. 개성적인 입면 디자인(좌)과 매력적인 지하 선큰 공간(우)을 제안하고 있는 점이 특징이다.

신주쿠 동측지구는 대규모 오피스 빌딩이 많지 않고, 업무집적 시설이 상대적으로 열악한 지역이다. 개발사업자는 단순히 사각형 성냥갑 형태의 오피스 디자인으로는 상품성이 떨어진다고 생각했다. 오피스 복합개발 빌딩의 랜드마크성이 필요한 상황이었다. 오피스 입면 디자인과 선큰 광장에 차별성을 두고 있는 이유이다.

우선, 도쿄도가 입안한 지구계획에서는 다양한 계획기준을 제시하고 있다. 부지 내 광장이나 남북방

---

29) 인근에 도영(都營)지하철 오에도선(大江戶線) 신주쿠역과 도쿄 메트로 부도심선(副都心線) 신주쿠역이 있기는 하지만, JR야마노테선 신주쿠역에서 걸어서 답사하는 것을 추천한다. 가부키초를 거쳐 갈 수 있다. 신주쿠 동측지역의 상징적인 장소인 가부키초 지역을 체험하면서 이 프로젝트에 도착하는 것이 지역적 컨텍스트를 이해하는 데 도움이 되기 때문이다.

향의 동선을 정비해 통과 동선을 설치하도록 하고 있다. 또 높이 제한이 120m로 규정되어 있는데, 주변의 주택시가지에 주택맨션이 많아 근린환경을 고려해야 하기 때문이다. 이러한 조건을 만족시키면서 어떻게 경쟁력 있는 복합개발을 추진할 것인가가 큰 과제였다.

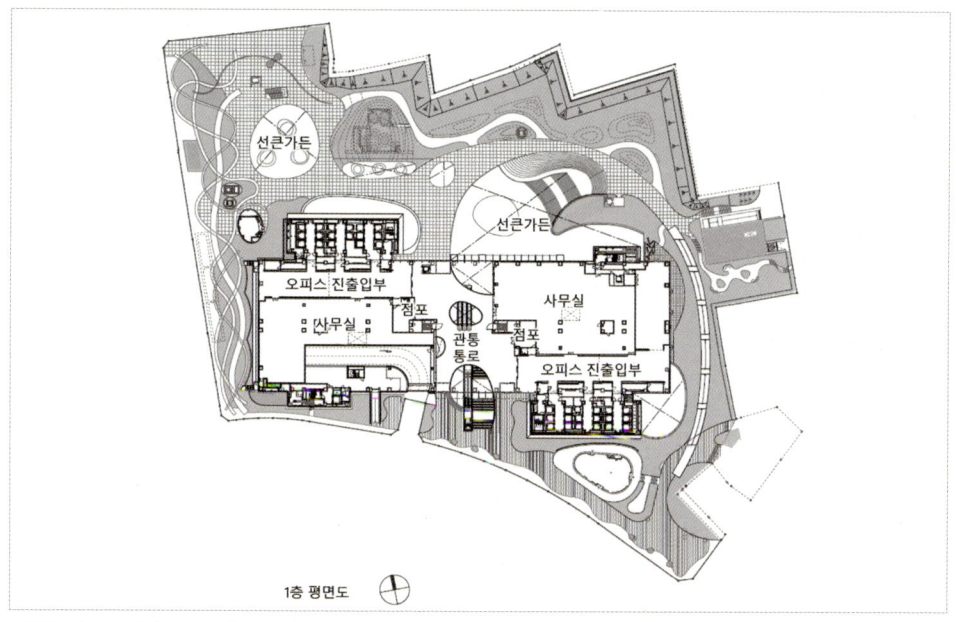

신주쿠 이스트 사이드 프로젝트 배치도(좌) 및 전경 사진(우).

우선, 건축물 동서축으로 배치계획을 정하고 지하 1층, 지상 1층에 보행자 동선을 관통도로로 설치했다. 1층부 오피스 진출입부와는 별도로 에스컬레이트를 통해 지하선큰공간과 연계하는 관통도로를 통해 일반 시민 누구나 쉽게 선큰공간에 접근할 수 있도록 하고 있다. 또 남측 기성시가지에 면한 가로는 보행자 친화적인 가로디자인을 연출하고 있으며, 가로변에 'ARTNIA'라는 카페점포 및 갤러리 건축물을 제안하고 있다. 거리의 상징물이 될 수 있는 세련된 건축물이 돋보인다.

남측 기성시가지에 면한 가로는 보행자 친화적인 가로디자인을 연출하고 있다.

가로변에 'ARTNIA'라는 카페점포 및 갤러리 건축물은 거리의 상징물이 될 수 있는 세련된 가로시설물이다.

북측 외부공간은 데크 상부 공간으로 열린 광장(오픈스페이스)으로 계획하고, 지하 선큰 공간을 활용해 각종 편의시설, 판매시설, 지역 편의시설 등을 설치하고 있다. 지하공간이라고 느끼지 못할 정도로 충분한 선큰 공간을 통해 지상과 연계한다. 세련된 조경 수공간, 계단형 스텐드 테라스 등을 설치해 지역에 열린 공공공간으로서 지역 활성화에 큰 역할을 하고 있다.

지하선큰 공간 전경. 다양한 편의시설, 조경시설로 지역 공공공간으로서의 역할을 하고 있다.

또한 지하 선큰공간에서 지하철 역으로 직접 연계되는 에스컬레이트를 설치해 역세권으로서의 거점 역할을 할 수 있도록 세심하게 동선계획을 연출하고 있다. 방문객들이 단지 내 저층부를 자유롭게 다닐 수 있도록 회유성을 가지게 하고 있다. 특히 곡면 천장설계로 상가점포 매장의 활성화를 도모하고 있다.

선큰광장에서 직접 연결되는 지하철역(히가시 신주쿠역) 진출입부.

오피스 빌딩 평면계획에서는, 분산 코어 형식으로 엘리베이트 등 설비시설을 건축물의 외부로 돌출시켜 사무실 공간은 사각형의 평면형태를 계획하고 있다. 엘리베이트가 있는 메인 코어를 북서, 남동쪽 2곳에 위치시키고, 피난 코어를 북동, 북서쪽에 2개씩 설치했다. 기준층 유효면적 비율은 80%에 이른다.

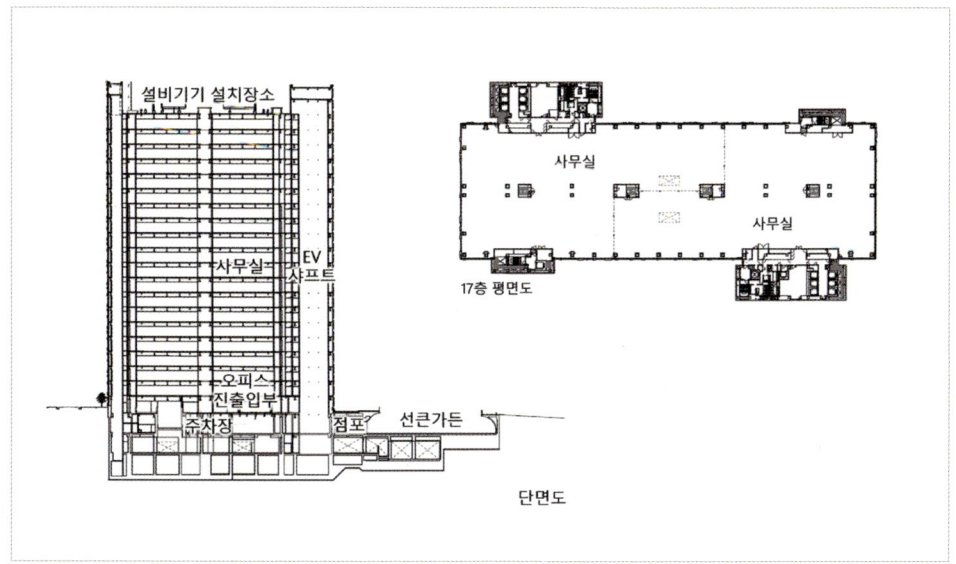

오피스 빌딩 단면도 및 기준평면도

거대한 건축물 형태가 주변부에 압박감을 초래할 수 있어 특별한 배려가 필요했다. 외장 파사드 유리 벽면을 경사지게 하는 아이디어로 돌파구를 찾았다. 유리면의 다양한 각도에서 직사광선을 반사해 경량감을 추구했다. 개성적인 외관디자인으로 독자성을 연출할 수 있었다. 유리 건축이 주류를 이루는 속에서도, 외장과 주변환경과의 관계성을 도모하면서 건축물 외관디자인은 새로운 방향성을 보여주고 있다.

오피스 빌딩 외장과 주변환경과의 관계성을 고려하는 건축물 외관디자인.

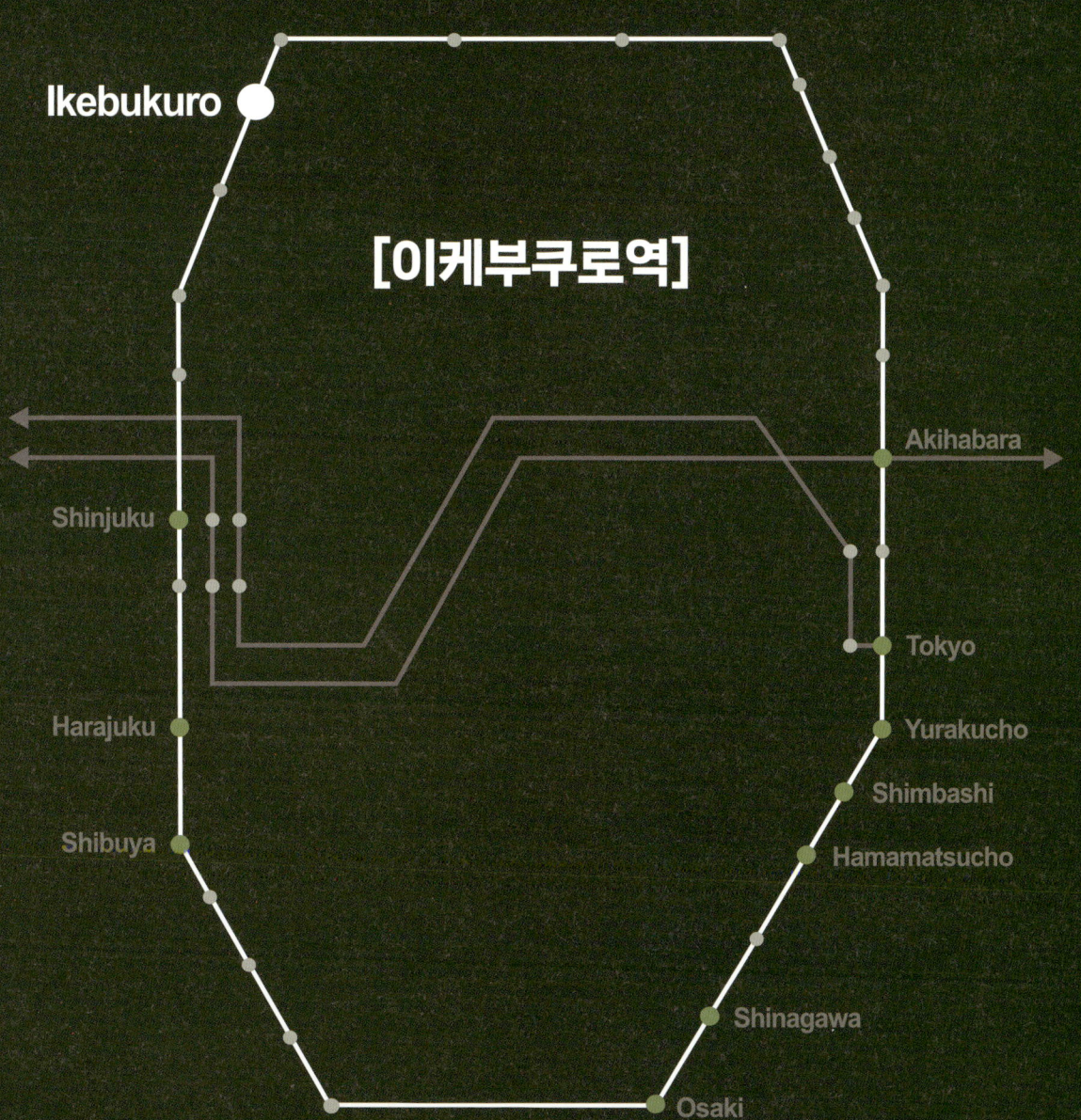

10 이케부쿠로역

<답사 포인트>

1. 도쿄도 부도심인 이케부쿠로 역세권은 문화예술 거점도시를 추구하며 다양한 도시개발 프로젝트가 진행 중이다. 그 가운데에서도 특징적인 점은 도시 근린공원을 지역활성화의 거점으로 활용하고 있다. 도시 근린공원이 도심활성화의 기폭제가 될 수 있다는 확신을 가지고 공원의 거점화 및 활성화에 적극 대응하고 있다.

2. 이는 미나미이케부쿠로 공원의 선진적인 성공사례가 계기가 되었다. 역세권을 중심으로 이 책에서 소개하는 대표적인 4곳의 도시근린공원이 입지하고 있다. 공원에 카페, 레스토랑 등 민간수익시설을 유치하고, 그 수익금으로 공원의 유지관리 및 활성화를 도모하고 있다.

3. 도시마구 신청사 프로젝트는 민간재원을 통한 구청사 개발이라는 일본에서도 매우 선진적인 사례이다. 자치구의 신청사 상부에 민간 고층 맨션을 도입해 구청사 신축재원을 확보하고 있다. 도시마구의 혁신적인 시도가 돋보이는 프로젝트이다. 저층부 신청사와 고층부 민간분양 맨션이 어떻게 계획적으로 공존하고 있다.

4. 기존 구청사 이적지에는 문화예술복합센터를 제안하고 있는 '하레자 프로젝트' 또한 민관협력을 통한 복합개발 프로젝트이다. 자치구는 토지를 제공하고, 민간사업자가 자치구 소유 공공토지를 임대해 공공복합예술센터, 상업시설, 오피스 등을 건립하고 장기 운영수익으로 사업비를 충당하는 민관협력 프로젝트이다.

5. 이케부쿠로 역세권에는 철도 상부를 활용한 오피스 빌딩 복합화 개발사례인, '다이야게이트' 프로젝트가 있다. 민간 오피스 빌딩을 개발하면서 인접한 철도 상부를 활용한 프로젝트이다. 역세권 거점개발을 위해 민간부문이 도시계획시설을 적극 활용한 사례이다.

지구 개요

이케부쿠로(池袋)는 1958년에 신주쿠, 시부야와 함께 도쿄 부도심으로 지정되었다. 이케부쿠로역을 중심으로 개발이 추진되어 많은 사람들이 방문하는 도심상업지역으로 발달했다. 현재 이케부쿠로역에는 4개의 철도사업자가 8개 노선을 운영하고 있다. 하루 평균 약 250만 명이 이용하는 부도심 거점역세권이다.

이러한 이케부쿠로역세권의 발전을 상징하는 프로젝트는 '선샤인 시티'이다. 1978년 개발 당시 동양에서 가장 큰 상업복합시설로 화제가 되었을 정도이다. 만화, 애니메이션 성지인 '오토메(乙女) 로드'에는 애니메이션 점포들이 늘어서 있다. 세계적인 '만화-애니메이션의 성지'로 알려져 있다. 젊은 예술가들의 창작활동 거점으로 '이케부쿠로 몽파르나스'라 일컬어지고 있다.[30] 1990년대에는 도쿄예술극장이 개관되면서 국제적인 예술무대 축제인 '페스티벌 도쿄'를 개최하는 등 문화예술 거점도시로 이케부쿠로 지역의 위상을 높여가고 있다.

1990년대에 이케부쿠로 역세권에 개관한 도쿄예술극장.

이케부쿠로 역세권은 2015년 국가가 지정한 '도시재생 긴급정비지역 및 국가전략특구'로 지정되었다. 도시마구에서는 문화창조 도시만들기를 목표로, 2015년 '도시마구 국제 예술문화 도시구상'을 실현하기 위한 실천전략을 수립해 역세권 지역에 다양한 대규모 도시개발을 추진하고 있다.

2015년 5월 개관한 도시마구 신청사를 거점으로 '국제 예술문화구상'을 책정하고, 나아가 시청사 이적지에 문화예술 거점 시설(헤라자 이케부쿠로 프로젝트)을 새롭게 개발했다. 또한 역세권 주요 근린

---

30) 1930년대 파리의 젊은 예술가들이 창작 활동의 거점이었던 몽파르나스를 모방해, 이케부쿠로 '몽파르나스'라 불리게 되었다.

공원을 네트워크화하고 민간주도의 공원시설조성 및 프로그램 운영으로 지역활성화를 적극적으로 추진하고 있다.

이케부쿠로 역세권 주요 프로젝트 현황

54 공원 활성화 프로젝트

역세권이 활성화하기 위해서는 무엇보다 보행자 중심의 가로경관 조성 및 공공공간 정비가 중요하다. 이케부쿠로 역세권의 경우 2022년 1월 '걷고 싶은 도시(Walkable City) 전략'을 발표했다. 하지만 이미 2010년대 후반부터 이케부쿠로 역세권을 중심으로 도시근린공원을 '민간참여'방식으로 정비하고 활성화를 도모하고 있었다.

역세권의 주요 4개의 공원정비가 걷고 싶은 도시 전략과 시너지 효과를 내면서, 근린공원이 지역활성화의 거점역할을 하고 있다. 이는 2017년 도시공원법 개정으로 실현가능하게 된 Park-PFI 제도(공모설치관리제도)가 큰 역할을 하고 있다.

Park-PFI 제도(공모설치관리제도)란, 도시공원에서 음식점, 매점 등 공원시설(공모대상 공원시설)의 설치 혹은 관리를 담당하는 민간사업자 공모를 통해 선정하는 제도이다. 이는 공원의 설치 및 운영에 많은 재원을 필요로 하는 상황을 고려해, 지자체가 민간사업자의 재원을 활용할 수 있도록 하기 위한 제도이다. 다만, 민간사업자가 공원시설에서 취득한 수익을 공원의 운영 및 정비에 충당하는 조건으로 민간사업자에게 도시공원법의 특례조치로 각종 인센티브가 적용된다.[31]

미나미이케부쿠로(南池袋) 근린공원

4개의 역세권 근린공원 가운데, 가장 선도적인 공원은 미나미이케부쿠로(南池袋)근린공원이다. 도시마구 신청사 인근에 위치한 미나미이케부쿠로 공원은 공원정비 이전에는 공원을 이용하는 사람들이 없었으며 오히려 우범지역이었다. 마침 전력시설 설치를 찾고 있던 민간회사에게 공원 지하에 전력공급시설 설치를 허용하고, 상부공원을 민간회사가 정비하도록 했다.

이때 공원에 민간수익시설인 카페, 레스토랑을 설치해 운영할 수 있도록 허용했다. 2016년에 당시에는 근린공원 Park-PFI 제도(공모설치관리제도)가 아직 도시공원법에 도입되기도 이전이다. 하지만 도시마구 신청사 민간사업을 성공시킨 구청장의 강력한 의지로 혁신적인 근린공원 조성 및 운영이 가능할 수 있었다.[32]

미나미이케부쿠로 공원 전경(좌) 및 배치도(우). 혁신적인 공원정비의 시도로 대성공을 거두었다. 공원활성화는 물론 침체해있던 주변 지역까지 활성화되는 공원정비 성공사례이다.

---

31) 규제완화조치로는, Park-PFI 제도(공모설치 관리제도)에 따라 민간이 수익시설과 공용부문을 일체적으로 정비하면, 설치관리 허가기간 연장, 건폐율 특례 적용, 광고물 등 점유시설의 특례적용 등의 인센티브를 부여하게 된다.

32) 실제로, 도시공원법 개정 이전의 상황에서 민간수익시설인 카페레스토랑은 지진피해복구시설로 인정받는 등 다소 편법적인 법 적용을 통해 혁신적인 공원정비가 실현될 수 있었다.

미나미이케부쿠로 공원은 혁신적인 공원정비의 시도로 대성공을 거두었다. 공원활성화는 물론 침체해있던 주변 지역까지 활성화되는 대표적인 성공사례이다. 일본 전역에서 벤치마킹하게 되면서 다양한 언론에서도 화제로 다루었다. 민간참여(주도)형 근린공원 정비 및 운영의 첫 번째 성공적인 사례가 된 것이다. 이후 일본에서는 근린공원 정비 및 운영에 민간사업자가 적극적으로 참여하게 되었고 이를 지원하기 위해 2017년에는 도시공원법 개정도 이루어졌다.

미나미이케부쿠로 공원 전경. 공원에서는 요가교실 등 다양한 공원활용 프로그램이 운영되고 있다.

공원 카페레스토랑 전경. 공원에 민간수익을 도입해 수익을 창출하고, 그 수익을 공원관리 및 활성화 활동의 재원으로 활용하고 있다.

주말이나 휴일에는 다양한 공원활용 프로그램을 운영해, 공원이 지역활성화의 거점역할을 하고 있다.

나카이케부쿠로(中池袋)공원

두 번째 근린공원 정비사례는, (구)도시마구청사 이적지 전면에 위치한 나카이케부쿠로(中池袋)공원이다. '하레자(Hareza)이케부쿠로'라는 복합예술문화시설이 들어서면서 전면의 나카이케부쿠로공원을 정비하게 되었다. 복합문화예술 시설과 연계해 공원을 광장화하고 공원에 작은 카페, 벤치 등을 설치해 공원을 외부공간화하면서 공원활성화를 도모하고 있다.

나카이케부쿠로(中池袋)공원 전경(좌). 헤라자 공공예술복합시설 전면에 공원을 광장화해 활용하고 있다. 공원에 설치된 카페(우).

이케 선파크

세 번째 근린공원 정비사례는 '이케 선파크(Ike SunPark)'공원이다. 이케부쿠로 랜드마크 중 하나인, 선샤인 시티 프로젝트와 인접한 지구로 도쿄국제대학 캠퍼스 재개발과 연계한 근린공원이다. 이케부쿠로역에서 도보로 15분-20분 거리로 다소 떨어져 있지만 선샤인 시티, 국제대학캠퍼스 등과 연계해, 근린공원이 지역활성화의 거점 역할을 하고 있다.

공원에는 상시 플리마켓이 가능한 야외가판대, 공원레스토랑, 어린이 놀이시설 등 다양한 공원시설을 설치해 공원이용 활성화를 도모하고 있다. 주말에는 공원레스토랑이 만원으로 붐비며 긴 줄이 늘어설 정도이다. 특히 공원을 순환하는 100엔 셔틀버스를 이용해 역세권 및 주변 공원을 일주할 수 있도록 하고 있다. 자치구(도시마구)가 얼마만큼 공원을 지역활성화 거점으로 활성화하기 위해 노력하고 있는지를 짐작할 수 있다.

도쿄국제대학(좌)과 인접한 이케 선파크 공원 전경(우).

야외 상설가판대가 세련된 디자인으로 설치되어 있다(좌). 공원에 설치된 카페레스토랑은 많은 이용자들로 붐비고 있다(우).

역세권 공원을 순회하는 100엔 버스(좌). 많은 시민들이 다양한 공원을 체험할 수 있도록 자치구에서 운영하고 있다. 공원에는 별도의 어린이 놀이테마파크도 유료로 운영하고 있다(우).

이케부쿠로 서측공원(池袋西口公園)

마지막 네 번째 근린공원은 역 서측의 '이케부쿠로 서측공원(池袋西口公園)이다. 이케부쿠로역에 가장 근접해 있는 서측공원은 인접한 도쿄예술극장의 진입광장의 역할을 하면서 도심역 앞 광장의 전형을 보여주고 있다. 야외무대와 공원을 감싸는 상부 링 형태의 가설시설물은 광장의 집중성을 강조하고 있다.

또한 공원 입구에 설치된 공원카페는 공원활성화를 위한 거점시설로 자리잡고 있다. 공원의 바닥은 광장의 패턴을 제안하면서 바닥분수를 설치해 공원이라기 보다는 광장의 이미지를 한껏 보여주고 있다.

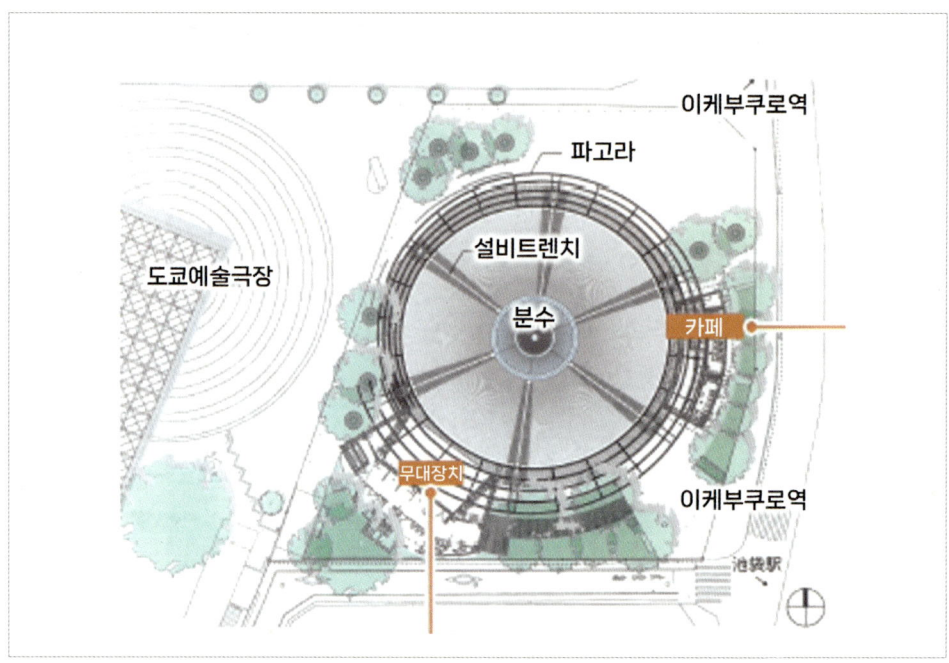

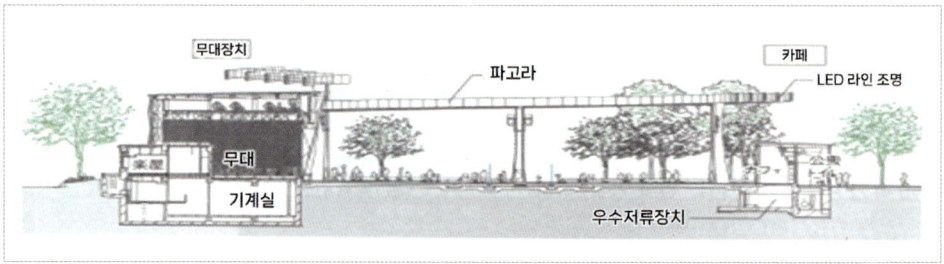

이케부쿠로 서측공원(池袋西口公園) 계획도.

공원광장(좌) 및 카페레스토랑(우) 전경. 이케부쿠로역에 가장 근접해 있는 서측공원은 인접한 도쿄예술극장의 진입광장의 역할을 하고 있다. 공원카페는 공원활성화를 위한 거점시설이다.

이상과 같이, 도시마구에서는 지역의 근린공원이 중요한 역할을 할 수 있다는 것에 확신을 가지고 있는 듯하다. 특히 민간사업자의 적극적인 참여로, 자치구의 재원부담 없이 공공공간인 공원을 정비하고 사후 유지관리까지 민간에게 위탁해 지속 가능한 공원관리를 가능하도록 하고 있다. 나아가 공원 활성화에 그치지 않고, 공원 주변부까지 도시가 점진적으로 재생을 이어가면서 지역 활성화에 크게 기여하고 있다.

55 도시마구(豊島區) 신청사 프로젝트

지방자치단체의 청사건축은 그 지역을 대표하는 상징적인 건축물이다. 또 시청이나 구청사 등은 지역 커뮤니티는 물론이며 민원서비스의 거점 역할을 한다. 하지만 청사건축은 많은 재원을 필요로 하며 때로는 사치성 청사라는 오명을 받기도 한다. 한때 우리나라에서도 시청 혹은 구청사 건축물의 사치성이 사회적 문제가 되기도 했다. 보다 다양한 행정서비스를 받기 위해 좋은 청사건축이 필요하지만 호화 청사에 대한 부담을 가지게 되는 측면이 있다.

이러한 이유로 최근 많은 지자체들은 청사 재건축의 필요성을 느끼면서도, 재원마련을 위한 사회적 합의를 이끌어내는데 많은 어려움이 있는 것이 현실이다. 일본에서도 우리의 사회적 분위기와 유사하게 지자체 청사건축의 재원마련이 오랫동안 문제되어 왔다. 이러한 부분들을 극복하면서 청사 개발의 혁신적 발상의 전환을 시도한 사례가 '도시마구 신청사' 이다.

도쿄도(東京都)는 23개의 자치구가 있는데 도시마구도 그 가운데 하나이다. 도시마구는 1980년대부터 오랫동안 청사신축을 고민했지만, 재원마련의 어려움으로 진척을 보지 못했다. 이때 공공청사가 반드시 단독건축물일 필요는 없다는 '역발상'을 하게 되었다. 공공청사 상층부에 분양맨션 아파트를 건설하는 혁신적 개발프로젝트를 제안하게 된 것이다. '도시마 에코뮤제 센터'라 불리는 도시마구 신청사는 공공청사가 저층부(3-9층)에 위치하고 있다. 1-2층은 일부 구민센터를 제외하고는 상업시설이 입지한다. 상층부인 11-49층은 민간분양 아파트가 자리잡고 있다.

도시마구 신청사 전경. 청사개발의 혁신적 발상의 전환을 보여주고 있다. 공공청사 상층부에 분양맨션 아파트를 건설했다.

이러한 혁신적 역발상의 출발은 재원마련의 사고전환에서 시작되었다. 도시마구는 오랫동안 청사 재개발의 필요성을 느껴왔다. 기존의 도마구청사는 1961년에 지어진 청사로 노후화가 심하고 업무공간이 부족해 주변에 7개의 건물로 분산되어 있었다. 1980년대 초부터 청사개발 논의가 진행되었지만, 1990년대 들어서는 거품경제 붕괴 후 구 재정이 악화되어 1996년에 청사개발계획안을 포기하기에 이르렀다.

하지만, 노후화한 구청사의 개발논의는 구민의 안전을 위해 필요불가결한 사업이라는 인식하에 2006년 '신청사 정비검토 초안'을 발표했다. 자치구의 재정부담을 최소화하기 위해 자치구 소유재산을 최대한 활용하고 시가지 재개발사업과 연계하는 사업방식으로 추진했다. 자치구의 재원을 사용하지 않고 2015년 신청사를 완공할 수 있었다. 즉 학교 통폐합을 통해 초등학교 부지를 활용하고 민간시설과 공동개발하는 방식으로 청사건설이 결정되었다. 결과적으로 '청사일체형 민간아파트' 건설이라는 일본에서도 최초이자 혁신적인 '민관복합형' 도시개발프로젝트의 사례가 되었다.

구체적인 사업방식을 정리하면 다음과 같다. 도시마구 신청사의 경우 '정기차지권'을 활용해 실질적으로는 자치구의 재원부담 없이 신청사를 개발할 수 있었다. 우선 신청사 건립은 8,300m2의 초등학교 이적지에 재개발사업으로 건설되었다. 사업은 민간과 공동사업으로 추진했다. 지상 49층, 지하 3층으로 연면적 약 94,000m2의 규모인데, 3층부터 9층까지는 구청사이고 1-2층은 상업시설, 11층 이상은 민간분양 아파트가 계획되었다.

아파트는 지권자분을 제외하고 분양부문을 민간사업자가 분양해 건설비를 충당했다. 청사부지에 50년 '정기차지권(일정기기나 토지를 빌리는 권리)'을 설정하고, 도시마구는 25-35년 분의 차지권료에 대한 권리금을 일괄해서 받았다. 도시마구는 이 재원으로 신청사 부지를 확보하고, 현 청사에 건설되는 도시마구 운영시설(공회당, 보건소, 구민센터 등) 건설비를 충당하고 있다. 신청사는 주택부문을 포함해 총 사업비 약 434억엔(약 4,300억원)이 소요되었다.[33]

사업의 계기가 된 것은 대상지 동측의 환상도로 5-1호선 도로가 지하화사업이 진행되었고, 이에 따라 2004년 인접 지역 약 5.3ha가 '시가지재생지구'(도쿄도 매력 있는 시가지만들기 추진조례에 근거한)로 지정되게 되었다. 당초 대상지는 제1종 주거지역이었지만 상당한 용적률 상승이 기대되는 상황이 된 것이다.

건설 대상지 남측은 도시마구가 소유하고 있던 초등학교와 아동복지관 이적지이며 북측은 기성 주택 시가지였다. 시가지 재개발사업으로 도시마구 소유 부지와 기존주택지를 일체적으로 재개발하는 사업방식으로 추진했다. 민간개발을 통한 개발이익으로 구청사를 건설해 도시마구의 재원은 전혀 투입되지 않았다. 2006년 도시마구가 재개발조합으로 참가하고 민간시설과 공동으로 개발하는 방식으로 재원을 충당하게 된 것이다.

우선, 2009년 7월 초등학교 이적지를 포함하는 대상지 지역을 도시계획결정(재개발사업)했다. 초등학교와 인접한 아동복지관 감정액(토지와 건물)이 약 85억 엔이었다. 이 감정액에 해당하는 권리만큼 도시마구는 권리변환으로 약 1만700㎡분의 건물면적을 취득하게 되었다.

도시마구가 필요로 하는 청사의 총 연면적은 약 2만5,500㎡로 부족한 1만4,800㎡는 자치구가 구입하게 되었다. 구입 금액은 현 청사와 인접한 공회당 부지를 정기차지권(토지를 빌려주는)형식으로 민

---

33) 도시마구 신청사 개발을 위한 재원은 총 434억 엔이 소요되었다. 세부 소요 예산 내역을 살펴보면, 중앙정부로부터의 보조금(재개발사업보조금) 약106억 엔, 참가조합원 부담금 약 181억엔(도시마구 권리변환 감정액 약 85억엔 포함), 지권자 증가 연면적 부담금 약11억엔 등 약 434억엔이다.

간에게 임대하고, 대지임대료를 일괄해서 받는 것으로 충당했다. 정기차지권을 50년으로 하고, 25년 분을 일괄해서 수령할 경우 136억엔을 일괄해서 수령하게 되었다.

도시마구 신청사는 공공청사가 저층부(3-9층)에 위치하고 있다. 1-2층은 일부 구민센터를 제외하고는 상업시설이 위치한다. 상층부인 11-49층은 민간분양 아파트가 432세대가 자리잡고 있다.

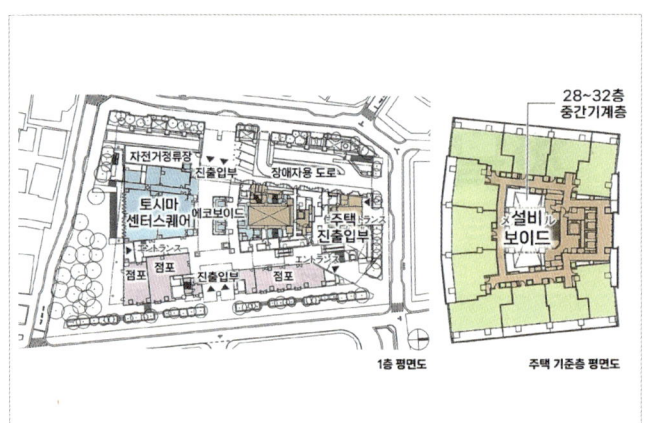

1층 배치평면도(좌). 상층부 주택기준 평면도(중). 단면도(우)

한편, 계획추진 현황을 정리하면 다음과 같다. 계획의 초기단계에 복합계획안보다는 청사와 분양맨션을 별동으로 계획하는 안이 검토되었다. 대상지 남측으로 주택동을 건설해 지권자들을 이주시킨 후 북측에 청사동을 건설하자는 안이었다. 하지만 이 경우 부지가 좁아 청사의 층별 면적이 작아져 행정서비스의 효율이 떨어지는 문제가 생기게 된다. 이러한 문제점을 해결하기 위해 저층부에 청사를 두고 상층부를 분양주택을 건설하는 쪽으로 결정하게 되었다.

설계팀(니혼설계+쿠마겐고 건축도시설계사무소)은 구청사와 분양맨션을 '한그루의 큰 나무'라는 디자인 컨셉을 제안했다. 저층부 청사가 상층부 주택타워동의 단순한 기단부의 역할을 하는 단조로운 저층부 형태디자인을 피하기 위해 외부를 '에코 월(Eco-Wall)' 형태의 경사테라스를 디자인하고 있다.

단조로운 저층부 형태디자인을 피하기 위해 외부를 '에코 월(Eco-Wall)' 형태의 경사테라스를 디자인하고 있다.

한편, 청사의 최상층부인 10층 옥상정원에서 물을 흘려보내 8층, 6층, 4층의 각 테라스에 작은 실개천을 만들고 있다. 상층부의 민간맨션(아파트)은 총 432세대가 계획되었으며 지권자분을 제외한 322세대가 분양분이다.

청사의 최상층부인 10층 옥상정원에서 물을 흘려 8층, 6층, 4층 테라스에 작은 실개천을 만들고 있다.

56 하레자(Hareza) 이케부쿠로 프로젝트

JR이케부쿠로역 북동쪽에 위치한 나카이케부쿠로(中池袋) 공원에 면한 장소에, (구)도시마 구청사, (구)공회당 이적지를 활용한 '도시마구 공공복합예술센터 프로젝트'가 추진되어 2020년 봄 완공되었다. 2019년에 완공된 (신)구민센터를 포함하면, 3개 동의 공공복합시설에 8개의 극장과 공연홀을 가진 공공복합예술센터가 탄생한 것이다. 이를 '하레자 이케부쿠로 프로젝트'라 부른다.

'하레자 이케부쿠로'는 지상 8층, 지하 1층의 다목적 홀로 연면적 약 1만600m2 규모의 공공복합시설이다. 2019년 4월에 준공한 도시마구 구립 문화예술극장(1,300석 규모)은, 도시마구 미래문화재단을 지정관리자로 지정해 자치구가 운영하고 있다. 뮤지컬, 다카라츠카 연극장, 가부키, 발레, 오페라, 전통예술 상연 이외에도 학교행사, 성인식 등 다양한 지역커뮤니티 행사도 개최된다. 상층부 민간 오피스동 진출입부는 별도로 설치되어 있으며, 오피스 로비는 7층에 스카이 로비가 설치되어 있다.

하레자(Hareza) 이케부쿠로 프로젝트 전경. 지상 8층, 지하 1층의 다목적 홀로 연면적 약 1만600m2 규모의 공공복합시설이다.

이 프로젝트는 민관협력사업으로 추진되었는데, 사업구조를 정리하면 다음과 같다. 도시마구는 구청사 이적지를 제공하였으며, 구청사 이적지에 정기 차지권(借地權)을 설정해 민간사업자에게 토지를 임대했다. 민간사업자의 재원으로 시설물을 건설했다. 다목적 홀에 더해 민간 오피스동인 헤라자 타워는 지상 33층, 지하 2층, 연면적 약 6만8,00m2의 건축물로, 나카이케부쿠로 공원을 포함해 통합적으로 재개발했다. 민간사업자는 도쿄빌딩과 산케이빌딩이다. 인접해 있는 도시마구가 재건축한 구민센터(지상9층, 지하 3층, 연면적 약 9,139m2)도 통합적으로 정비했다. 이 지역 일대가 '하레자 이케부쿠로' 라고 부르게 되었다.

이어서 2019년 10월, 나카(中) 이케부쿠로공원이 준공되었으며 2020년 민간 오피스동인 '하레자 타워'가 준공했다. 이후 도쿄건물과 산케이빌딩이 설립한 일반사단법인 '하레자 이케부쿠로' 타운매니지먼트 단체가 지정관리자로 운영에 참여하고 있다. 타운매니지먼트 활동을 위해 공원 내 수익시설인 카페를 설치하고 있으며 시설과 연계해 다양한 지역활성화 프로그램을 운영하고 있다.

공공부문인 자치구는 토지를 임대하고 민간사업자를 유치해 민간사업자가 일정기간 수익을 창출한 이후 시설을 공공에 기부체납하는 전형적인 민관협력사업(PPP)의 사례라 할 수 있다. 역세권 재개발을 통해 공공과 민간이 공동재개발사업을 통해 공공복합시설을 건설하고, 타운매니지먼트 시스템 구축을 통해 민간이 사후 유지관리 및 지역활성화 활동에도 참여하는 민관협력 프로젝트인 것이다.

하레자 이케부쿠로는 구청사 이적지에 정기 차지권(借地權)을 설정해 민간사업자에게 토지를 임대했다.

상층부 민간 오피스 타워 진출입부(좌). 오피스 로비는 7층 스카이로비가 설치되어 있다(우).

57 다아야게이트 이케부쿠로 프로젝트

다이야게이트 프로젝트는 이케부쿠로 역세권, 세이부 이케부쿠로선(西武池袋線) 상부에 철도선로에 걸쳐 재개발된 복합개발 프로젝트이다. 현재 세이브 그룹의 사옥으로 사용되고 있는 오피스 복합개발 프로젝트이다.

세이부(西武) 백화점 인접지에 선로에 걸쳐 열차의 다이야그램(운행시간표)을 연상시키는 빌딩 외관은 철로상부 활용 프로젝트로서의 랜드마크성을 가지고 있다. 지반면의 V자형 기준으로 평면을 지지하고 경사진 기둥으로 수평력을 부담케 하고 있다. 철로 상부의 오피스 유효면적으로 최대한 확보하기 위해 구조디자인을 오피스 입면디자인으로 활용하고 있다.

다이야게이트 프로젝트 전경. 세이부 이케부쿠로선(西武池袋線) 상부에 철도선로에 걸쳐 재개발된 복합개발 프로젝트이다.

이 프로젝트의 특징은, 세이부 이케부쿠로선 선로 상부에 건축물이 세워졌다는 것인데, 일반적으로 도심부 선로 상부의 철도역사가 아니라 일반기업의 오피스 빌딩을 철로 상부에 계획하고 있다. 철도역사에서 조금 떨어진 곳에 입지해 있어 철도역과는 구조적으로 완전히 분리되어 독립적인 구조 형태로 선로 상부에 건설되어 있다. 사업주체는 세이부(西武)철도회사이나, 토시마구에 위치한 '세이부 자산운용사'가 사업을 대행하고 있다.

선로를 가로지르는 저층부는 토목적인 스케일로 V자형 기둥으로 구조를 해결하고, 상층부는 상대적으로 간결한 경사 기둥으로 디자인하고 있다. 건축물은 지하 2층, 지상 18층이다. 건축법으로는 20층 건물이다. 지상 1-2층의 동측 출입구쪽은 오피스 로비가 있으며 카페, 편의점 등이 입지하고 있다.

철로에 걸친 인공지반 데크 층은 공공공간으로 일반 시민들과 오피스 근무자들이 휴식 및 공공공간으로 활용하고 있다.

한편 V자형 기둥 서측은 선로 상부의 인공지반이다. 데크에서는 하부에 전차가 다니는 것을 볼 수 있다. 즉 철로에 걸친 인공지반 데크층은 공공공간으로 일반시민들과 오피스 근무자들이 휴식 및 공공공간으로 활용하고 있다.

4-18층의 기준층은 임대 오피스이다. 건물의 외장을 둘러싼 H형강 재료에 수평하중을 부담시켜, 내부 기둥은 60cm 이하의 간결한 기둥으로 최소한의 기둥 숫자로 배치하고 있다. 이를 통해 깊이 18m, 넓이 약 2,100m2의 대규모 무주(기둥이 없는)공간을 창출했다.

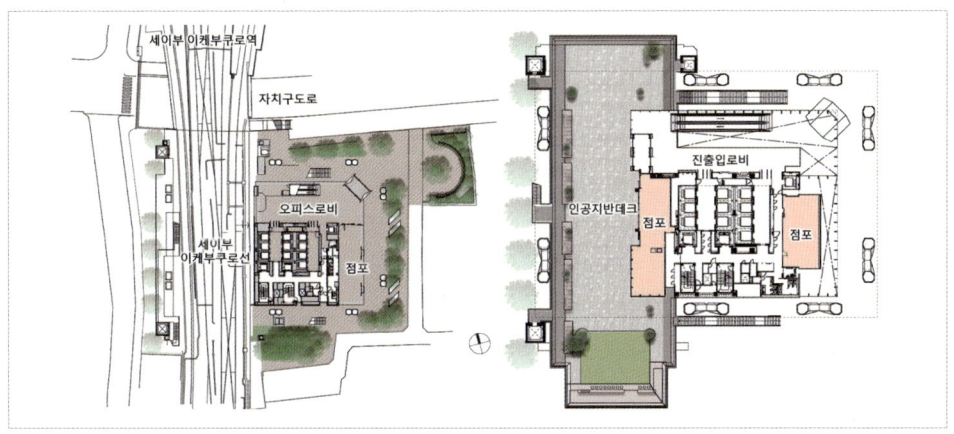

지반층 평면도 및 인공지반데크 평면도

1층 오피스 로비 전경. 철도상부 데크로 이어지는 에스컬레이트가 설치되어 있다.

1층부 오피스 진출입부에 들어서면 우측으로 철로 상부 데크 상부 레벨까지 이어지는 에스컬레이트를 통해 데크 레벨로 직접 접근할 수 있다. 1층 오피스 로비에는 오피스 종사자들을 위한 엘리베이트실 뿐만 아니라, 카페, 레스토랑, 판매시설 등 편의시설을 설치하고 있다. 로비공간 또한 공공성을 확보하고 있으며, 작은 음악회 등 지역과의 교류거점으로 활용하고 있다. 2층 선로 상부데크 또한 시민 휴식공간으로 활용할 수 있도록 하고 있으며, 카페 테라스로도 활용하고 있다. 특히 오피스 진입부와 반대 측 철도변으로는 지역에 필요한 자전거 정류장 및 주차장 등을 설치하고 있다.

이 프로젝트는 '총합설계제도'의 적용을 받아, 부지 내에 설치하는 공개공지의 면적 비율만큼 용적률 인센티브를 받았다. 인센티브로 받은 용적률을 최대한 활용하기 위해 높이를 높이는 대신, 선로 상부를 개발함으로써 높이를 낮추면서 층당 오피스 유효면적을 극대화할 수 있었다.

한편, 대규모 역세권의 통합연계를 위해 이케부쿠로역 동서방향으로 보행자 데크를 연결하고 있다. 대규모 역세권으로 분단된 이케부쿠로역 동서를 연결하는 구상이다. 다이야게이드 이케부쿠로 인공지반인 '다이야 데크' 북쪽으로 인공데크를 25m 연장했다.

지상을 달리는 선로 지하를 자치구(도시마구) 도로가 통과하고 있다. 도로, 철도, 데크의 3중 구조이다. 데크의 넓이는 640m2로 엘리베이트도 설치하고 있다. 장기적으로는 이 데크를 더욱 연장해 JR선을 거쳐, 이케부쿠로 서측 게이트까지 연결하는 구상을 가지고 있다.

단면도(좌). 지상을 달리는 선로 지하를 자치구(도시마구) 도로가 통과하고 있다(우). 도로, 철도, 데크의 3중 구조이다.

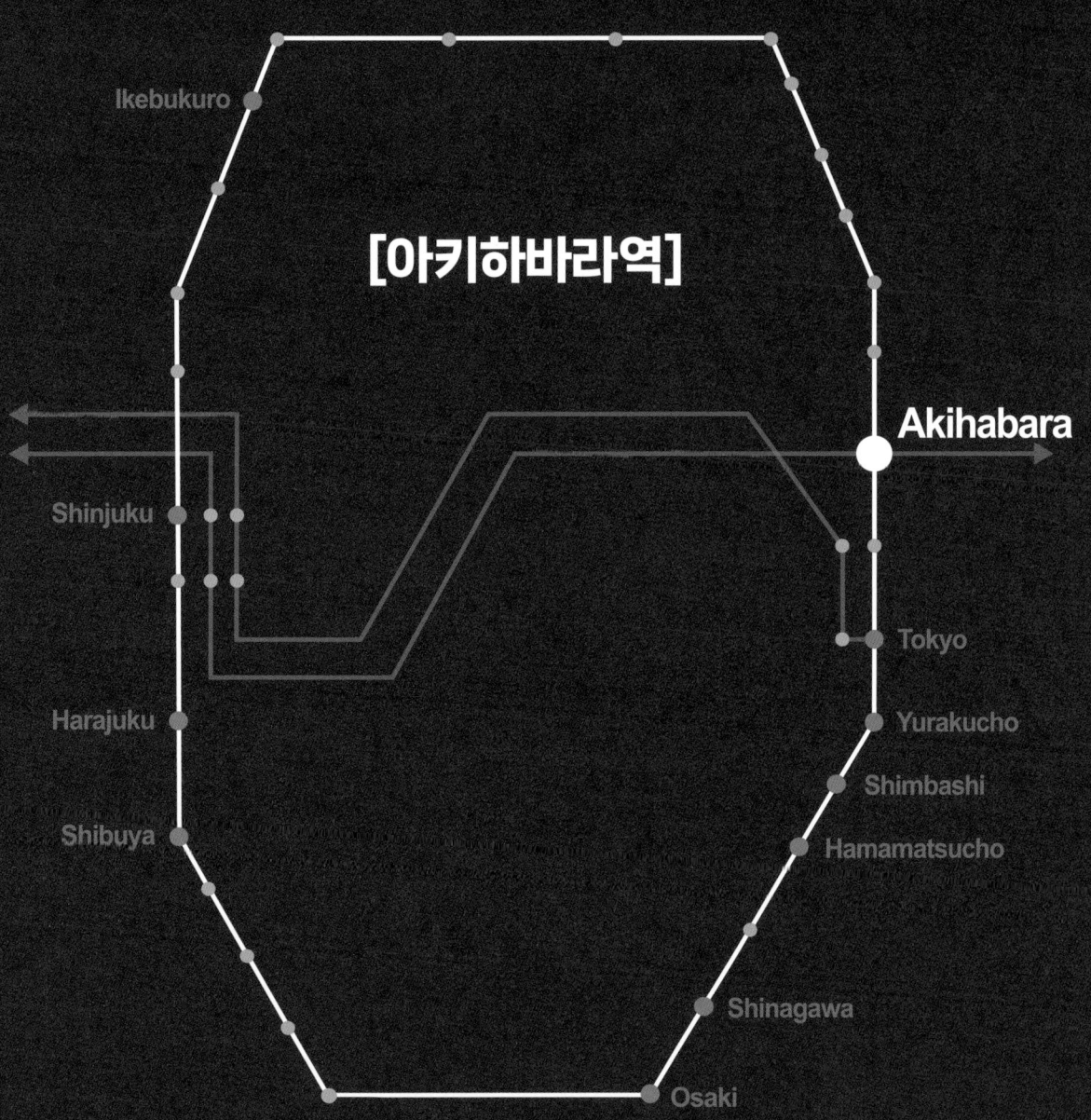

11 아키하바라역

<답사 포인트>

1. 아키하바라는 일본을 대표하는 전자상가 지역으로 널리 알려져있다. 하지만 1990년대 들어 전자산업이 침체하면서 지역이 쇠퇴해 갔다. 새로운 철도역(츠쿠바 익스프레스)이 신설되면서 지역 활성화 차원에서 재개발의 움직임이 본격화했다.
2. 아키하바라역을 사이에 두고 양측 6개 구역에 재개발사업이 가구블록 별로 추진되었다. 나뉘어 있는 가구블록을 보행자 스카이 브릿지로 연결하면서 지구전체가 통합적으로 연계하고 있다. '크로스 필드' 프로젝트라 한다.
3. 1층 가로변에는 상업시설 등이 배치되어 있고, 2층 스카이 브릿지 레벨에는 갤러리, 쇼 룸 등 지역특성을 반영한 다양한 지원시설이 입지한다. 스카이 브릿지 끝부분에 디워 주택 동이 별도로 배치되어 있다.
4. 상층부 오피스의 경우, 별도의 에스컬레이트를 이용해 스카이 로비로 직결하도록 하고 있다. 스카이 로비에는 오피스 근무자들을 위한 판매, 편의시설이 설치되어 있다.
5. 역세권복합개발 프로젝트 이외에도, 고가철로 하부를 재생한 대표적인 만세이바시 프로젝가 있다. 현재에도 운행 중인 상부 철도 고가하부 토목시설을 재생해, 랜드마크적인 상가점포를 창출해내고 있다.

지구 개요

아키하바라 역세권 지구는 일본을 대표하는 전자상가 밀집지구로 유명하다. 원래 아키하바라 역세권 주변부는 1928년부터 약 5ha에 이르는 칸다(神田) 청과물시장이 자리하고 있어 항상 활기가 넘치던 곳이었다. 하지만 1989년 청과물시장이 이전하면서 잠정적으로 주차장 부지로 활용되고 있었다. 1990년대 들어 가전, 컴퓨터산업이 호황을 맞이하면서 아키하바라 지구는 활기를 되찾게 되었다.

1990년대 중반 한때 거품경제 붕괴 이후 도시의 침체기를 겪기도 했지만 2000년대 이후 IT산업의 발달과 더불어 다시 활기를 찾고 있다. 아키하바라 역세권은 도심부에 위치한 철도(전철) 환승역으로서 도쿄 시내에서 중요한 교통거점 기능을 하고 있다. 특히 도쿄 인근 학원도시 (츠쿠바시)를 연결하는 츠쿠바 익스프레스 전철의 개통으로 전철교통 거점지역으로 새롭게 부상하고 있는 지구이다.

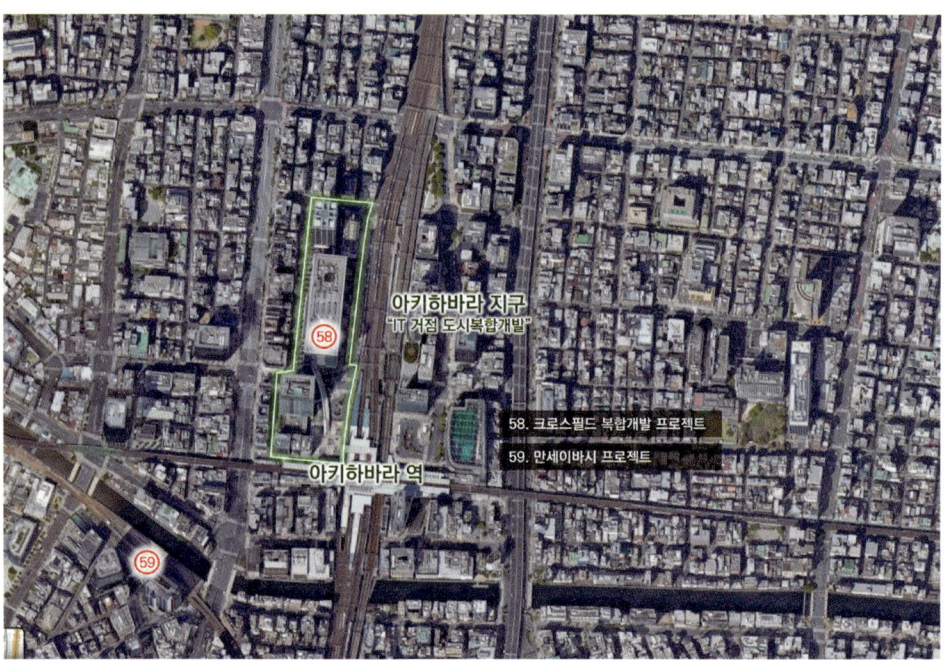

아키하바라 역세권 주요 프로젝트 현황

58 크로스필드(Crossfield) 복합개발 프로젝트

아키하바라 역세권의 지역적 특성을 살려 칸다(神田)시장과 구(旧)국철 아키하바라 화물역 이적지를 대상으로 역세권 복합개발 프로젝트가 추진되었다. 2002년부터 정보기술(IT)산업의 세계적 거점을 형성하기 위한 'IT산업 거점도시 형성'을 목표로 한 재개발 프로젝트로 추진해 2012년 완성했다. 도시재개발을 위해 우선 토지정리사업이 시행되었는데, 시행구역은 치요다구(千代田區)와 다이토구(台東區)에 걸치는 약 8.7ha 면적의 부지이다.

크로스 필드 프로젝트는 철도선로 상부를 개발하는 복합역사개발을 포함해 모두 6개의 지구로 나누어진다. 상업, 업무, 주거 등 도시복합기능을 지구별로 특화해 개발하고 있다. 특히 문화, 정보, 교류의 IT관련 기능을 집중적으로 입지시킴으로써, 종전 아키하바라 지구가 가지는 지구특성을 충분히 살린 IT산업 거점이 될 수 있도록 재개발한 것이 특징이다.

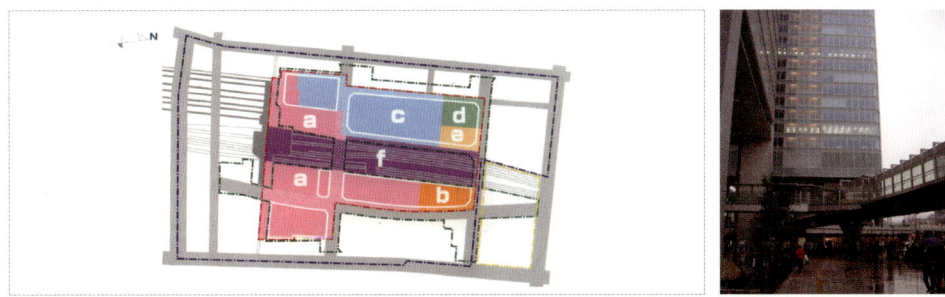

아키하바라 역세권지구는 철도선로 상부를 개발하는 복합역사개발을 포함해 모두 6개의 지구로 나누어 상업, 업무, 주거 등 도시복합기능을 지구별로 특화해 유치하고 있다. (a지구는 상업 업무기능 특화 존. b지구는 업무 상업 거주 기능 특화 존. c지구는 상업 업무기능와 문화 정보 교류 기능. f지구는 주변 정비와 조화로운 고가하부의 활용을 포함해 철도용지로서 정비하는 지구).

크로스필드 복합개발 프로젝트 전경. 정보기술(IT)산업의 세계적인 거점을 형성하기 위한 'IT산업 거점도시 형성'을 목표로 한 재개발 프로젝트이다.

철도선로를 사이에 두고 오피스 용도의 아키하바라 다이빌딩(2005년 완공), 주택용도의 TOKYO TIMES TOWER(2004년 완공), 공공시설인 칸다 소방서를 포함해 3동의 용도복합형 빌딩, 4동의 오피스 빌딩이 있다. 이 가운데 '아키하바라 크로스필드' 재개발 프로젝트는 IT 산업의 세계적인 거점을 목표로 가장 핵심적인 거점시설이다. 특히 도시재개발 방식으로는 '부동산 증권화' 방식이 최초로 실현된 사례이다. 토지구획정리사업의 총사업비는 385억 엔(약 3,800억원)이 소요되었다.

크로스필드 프로젝트는 아카하바라역 주변지구 지구계획(2003년 2월, 자치구인 치요다구에 의해 결정)에 근거해 재개발 방침이 정해졌다. 도쿄도 '아키하바라 도시계획 가이드라인'이 근간이 되어 재개발계획으로 입안된 것이다. 우선 토지구획정리사업으로 도시기반시설을 정비하고 아울러 정보발신 거점이 되는 IT센터 도입에 의한 정보기술산업의 세계적인 거점을 형성하는 것이 가이드라인의 핵심 내용이다.

도쿄도 소유지인 1가구와 3가구에 대해서도 이러한 방침에 따라 2001년 12월 사업계획 및 토지매수계획 공모가 실시되었다. NTT도시개발, 다이빌딩, 카지마건설 등 3사가 중심이 되어 구성되는 'UDX그룹'이 당선되어 UDX 특수목적회사(SPC)가 사업주가 되어 사업이 추진되었다. 특히 재개발사업 과정에 도쿄도 소유의 공공토지가 사업주에게 양도되고 건축물이 착공될 때까지 약 1년 밖에 소요되지 않는 등 각종 인허가 프로세스가 빠른 시간에 추진되었다.

NTT도시개발, 다이빌딩, 카지마건설 등 3사가 중심이 되어 구성되는 'UDX그룹'이 UDX특수목적회사(SPC)가 사업주가 되어 사업을 추진했다.

복합개발 프로젝트를 추진하는 데 있어, 지구 전체의 기반정비는 토지구획정리사업으로 실시했다. 재개발 사업수법은 '계획수법'과 '자금조달수법'으로 구분된다. 우선 계획수법으로는 지구정비계획에 의해 재생된 미래 환경의 요구 수준이 상당히 높은 점, 도쿄도의 요구에 부응하는 신속한 인허가 프로세스를 추진해야 하는 점, 저층부 활성화 계획이 필요한 점 등을 종합적으로 감안해 '총합설계제도'

를 채택했다.

또 자금조달은 자산유동화법에 근거해 설립된 특수목적회사(SPC)를 주체로 한 개발형 부동산 유동화 수법이다. 재원조달은 자산유동화법에 근거한 특수목적법인(SPC)의 자금조달이 회사채권과 융자를 조합하는 형태로 진행되었는데 일본에서도 최초의 시도이다. 일본정책 투자은행이 주체가 되어 조성한 도시재생펀드 제1호의 융자사례이다.

크로스필드 프로젝트의 계획상의 특징으로는 토지구획정리사업을 통해 가구블록을 명확하게 구분하고 가구블록 별로 차별화된 용도와 공간디자인을 추진하고 있다는 점이다. 가구블록 별로 분산된 건축물 군은 2층 레벨의 보행자 전용 데크(스카이브릿지)를 통해 하나로 연결하고 있다.

역 주변 블록의 경우 사람들의 교류 가능한 교통광장을 중심으로 상업시설의 입지를 적극 유도하고 있다. 반면 북측의 가구블록(TOKYO TIMES TOWERR)에는 주거기능을 집약화하여 공원정비 등을 통한 양호한 거주환경을 형성하고 있다. 또 서측과 동측의 기존 전자상가에 인접한 지구는 업무와 상업시설을 배려하면서 IT거점 시설의 입지를 적극적으로 유치하고 있다.

보행자데크 전경. 가구블록별로 도입프로그램과 계획수법을 특화하면서 지구 전체를 하나로 연결할 수 있는 보행자데크를 설치해 지구의 일체화를 도모하고 있다.

한편, IT거점의 역세권 업무지구에 오피스와 주거기능의 고층건축물을 제안하고, 1층 및 2층 보행자데크 등 건축물의 저층부에는 상업 및 판매시설 유치를 통한 지구의 개방성을 최대화하면서 다양한 방문객의 유입을 시도하고 있다. 1층부 가로공간의 활성화를 위한 1층부 필로티공간, 세련된 가로보행공간, 상업시설의 유치는 물론 2층 데크레벨에 연결되는 오픈스페이스 공간의 다양한 디자인을 통해 지구 전체의 개방성과 활성화를 도모하고 있다.

블록별 건축물의 저층부를 관통하는 2층 레벨의 보행자 데크에는 업무시설의 로비공간, IT센터, 판매시설 등 다양한 도시지원시설을 배치하고 있다.

1층 가로공간 활성화를 위한 1층 필로티공간, 가로보행공간, 상업시설의 유치는 물론 2층 데크레벨에 연결되는 오픈스페이스 공간의 다양한 디자인을 통해 지구 전체의 개방성과 활성화를 도모하고 있다.

한편, 역세권 거점상업 및 업무지구의 특성상 주차공간의 부족이 우려되는 상황에서 아카하바라 UDX건물의 1층부에 약 500대의 공용주차장을 설치하고 있다. 나아가 지구 내 각 시설에도 부설 주차장을 설치해 주차수요에 충분히 대비하고 있다. 1층에 확보된 공영주차장의 경우 가로경관을 고려해 주차장 벽면디자인에도 특별히 배려하고 있다.

아키하바라 역세권의 경우 가구블록 별로 재개발 주체가 다르며, 일부 가구의 경우 전술한 UDX 특수목적회사(SPC)가 공모를 통해 사업 주체로 지명되었다. 재생사업을 통한 가구별 재개발 계획에 그치지 않고, 보다 지역적인 활성화를 위한 유지관리에도 많은 시도가 이루어지고 있다. 재개발사업 전체의 운영은 자치구(치요다구)가 주도하는 '마치츠꾸리 협의회'가 중심이 되어 운영되고 있다. 또 산학연계와 IT거점이 재개발 테마로 IT센터로서의 다양한 기능을 수용하기 위해 '크로스 필드 메니지먼트'라는 운영회사를 설립해, 주변 지역주민뿐만 아니라 주변의 상공회와도 밀접하게 교류하면서 지역 전체의 활성화, 유지관리 등 타운 메니지먼트를 실시하고 있다.

아카하바라 UDX건물의 1층부에 약 500대의 공용주차장을 설치하고 있다.

59 만세이바시(万世橋) 프로젝트

아키하바라역 인근 칸다 하천(神田川)변 고가도로 하부에는 붉은 벽돌의 이채로운 상가가 형성되어 있다. 중후한 역사적 토목건조물이 고가하부 풍경을 연출하고 있으며, 아직 상부는 JR츄오선(中央線) 전철이 다니고 있다. 철도고가 하부구조를 활용한 재생 프로젝트이다. 메이지(明治)시대에 만들어진 붉은 벽돌의 철도고가 하부를 상업시설로 재활용한 사례이다. '만세이바시(万世橋)'라 불리는 곳으로 철도역사가 있던 곳을 새로운 상업공간으로 탈바꿈시켰다.

1912년 중앙선 개통 당시 이 철도역사는 시발 종착역이었다. 붉은 벽돌 아치 상부에 홈이 있었고 인접한 대지에 당시로서는 호화로운 철도역사가 자리하고 있었다. 이 역사는 도쿄역보다 먼저 건설된 중앙선 터미널 '만세이바시(万世橋)역'이다. 이곳이 당시 도쿄의 중심부였다. 이 역은 도쿄역을 설계한 건축가 다츠노킨고가 설계한 철도역사였다.

그러나 1923년 관동 대지진으로 전소되었고 이후 부분적인 복원이 이루어졌지만, 도쿄역의 개설로 만세바시역은 중간거점역으로서의 역할에 머무르게 되면서 규모도 축소되었다. 이후 1936년 이 역사는 철도박물관으로 재건축되었다. 2006년 해체 후 그 이적지에 2013년 JR 칸다 만세바시 빌딩과 고층오피스 빌딩이 건설되었다.

1912년 중앙선 개통 당시 이 철도역사는 시발 종착역이었다. 붉은 벽돌 아치 상부에 홈이 있었고 인접한 대지에 당시로서는 호화로운 철도역사가 자리하고 있었다.

철도선로에 인접한 철도역사는 여러 차례 재건축이 이루어졌지만, 철도 하부 공간의 붉은 벽돌 아치 토목구조물은 당초의 모습과 거의 변하지 않고 남아있었다. 2013년 상업공간으로 보전 재생되어 이 지역의 새로운 상업시설로서 주목을 받게 된 것이다.

재생프로젝트의 사업 주체는 JR 동일본과 동일본 철도 문화재단이 담당했다. 설계를 담당한 곳은 '미캉구미(귤사무소라는 의미)'라는 아뜨리에 설계사무소이다. 재생계획에 있어서는 철도역사의 기억을 최대한 살리면서 오래된 아치 토목구조물의 공간을 적극적으로 활용해 상가점포를 디자인했다.

프로젝트 경(좌). 철도 하부공간의 붉은 벽돌 아치 토목구조물(우). 저층부 구조물은 당초의 모습으로 보전하면서, 2013년 상업공간으로 보전 재생해 이 지역의 새로운 상업시설로서 주목을 받게 되었다.

각 아치 공간이 하나의 상점으로 구성되어 연속되는 아치 터널의 분위기를 자아낸다. 벽과 천장으로 구성된 아치구조물을 모두 제거하고 아치 토목구조물 자체를 디자인의 모티브가 되도록 설계했다. 또 인접한 칸다 하천측 벽을 모두 허물고 하천변으로 폭 140cm의 목재데크를 확장해 친수데크를 형성하고 있다.

한편, 철도 플랫폼 상층부를 개축해 철골조의 유리상자를 관입시켜 설계함으로써, 인접한 철로를 통과하는 전철을 바라보면서 도시풍경을 즐길 수 있는 2층 카페, 전망데크 등이 계획했다. 2층 카페는 지역재생의 일환으로 NPO예술활동 단체가 담당하고 있다.

또 철로변 아치상가 구조물과 남측 오피스빌딩 부지 사이는 '사우스 콜리드'라는 가로 몰을 형성하면서 오픈스페이스 역할을 하고 있다. 대상지 곳곳에 철도의 역사와 기념물, 역사적인 사진 등을 전시하는 옥외 전시공간으로서의 역할도 하고 있다.

1개의 아치 공간이 하나의 상점으로 구성되어 연속되는 아치 공간으로 아치 터널의 분위기를 자아낸다.

철로변 아치상가 구조물과 남측 오피스빌딩 부지 사이는 '사우스 콜리드'라는 가로 몰을 형성하고 있다.(좌) 철도 플랫폼 상층부를 개축해 철골조의 유리 상자를 관입시켜 인접한 철로를 통과하는 전철을 바라보면서 도시풍경을 즐길 수 있는 2층 카페, 전망데크가 설치되어 있다.(우)

도쿄 역세권
재개발 프로젝트

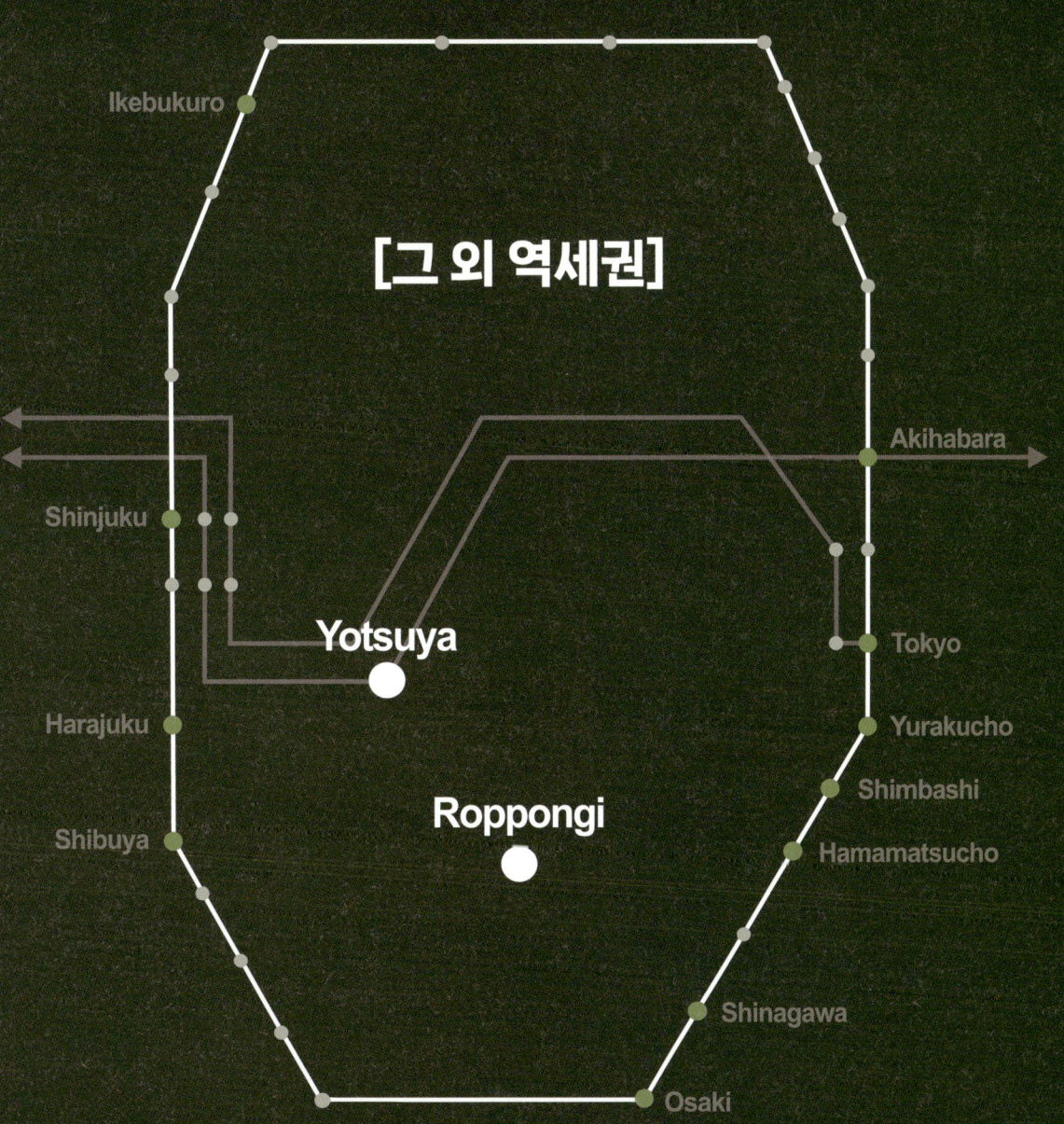

12 그 외 역세권

<답사 포인트>

1. 여기서는, JR 야마노테선 이외에 2개 역세권의 재개발 프로젝트를 소개한다. 첫 번째는 '록본기 잇초메역'이며, 두 번째는 '요츠야역'이다.

2. 록본기 잇초메역 인근에는 일찍이 1980년대 재개발된 록본기 아크힐즈(당시로서는 최대규모 민간 도시재개발 프로젝트)가 입지해 있다. 록본기 잇초메 역세권에는 이즈미 가든 프로젝트, 아크힐즈 센코쿠야마 프로젝트 그리고 최근 완공된 아자부다이 힐즈 프로젝트에 이르는 일련의 재개발 프로젝트가 연계되어 재개발 회랑을 형성하고 있다. 또 요츠야 역세권에는 전형적인 역세권 복합개발 프로젝트로 CO-MO-RE 프로젝트가 입지하고 있다.

3. 이즈미 가든 프로젝트는 지하철역과 경사 지형 활용이 테마이다. 경사지를 활용한 테라스 상가 및 광장, 그리고 보행 에스컬레이트를 이용해 상부 박물관, 공원, 오피스 주출입구까지 이어진다. 오피스 진출입부에서 상층부 오피스 로비까지 경사 에스컬레이트로 연결하고 있다. 저층부는 지하철 역사와 연계해 역세권 상가시설을 설치하고 있다. 지하철역 인근에 민가가 무질서하게 자리하고 있던 곳을 통합적으로 재개발한 프로젝트이다.

4. 이즈미 가든 프로젝트에서 시작되는 공공 보행도로는 '아크힐즈 센코쿠야마 모리타워'로 이어지며, 최근 가장 핫플레이스로 등장한 '아자부다이 힐즈'까지 연결된다. 아자부 다이 힐즈 프로젝트 인근에도 지하철역이 있지만, 록본기 잇초메역에서 시작하는 3개의 복합개발 프로젝트를 한꺼번에 답사하는 것을 추천한다. 민간복합개발 프로젝트를 통해 록본기 지구의 도시공간 재편이 어떻게 이루어지고 있는지가 주요 관심 사항이다.

5. 아크힐즈 센코쿠야마 프로젝트는 주거기능과 상업업무기능이 복합화된 국제적인 문화복합도시를 목표로 하고 있다. 저층고밀 주택시가지를 대가구블록으로 재편하고 전체 도로 네트워크(보행 네트워크 포함)를 구축하고 있다. 공개공지, 보행자 도로 네트워크 등 부지 내 공용공간의 확충도 실현하고 있다. 최근 완공한 아자부다이 힐즈 프로젝트와도 인접해 도시인프라를 공유할 수 있도록 하고 있다.

6. 아자부 다이 힐즈 프로젝트는 최근 일본에서 가장 주목받고 있는 복합개발 프로젝트이다. ㈜ 모리빌딩이 20년 전 개발한 롯본기 힐즈 이후, 약 6,0002m 규모의 '중앙광장', 일본에서 가장 높은 약 330m의 초고층빌딩 '모리JP 타워', 독특한 외관을 자랑하는 저층부 '가든 프라자' 등 수많은 화제를 낳고 있는 프로젝트이다. 재개발 프로젝트의 컨셉은 녹지(green)와 삶의 질(wellness)을 추구하는 '모던 어반 빌리지(Modern Urban Village)'이다. 사무실, 주택, 점포, 호텔, 문화시설, 국제학교, 의료시설 등 도심복합개발에 필요로 하는 대부분의 시설을 도입하고 있다. 그야말로 도시 속의 도시라 할 수 있다.

7. 한편, 요츠야 역세권 재개발 복합개발 프로젝트인 'CO-MO-RE'는 2014년에 도시계획결정후, 일본의 도시재생기구(UR)가 '사업파트너제도'를 활용해 민간사업자와 공동으로 추진한 재개발 프로젝트이다.

8. 'CO-MO-RE' 프로젝트의 계획적 특징으로는, 전면에 랜드마크 오피스를 배치하고 저층부상업시설은 공공보행통로를 형성해 가로점포를 입지시키고 있다. 후면으로 테라스형 주거동을 배치하고, 중앙부에 위치한 대규모 공개공지는 지역커뮤니티 거점역할을 하고 있다.

12-1 록본기 잇초메역

60 이즈미 가든 프로젝트

도쿄도 미나토구(港區)에 위치한 록본기 잇초메역은 도쿄 메트로 남북선(南北線)이다. JR야마노테선에서는 약간 벗어나 있으나 최근 상징적인 도시개발 프로젝트를 둘러볼 수 있는 거점 역세권이다. 록본기 잇초메역을 복합개발한 이즈미 가든 프로젝트는 역세권 경사지를 테라스 상가건축으로 계획하면서 이즈미 타워, 스미토모 회관, 스미토모 리넨 하이츠 아파트 등 다양한 용도복합시설을 도입하고 있다. 특히 경사지를 따라 만들어진 '연결녹지'를 주변부까지 연결시켜 지역의 녹지 네트워크를 형성하고 있다.

이즈미 가든 프로젝트는, 약 2만4천㎡ 부지에 연면적 약 15만7천㎡ 규모의 역세권 재개발 프로젝트이다. 이곳은 원래 높은 지대에 위치한 재벌가 스미토모(住友)집안의 저택이 자리하던 곳이었다. 지하철역 인근에 민가가 무질서하게 자리하고 있던 장소 일대를 통합적으로 재개발했다.

이즈미 가든 프로젝트 전경(좌) 및 저층부 경사지 테라스 상가(우).

1988년 재개발준비조합이 결정되고 1994년에는 도시계획 결정으로 '재개발지구계획'의 지정을 받았다. 사업은 자치구인 미나토구(港區)에서 처음으로 도시개발법(111조)을 활용해 신속한 도시개발이 이루어지도록 지원하면서 추진될 수 있었으며, 1999년 착공해 2002년에 준공했다. 재개발협의회(준비조합) 발족부터 사업이 완성되기까지는 16년이라는 긴 시간이 소요되었다.

프로젝트가 완공된 2002년은 일본에서 '도시재생 특별조치법'이 시행된 해이기도 하다. 당시 이곳은 도심부에 위치해 있으면서도 부지의 단차가 심해 재개발이 어려운 경사지로, 도심부의 잠재력을 살리지 못하고 역세권 주변이 목조밀집지대로 남겨져 있던 곳이다. 오랜 기간 동안 재개발사업을 추진하면서 많은 난관도 있었으나 창의적인 재개발 방안을 통해 다양한 아이디어를 제안하고 있다.

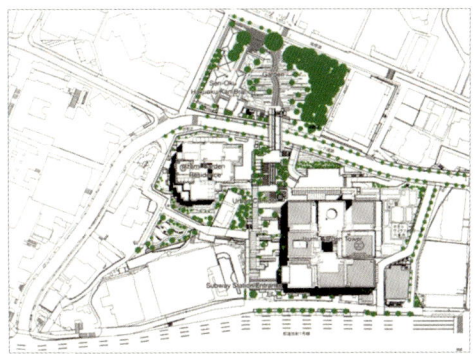

이즈미 가든 프로젝트는 역세권 경사지를 테라스 상가건축으로 계획하면서 이즈미타워, 스미토모 회관, 스미토모 리넨 하이츠 아파트 등 다양한 시설을 도입하고 있다.

우선 지하철역이라는 교통 결절점 정비와 일체화된 재개발 모델을 제안했다. 즉, TOD(교통지향형개발, Transportation Oriented Development) 수법을 적극 도입하면서 '도심형 TOD개발'의 대표적인 모델사업이 된 것이다. 다음으로는 재개발사업제도의 적극적인 활용이다. 재개발지구계획제도와 재개발사업을 병행해 가구블록 간에 용적률 배분을 유연하게 적용했다. 즉 용적률 50%를 적용해 녹지공간을 보전하는 블록도 있으며, 용적률 1,000%를 적용해 초고층의 업무상업시설을 제안하는 가구블록도 있어 도심의 다이나믹한 경관을 연출할 수 있었다.

마지막으로, 공공민간 파트너쉽(PPP)에 의한 사업추진이다. 지구적 차원에서 도심 슈퍼블록의 도시기반시설(보행자공간, 오픈스페이스 등)을 정비하고자 하는 '공공의 입장'이 있다. 한편으로는 도시재개발 사업의 가치를 극대화하려는 '민간의 입장'도 존재한다. 양측의 입장을 적절하게 균형을 맞추면서 사업의 실현성을 공유하고 있다.

전술한 바와 같이, 이즈미 가든 재개발 프로젝트는 대상지의 고저차가 매우 심한 부지현황을 가급적 변형시키지 않고 추진했다. 예전의 사무라이 저택이 자리한 정원을 보전하면서 자연적인 공간과 활기찬 역세권개발이 공존할 수 있도록 마스터플랜 계획개념을 제안했다.

특히, 주변지구를 포함하는 대규모 슈퍼블록을 횡단하는 보행자동선과 도시녹지축을 정비하고 있다. 실제로 이즈미 가든 프로젝트의 실현으로 이 보행자축이 연장된 인접 주거지역이 연쇄적으로 재개발되는 파급효과를 보이고 있다. 아크힐즈 센코쿠야마 모리타워 그리고 최근 완공한 아자부다이 힐스 프로젝트까지 이어진다. 도쿄 메트로(전철회사)와 협의를 통해 록본기 잇초메역 개찰구를 재개발사업구역 내에 포함시키고, 지하철역 광장에서부터 뒤편의 주거지까지 대지의 높은 단차를 극복하면서 에스컬레이트를 통해 보행자 녹지 네트워크를 연계하고 있다.

한편, 교통결절점에 어울리는 다양한 오픈스페이스 공간도 확보하고 있다. 소공원, 상업시설 테라스 등에 보행자 에스컬레이트를 설치해 공공공간의 접근이 편리하도록 계획했다. 또 개찰구 쪽으로 자연채광이 들어오는 매력적인 지하철역 광장을 조성하고 있다. 록본기 전철역의 개찰구를 나오면 탁트인 대공간이 연결되는데, 초고층 빌딩 오피스 로비 부분이 별도로 있고, 정면의 경사면을 따라 테라스 상가, 레스토랑 등 광장 공간과 어우러져 자리하고 있다.

에스컬레이트를 타고 올라가면 가장 높은 대지에 정원(공원)이 보이는데 에도시대 무사(사무라이)계급의 저택을 연상시키는 정원이다. 약 20m의 부지 고저차를 활용해 '어반 콜리도'(도시의 녹지회랑)라 부르는 산책로를 계획하고 있다. 지하철역과 초고층빌딩을 일체화하면서 고지대 정원을 지나 주변의 지하철(神谷町)역까지 연결하는 지역 산책로가 조성되어 있다.

다양한 커뮤니티 지원 시설프로그램도 도입하고 있다. 단지 내 다양한 편의 시설은 지형의 고저차를 살린 테라스 형태의 외부공간과 함께 카페, 레스토랑, 헬스클럽 등이 자리하고 있다. 정원 지하에는 다목적 대공간 홀(갤러리)이 있고, 한쪽으로는 '이즈미야 박물관 분관'이 자리하고 있다. 또한 인접한 위치에 스미토모 집안이 소유한 골동품, 미술품, 도자기 등을 전시하는 박물관이 자리하고 자연정원과 잘 어울리는 미술관도 위치하고 있다.

부지 지형을 살린 건축물 배치계획도 특징적이다. 정원에 면한 도심 주거빌딩은 부지형상을 따라 배치하고 있다. 또 지형이 낮은 곳에 위치한 초고층타워(이즈미 가든 타워)는 2단계의 오피스 로비로 구성되어 있다.

지하철에서 직접 연결되는 개방적인 로비와 이 로비에서 에스컬레이트로 상층부로 연결한 별도의 오피스 로비공간이 조성되어 있다. 타워의 저층부에는 점포, 식당 등 편의시설이 개방적으로 설치되어 있고 지하철역과 연계해 커뮤니티 공간으로 활용되고 있다. 4층 레벨의 대규모의 오피스 진입부 로비가 대공간을 형성하면서 설치되어 있다.

경사지를 활용한 다양한 상가점포, 커뮤니티 지원시설을 계획하고 있다.

경사지를 활용한 다양한 상가점포, 커뮤니티 지원시설을 계획하고 있다.

경사지 에스컬레이트를 따라 주변지역까지 연계되는 보행자 녹지 네트워크(어반 콜리도)를 조성하고 있다.

4층 레벨의 오피스 스카이 로비로 접근하는 에스컬리이터(좌)와 스카이 로비(우). 스카이 로비에서 엘리베이트를 이용해 각층별 오피스 공간으로 이동하게 된다.

61 아크힐즈 센코쿠야마 모리타워 프로젝트

이즈미가든 프로젝트에서 녹지 네트워크를 따라 걷다 보면 '아크힐즈 센코구 야마 프로젝트'가 입지하고 있다. 센코구야마 모리타워의 특징은 타워 저층부에 맨션(주택)을 도입하고 상층부를 오피스 용도로 계획한 매우 흔치 않은 프로젝트이다.

센코구야마 모리타워가 입지한 지역은 지형의 고저차가 심하고 도로형상도 에도(江戶)시대의 구획이 그대로 남아 있어 기반시설이 열악하며 지진발생 등에 따른 도시방재에도 매우 취약한 지역이다. 1980년대 중반에 완공한 록본기 아크힐즈 재개발프로젝트가 준공한 이후 주변지역에 파급효과가 크게 작용했는데, 센코쿠야마 재개발 프로젝트도 그러한 영향을 받은 프로젝트 가운데 하나이다.

센코구야마 모리타워 전경(좌). 타워 저층부에 맨션(주택)을 도입하고 상층부를 오피스 용도가 입지하고 있는 매우 흔치 않은 프로젝트 사례이다. 타워 저층부 주택부 출입부(우).

1987년 사업자들이 모여 '재개발협의회 연합회'가 설립되고, 1989년부터 마을만들기협의회가 만들어져 활동을 시작하면서 이 지구의 도시재개발에 대한 논의가 본격화했다. 1992년에는 자치구인 미나토구(港區)도 참여하는 '대규모가구블록 협의회'를 발족했다. 협의회에서는 주거기능과 상업업무 기능이 복합화된 국제적인 감각이 풍부한 문화복합도시를 목표로 하고 있었다. 또 계획적인 도로망 정비를 통해 대가구 블록 전체의 도로 네트워크를 구축하고 공개공지, 보행자 도로 네트워크 등 부지 내 공용공간의 확충을 제안하고 있다.

부지면적은 약 1만6천㎡, 연면적 14만4천㎡이며, 지하 4층 지상 47층(주택 3-24층, 오피스25-47층)의 복합빌딩과 지상 6층의 주택동으로 구성되어 있다. 기존 지권자 거주주택 300호를 확보하면서 공개공지를 약 57% 정비해 대규모 가구블록 녹지네트워크의 거점화를 도모하고 있다.

지구 내 세부 가로망을 정비하고 국제화시대에 대응 가능한 비즈니스 시설을 갖추고 있다. 이 재개발 프로젝트는 초고층 주거복합 건축물에 의한 주거 재생이라는 도쿄 도심 주거지 재개발사업의 새로운 모델을 제시하고 있는 프로젝트이다.

지하4층 지상47층(주택 3-24층, 오피스25-47층)의 복합빌딩(좌)과 지상 6층의 주택동(우)으로 구성되어 있다.

62 아자부다이 힐즈 프로젝트

2023년 말, 일본 최대규모 도시재개발 프로젝트가 완공했다. ㈜모리빌딩이 30년 이상 개발을 주도하면서 막대한 시간과 인력 그리고 최첨단 기술을 구사한 거대 재개발 프로젝트이다. 도쿄도 미나토구(港區)에 입지한 부지 약 6만 4천m2에 연면적 약 86만m2의 새로운 '도심타운'이 만들어진 것이다. 약 6,000m² 규모의 중앙광장과, 일본에서 가장 높은 약 330m의 초고층빌딩 '모리JP 타워', 독특한 외관을 자랑하는 저층부 '가든 프라자' 등 많은 화제를 낳고 있는 다양한 개발요소를 포함하고 있다.

약 20년 전 2003년 완공한 '록본기 힐즈' 프로젝트가 당시 도심재개발에 한 획을 그은 프로젝트라면, 2023년 아자부다이 힐스 프로젝트는 20년 만에 ㈜모리빌딩이 기획한 또 하나의 도심재개발 걸작이라고 할 수 있다. 총 사업비는 약 6,400억엔(약 6조4천억원)에 이른다.

아자부다이 힐스 전경. ㈜모리빌딩이 30년 이상 개발을 주도하면서 막대한 시간과 인력, 그리고 최첨단 기술을 구사한 거대 재개발 프로젝트이다.

전체 재개발 프로젝트의 컨셉은 녹지(green)와 삶의 질(wellness)을 추구하는 '모던 어반 빌리지(Modern Urban Village)'이다. 옥상녹화를 포함해 총 320종류의 식재와 식물이 빌리지의 다양한 사계절의 풍경을 자아내고 있다. 주 용도로는 사무소, 주택, 점포, 호텔, 문화시설, 국제학교, 의료시설 등 도심복합개발에 포함될 수 있는 대부분의 시설을 도입하고 있다. 그야말로 도시 속의 도시라 할 수 있다.

상업구역에는 패션, 음식, 뷰티, 책, 가구 등 다양한 장르의 테마를 가진 점포가 입지하고 있다. 아트 갤러리나 광장에서의 이벤트 등을 통해 빌리지 전체의 활성화를 도모하고 있다. 설계는 일본에서는

㈜모리빌딩과 일본설계, 해외 참여업체 등이 참여하고 있으며, 특히 타워동은 시저 페리 사무소(pelli Clarke & Partners), 저층부 디자인은 영국의 유명건축가 헤드윅(Heatherwick)이 담당했다.

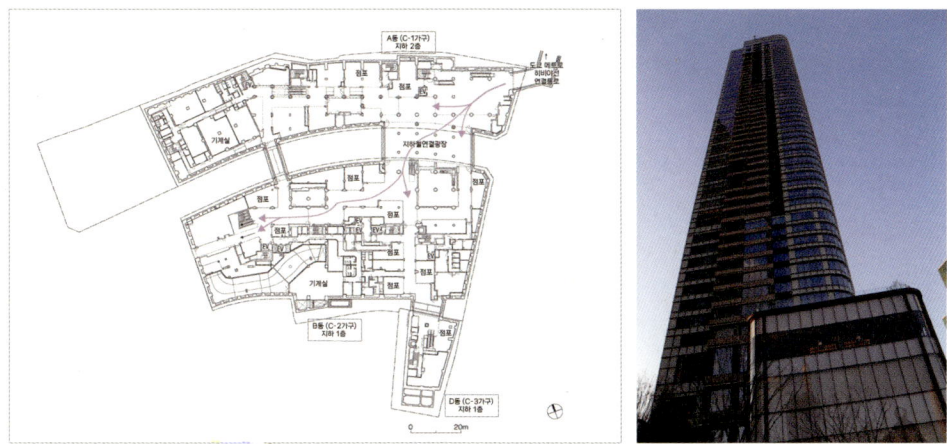

아자부다이 배치평면도(좌). 레지던스 주거타워 전경(우). 전체 프로젝트의 컨셉은 녹지(green)와 삶의 질(wellness)을 추구하는 '모던 어반 빌리지(Modern Urban Village)'이다.

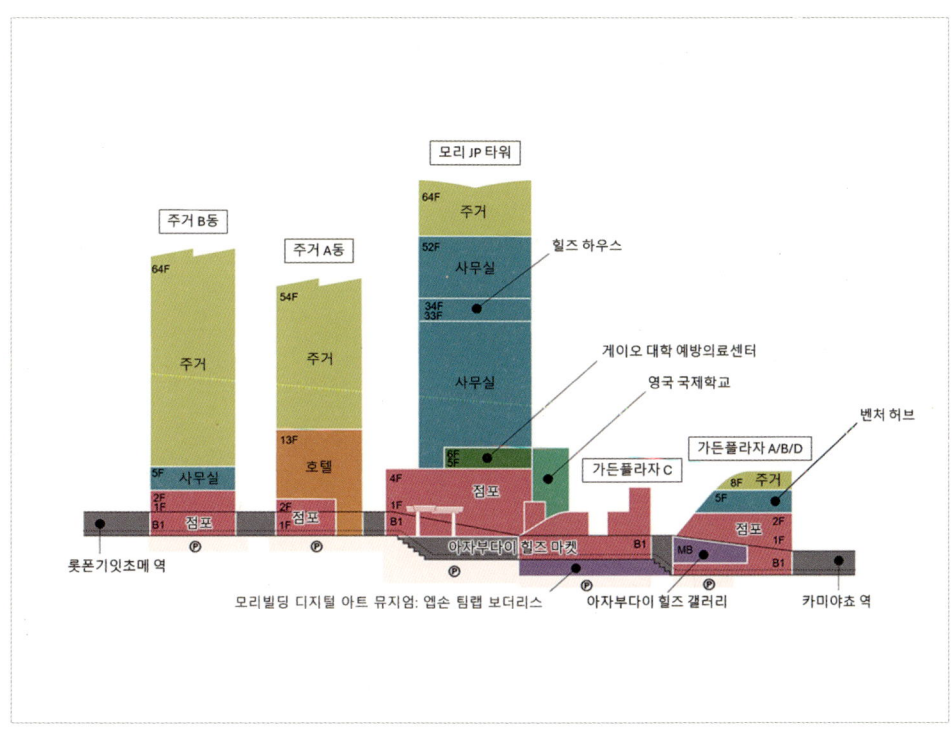

아자부다이 단지 전체 단면구성. 저층부는 상업시설 및 갤러리 등을 배치하고 상층부에는 오피스 업무시설 및 주거타워를 배치하고 있다.

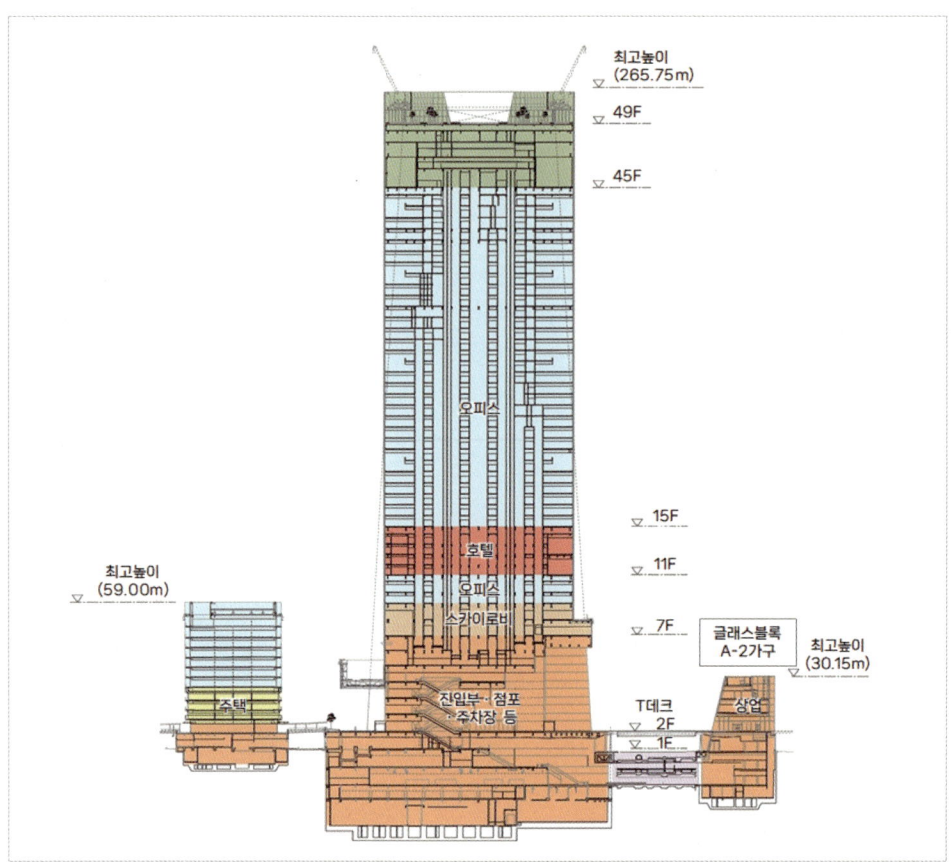

단면구성도 및 저층부 전경. 사무소, 주택, 점포, 호텔, 문화시설, 국제학교, 의료시설 등 도심복합개발에 포함될 수 있는 대부분의 시설을 도입하고 있다. 그야말로 도시 속의 도시라 할 수 있다.

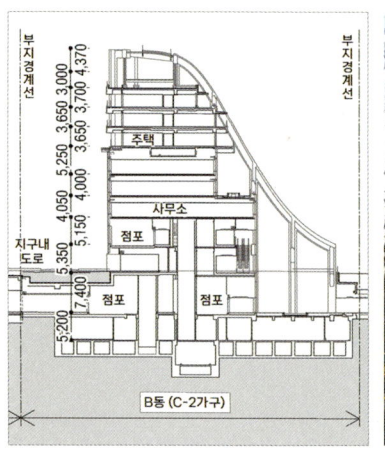

저층부 상가동, 경사지형을 살려, 연체동물이 기어가는 듯한 디자인 형상의 저층부동은 경사지 상점점포의 특성을 살리고 있다.

도심에 '컴팩트 시티'에 어울리는 다양한 기능을 담아내고 있다. 오피스 공간에도 차별화된 환경을 연출하고 있다. 모리 JP 타워에는 33-34층에 라운지와 카페 등 '힐즈 하우스'라 불리는 비즈니스 지원 시설을 두고 있다. 타워 입주기업 근무자들이 모여 서로 교류하며, 휴식하는 공간이다. 가든 프라자B 등의 4-5층에 설치되어 있는 '도쿄 벤처캐피털 허브(Tokyo Venture Capital Hub)'는 일본 최초로 대규모 벤처 캐피털이 집적해 있는 거점공간이다. 도시 간 국제경쟁력 차원에서 스타트업 기업을 지원하기 위한 시설이다.

많은 해외 기업인들 유치를 위해서는, 그들의 생활을 지원하기 위한 환경정비도 매우 중요하다. 모리 JP 디 위에 인접한 '도쿄 영국학교(British School in Tokyo)'는 도쿄 도심 최대규모의 국제학교이다. 자유로운 운영을 위한 교실, 진로교육을 위한 스튜디오 등, 약 900m2의 교정을 가지고 있다. 또한 레지던스A동에는 도쿄에 단기 체류하는 해외 비즈니스 근무자를 위한 호텔이 마련되어 있다. 모리JP타워 내에는 확장 이전한 케이오 대학 예방 의료센터가 입주해 있다.

저층부 상업시설은 유기적인 곡선디자인의 '가든 플레이스'이다. 디자인은 영국 건축가 헤드윅이 일본에서 처음으로 디자인한 건축물이다. 원래 이 지역은 일본의 전형적인 도심 주택밀집 시가지가 자리해 있던 곳으로, 경사면의 목조주택 밀집 지역이었다. 방재상 위험한 곳이기도 했지만, 주민들에게는 추억의 시가지 풍경을 자아내는 곳이기도 했다.

재개발사업을 추진하면서 이러한 시가지 경관을 모티브로 저층부 건축물 디자인을 시도했다. 고저차 18m에 이르는 경사지형을 살려, 연체동물이 기어가는 듯한 디자인 형상의 저층부동은 경사지 상점

점포의 특성을 살리고 있다. 옥상에는 식물녹화를 따라 테라스를 오를 수 있도록 다양한 형태의 계단 디자인을 계획하고 있다.

상가점포 옥상 테라스를 따라 오를 수 있도록 계단 디자인이 설치되어 있다.

현재까지 일본에서 가장 높은 고층타워인 '모리 JP타워'는 아자부다이 힐즈 핵심시설이다. 지상에서 정상부쪽으로 중앙부가 부풀어지고 정상부로 갈수록 약간 좁아지는 '배불림' 디자인을 채용하고 있다. 시저 페리의 유작이 된 타워건축인데, 일본스러움의 타워형상을 '배불림' 형상으로 표현하고 있다. 지하5층, 지상 64층, 연면적 약 46만m2, 높이 약 330m의 초고층빌딩이다. 타워 입면 파사드에 약간의 스릿 형상(움푹파진 형상)을 주어 건축물 아름답게 보이도록 하고 있다. 특히 코너는 곡면디자인으로 랜드마크성을 주고 있으며, 인접한 레지던스 고층타워동도 같은 모서리 디자인을 채용해 타워동 상호 간에 조화를 도모하고 있다.

한편, 오피스는 지상 7층에서 52층까지 기준층 면적은 약 4,800m2이다. 일본에 있는 어떤 고층타워 평면 면적보다 단위평면 면적이 크다. 글로벌 경쟁력을 갖춘 기업을 유치하기 위해 엘리베이트를 제외하면 무주공간의 오피스 평면을 계획하고 있다.

약 6,000m2 규모의 중앙광장 전경(좌) 다양한 식재와 지형을 살린 랜드스케이프 디자인을 구사해 조경건축을 창출하고 있다.(우)

 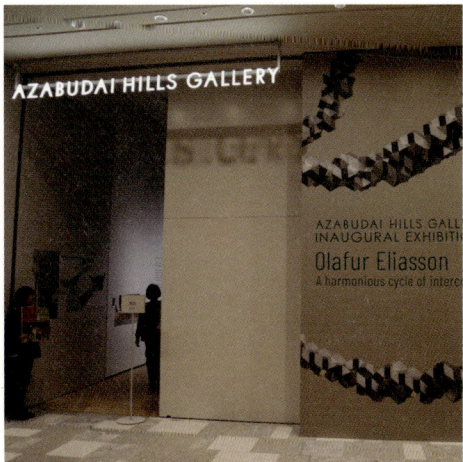

지하 상가점포(좌) 및 갤러리(우) 전경.

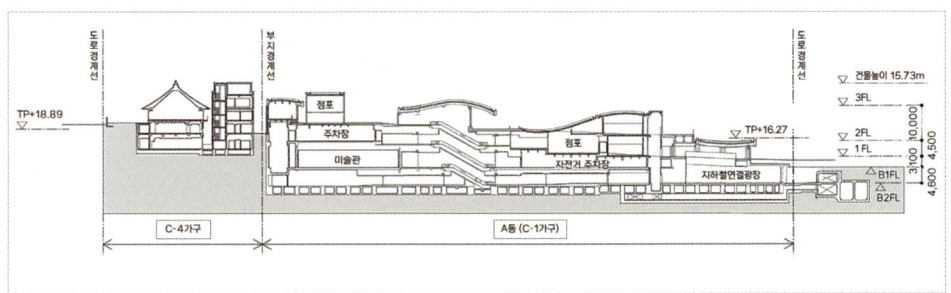

저층부 상가지구 단면도. 지하철과 연결광장으로 연계되어 있다.

그 외 역세권

모리 JP 타워 배치도(좌) 및 타워 전경(우)

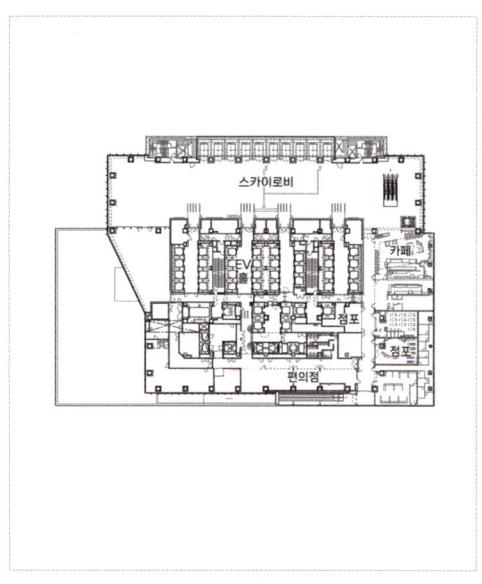
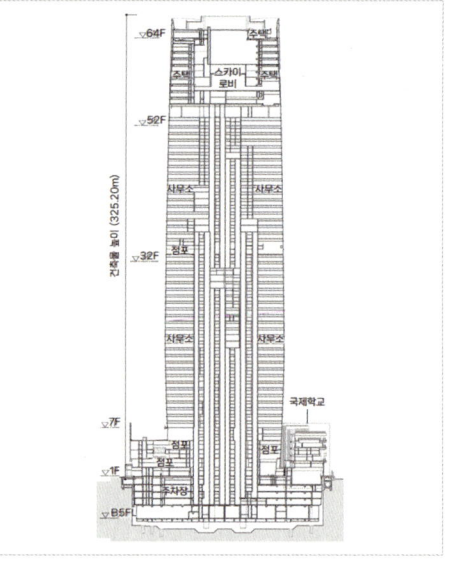

모리 JP 타워 평면도(좌) 및 타워 단면도(우)

12-2 요츠야역

63 요츠야(四ツ谷)역 CO-MO-RE 복합개발프로젝트

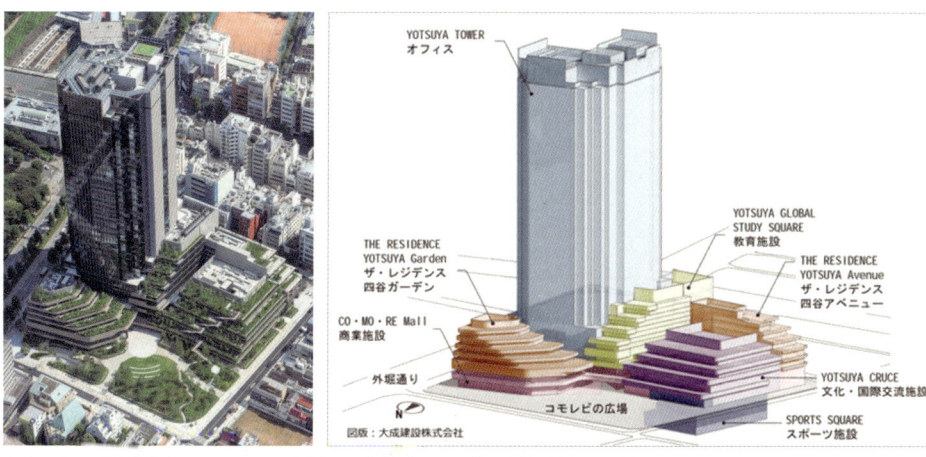

요츠야(四ツ谷)역세권 CO-MO-RE 프로젝트 진경(좌). 초고층 오피스빌딩과 저층부에 테라스형으로 구성해 옥상녹화나 벽면녹화를 조성하고 있는 것이 특징이다(우).

2020년, 요츠야(四ツ谷) 역세권에 초고층 오피스 빌딩을 포함하는 복합개발 프로젝트 'CO-MO-RE YOTSUYA'가 완성되었다. 높이 145m에 이르는 오피스동 '요츠야 타워'는 요츠야 지역 최초의 고층타워 건축물이다. 대상지는 약 2만4천m2이다. 재무성 관사 이적지, 구립 초등학교 폐교지 등을 포함하는 공유지와 인접한 민유지를 집약한 것이다.

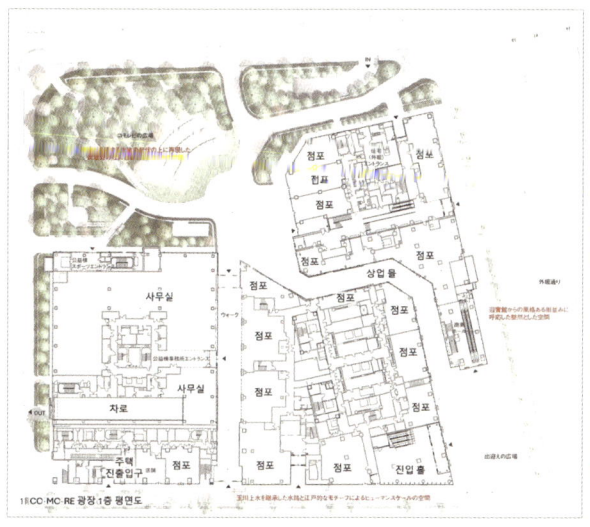

배치평면도(좌). 오피스 타워동 전경(우).

그 외 역세권　279

타워빌딩 저층부는 테라스형으로 구성해 옥상녹화나 벽면녹화를 조성하고 있다. 약 1,000m2의 진입광장과 부지 북측 약 3,300m2의 녹지광장이 계획되어 지역주민의 피난장소로도 활용할 수 있도록 하고 있다. 지하 3층, 지상 31층으로 업무, 상업, 주거 등을 용도복합한 전형적인 역세권 복합개발사업이다. 일본의 공기업인 도시재생기구(UR)가 사업주체이며, 총 사업비는 약 839억원(약 8,000억원)이다.

도쿄 도심부에 위치한 요츠야 역세권은 저층고밀의 전형적인 기성주택가의 시가지 경관을 형성하고 있는 지구이다. 공공부지(재무성 관사)와 초등학교 이적지를 포함해 미개발지로 남아 있던 역세권 부지를 재개발한 하면서 오피스, 주택, 상업, 학교, 공익시설 등을 포함하는 복합용도개발 사업이 추진되었다. 주변 주택시가지와는 차별화된 높이 145m에 이르는 초고층 빌딩은 단연 요츠야 지역의 랜드마크가 되고 있다. 총 60세대의 주택은 기존 권리자 주택과 일부 분양주택도 도입하고 있다.

재개발은 2014년에 도시계획 결정되어, '요츠야 역세권 제1종 재개발사업'으로 추진했다. 도시재생기구(UR)가 최초의 '사업파트너제도'를 활용했다. 미쯔비시 지쇼(부동산) 등이 민간기업으로 특정사업자로 참여하고, 사업초기단계부터 도시재생기구(UR)과 함께 사업기획을 담당했다.

미쯔비시 지쇼(부동산) 등 민간사업자는 오피스, 상업시설, 주택의 권리를 취득하는 한편, 상품기획, 관리운영 등 민간의 시점에서 다양한 제안을 했다.

마스터플랜의 계획개념으로는 요츠야 지역의 기복 많은 지형 형상을 최대한 살리면서 '지형과 도시의 융합'을 테마로 제시하고 있다. 저층부의 테라스형 '스텝 가든'을 비롯해 다양한 형상의 건축물 형태는 요츠야의 역사적, 지역적 컨텍스트를 반영하고 있다.

특히 역세권 상업지와 주택지라는 상반된 시가지 풍경을 단지 내부까지 끌어들이는 골목길(파사쥬) 상가계획, 커뮤니티 활성화 거점으로 계획하고 있다. 중정광장 공원계획 등은 지역사회와의 연계를 염두에 둔 개발계획 제안이라 할 수 있다.

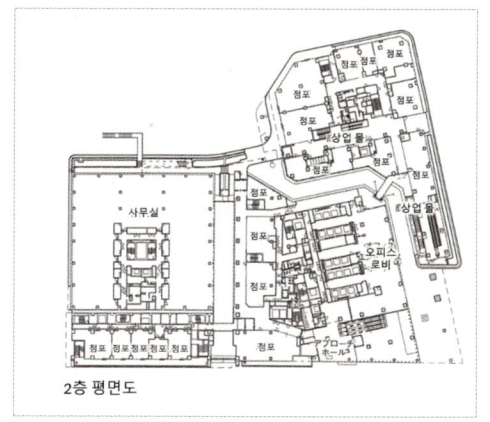
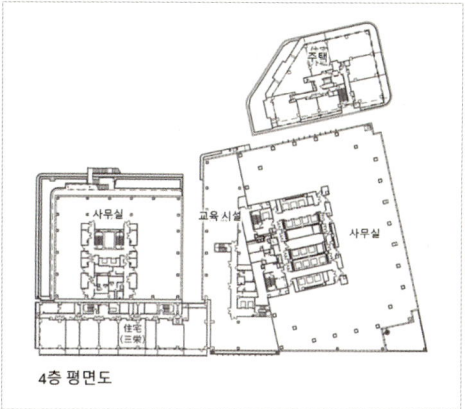

2층 저층부 상가시설 평면도(좌) 및 4층 오피스 기준 평면도(우)

저층부의 테라스형 '스텝가든' 전경(좌). 주택동 테라스 녹화 전경(우). 다양한 형상의 건축물 형태는 요츠야의 역사적, 지역적 컨텍스트를 반영하고 있다.

부지 북측에는 약 3,300m2의 녹지광장이 계획되어 지역주민의 피난장소로 활용할 수 있도록 하고 있다.

역세권 상업지와 주택지라는 상반된 시가지 풍경을 단지 내부까지 끌어들인 골목길(파사쥬) 상가 전경.

저자 후기

도시는 진화한다. 끊임없는 변화와 혁신을 통해 도시공간은 발전을 거듭하고 있다. 2024년 현재, '도쿄'의 도시공간은 진화의 중심에 있다. 특히 역세권을 중심으로 한 도심재개발 프로젝트가 연이어 완공되면서 도쿄의 도시공간은 하루가 다르게 변신을 하고 있다.

21세기 들어, 혁신적인 도심재개발 프로젝트의 시작은 '록본기힐즈' 프로젝트일 것이다. 2003년에 완공한 록본기힐즈 프로젝트는 이미 20년 이상의 세월이 흘렀지만, 여전히 우리나라에서 자주 회자되고 있다. 아직 우리나라에는 록본기힐즈 프로젝트에 견줄 만한 혁신적인 재개발 프로젝트가 나타나지 않고 있기 때문은 아닐까?

30여년 전 일본에서 유학한 필자로서는 오랜 시간 도쿄의 도시공간 변화를 지켜보면서, 서울을 비롯한 우리나라 도시와 자연스럽게 비교 평가를 하게 된다. 왜 우리는 혁신적인 도심 재개발 프로젝트가 등장하지 않는지 늘 궁금하다. 영화, 음악, 문학 등 많은 문화적 장르에서 이미 일본을 능가했다고 하는데, 왜 건축, 복합개발 프로젝트 분야는 따라잡지 못하고 있는지 알 수가 없다. 건축이나 도시개발 프로젝트는 단순한 건축가 등 전문가의 역량에만 의존할 수 없는 특성이 있기 때문일 것이다.

이번에 책을 집필하면서 도쿄 역세권의 많은 도시재개발 프로젝트를 답사할 수 있었다. 이 책에서 소개하고 있는 63개의 재개발 프로젝트는 그 일부분에 지나지 않는다. 현재 일본에서는 도쿄를 비롯해 오사카, 나고야, 후쿠오카 등 대도시를 중심으로 다양한 도심재개발 프로젝트가 완성되었고, 현재에도 추진 중이다. '일본대개소', '도쿄대개조' 등 도시공간 개조 붐이 일고 있다. 2030년, 2040년을 목표로 한 도심재개발 프로젝트도 한창 추진 중이다.

이러한 배경에는 1950-60년대 고도성장기에 개발한 많은 도시개발, 도시인프라 등이 한꺼번에 노후화가 도래해, 도시공간 개조를 하지 않을 수 없는 상황이기 때문이다. 1970년대 개발시대를 겪은 우리나라도 예외가 아닐 것이다. 최근 우리나라에서도 아파트 재건축, 주택시가지 재개발이 사회적 이슈가 되고 있고, 선거철이 되면 철도 지하화, 고속도로 지하화 등이 제안되고 있는 이유이기도 하다.

도쿄 역세권 도심재개발 사례는 곧 다가올 우리의 '미래 준비' 프로젝트라고도 할 수 있겠다. 이 책이 우리의 미래 도시공간 개조 프로젝트를 추진하는 데 있어 참고자료가 되길 기대해 본다.

도쿄 역세권
재개발 프로젝트